株式会社フルネス IT講師 **丸山紀代** 著
ITパスポート試験ドットコム 協力

この1冊で合格！

丸山紀代の

ITパスポート

テキスト&問題集

JN248172

KADOKAWA

プロ講師×人気サイトが最短合格をナビゲート！

本書は、試験対策で受講者から高い満足度を得ている丸山紀代講師が執筆。月間10万人が利用する過去問学習サイト「ITパスポート試験ドットコム」と連携して、最短ルートの合格ポイントを伝授します。この1冊で対策は万全です！

IT講師 丸山紀代

✓ 本書のポイント

1 プロ講師が必修ポイントをわかりやすく解説

IT系国家試験対策で定評のある丸山講師が執筆。人気講義を紙面で再現しています。本書のベースとなったレジュメを使用した株式会社フルネスの社内受験では、9割以上の合格率を達成しています。

2 オールインワンだから1冊だけで合格

知識定着のため、各テーマに必ず問題を収録するだけでなく、1章まるごと本試験形式の過去問題集「過去問道場®」100問を収録。実際の過去問を解くことで確実に得点力がUPします。

3 見開き構成＋図解でパッとつかめる

試験では聞きなれないITに関する専門用語が多く出てきます。本書はイメージで学んですぐに理解できるよう左ページに解説、右ページに図解の構成となっており、初学者でも読み切れます。

4 ムダを省いて本当に大事なテーマだけを収録

シラバス通りでなく、本当に試験に出るテーマだけを厳選しました。だから薄くて初学者や忙しい社会人にも最適です。

✔ 3つのステップで合格をつかみとる！

STEP 1 図解で理解しながら問題を解く

　本書は、各テーマで必修ポイントを解説した後、「図解でつかむ」でイメージを定着させ、「問題にチャレンジ！」で過去問を解くことで実践力が身につくよう構成しています。1テーマ見開き完結なのでスキマ学習にも最適です。

STEP 2 過去問道場® で得点力を高める

　テキストを一通り学習して基礎ができたら、第6章の模擬試験を解いてみましょう。過去問から関連知識をさらに深めることができます。試験に慣れて合格がグッと近づきます。

STEP 3 用語集や問題の再チェックで知識を確実に

　試験の直前には、巻末の用語集で知識にモレがないかを確認しましょう。また、これまでのステップで解けなかった問題があれば、再度解いたり、該当部分の解説を精読して理解を深めましょう。

これだけで合格！

　はじめまして！ IT 講師の丸山紀代といいます。私は 10 年前までシステム開発のエンジニアをしていましたが、現在は IT パスポートや基本情報技術者・応用情報技術者試験といった各種 IT 系の国家試験対策や Java・Python などプログラミングに関する企業研修を行っています。

　さて、本書を読まれる皆さんは、それぞれ理由があって合格を目指しているのだと思いますが、どうすれば効果的かつ効率的に学習ができるのでしょうか？ IT パスポート試験は学生や非エンジニアの社会人が多く受ける試験ですから、皆さんのなかには IT が苦手な人、専門用語がわからない人もいらっしゃるでしょう。私は講師として多くの受講者を見てきましたが、同じ授業を受けているはずなのに、学んだことをすぐに理解して実行できる人と、理解するのに必死で知識の定着に時間がかかる人がいます。

この理解が早い人と遅い人の違いは一体何なのでしょうか？

　一言でいえば、それは**学習に対する目的意識の違い**といえます。理解が早い人は「プログラミングを学んで業務に使おう」「試験に 1 回で合格するぞ」など自分で目的・目標を設定し、「だから研修ではこれらの知識を学ぶ必要があるのだ」と意識し、モチベーションを高めることで学習効率を向上させています。また、新しい技術を学ぶうえでも、単に用語や意味を暗記するのではなく、「何に使われる技術なのか？」「これまでとは違うどんな価値があるのだろう？」と関心を持つことで、理解を深め役立つ知識として身につけています。

　本書は、合格という目的を目指して学習効率を高めるため、①頻出のテーマに絞って解説する、②知識の定着に役立つよう見開きで図解と問題を入れる、③最新シラバスの傾向に従いつつ興味を持ちやすい新技術から始める構成としています。
　さらには多数の受験者が利用している過去問学習サイトの「IT パスポート試験ドットコム」と連携した模擬試験を収録するなど、合格に必須の知識が 1 冊で身につくようにしています。合格はもちろんのこと、この先も役立つ知識を身につけてもらえれば嬉しいです。

IT 講師　丸山 紀代

誰でも最短でわかる！ ITパスポート試験とは

　ITパスポートとは、ITを利活用するすべての社会人・これから社会人となる学生が備えておくべき、ITに関する基礎的な知識が証明できる国家試験です。**ITを正しく使いこなすための知識とITを使って業務の課題を検討し、解決するための知識**が問われます。

ITパスポートの概要

　ITパスポート試験は、コンピュータを操作して問題を解くCBT（Computer Based Testing）方式によって行われます。この試験で初めてコンピュータ試験を受ける方もいらっしゃるでしょう。CBT試験については48ページで解説していますので、初めての方は目を通しておくとよいでしょう。

　CBT導入翌年の2012年度の受験者数は62,848人でしたが、2018年度には95,187人と受験者数を伸ばしている人気の試験です。受験者の内訳として、学生が41％、社会人が59％の受験比率となっており、20代の受験者が5割近くを占めているのが特徴です（2018年度）。合格率については、2018年度は51.7％、2017年度は50.4％、2016年度は48.3％と50％前後で安定して推移しています。

　試験はストラテジ系、マネジメント系、テクノロジ系の3つの分野から出題されます。分野ごとに基準点が設定されているため、バランスよく知識を習得することが求められます。

試験時間	120分
出題数	100問
出題形式	四肢択一式（4つの選択肢から1つ選ぶ）
出題分野	ストラテジ系（経営全般）：35問程度
	マネジメント系（IT管理）：20問程度
	テクノロジ系（IT技術）：45問程度
合格基準	総合評価点600点以上かつ分野別評価点もそれぞれ300点以上 【総合評価点】 　600点以上／1,000点（総合評価の満点） 【分野別評価点】 　ストラテジ系　300点以上／1,000点（分野別評価の満点） 　マネジメント系300点以上／1,000点（分野別評価の満点） 　テクノロジ系　300点以上／1,000点（分野別評価の満点）

受験料	5,700 円（税込）
試験方式	**CBT（Computer Based Testing）方式** 受験者はコンピュータに表示された試験問題に対して、マウスやキーボードを用いて解答します。自分の都合のよい日時や会場を選んで受験が可能です。

出題分野と傾向

　3分野のうち、ストラテジ系（経営全般）とテクノロジ系（IT 技術）の出題数が多くなっています。ストラテジ系では、企業が IT 技術を正しく活用するための法律や経営戦略、システム戦略について問われます。マネジメント系ではシステム開発における各種技術やプロジェクトのマネジメントに関する知識が問われます。テクノロジ系は IT 技術の基盤であるコンピュータサイエンスの基礎理論や現代の生活に欠かせないセキュリティやネットワーク、データベースの知識などが問われます。

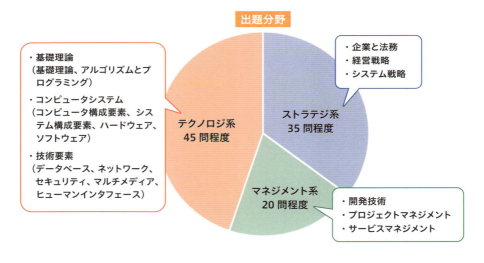

出題分野

・基礎理論
（基礎理論、アルゴリズムとプログラミング）
・コンピュータシステム
（コンピュータ構成要素、システム構成要素、ハードウェア、ソフトウェア）
・技術要素
（データベース、ネットワーク、セキュリティ、マルチメディア、ヒューマンインタフェース）

テクノロジ系
45 問程度

ストラテジ系
35 問程度

・企業と法務
・経営戦略
・システム戦略

マネジメント系
20 問程度

・開発技術
・プロジェクトマネジメント
・サービスマネジメント

受験手続

　IT パスポート試験の申込みは、公式のウェブサイトから行います。まず、受信可能なメールアドレスを入力し、利用者の ID 登録をします。ID 登録が完了したら、自分の都合のよい会場や日程を選んで申込みを行い、支払方法を選択します。当日は、受験関連メニューの「受験申込」からダウンロードした①確認票、②顔写真付きの本人確認書類を試験会場で提示して受験します。

　試験結果は採点終了後、その場で表示されます。また、公式サイトから試験結果のレポートをダウンロードすることができます。

手続きについては公式サイトに詳細に掲載されていますが、試験内容や申込手続について不明な点があれば、下記のコールセンターに問合せを行うことができます。

IT パスポート試験公式サイト

https://www3.jitec.ipa.go.jp/JitesCbt/

IT パスポート試験 コールセンター

TEL：03-6204-2098（8:00 ～ 19:00 までの営業。年末年始等の休業日を除く）

E メール：call-center@cbt.jitec.ipa.go.jp

これで合格！鉄板学習法

ITパスポートはエンジニアを目指す人だけではなく、社会で生活していくうえで誰もが身につけておきたいITの知識を習得するための試験です。忙しい皆さんが仕事や学業などの合間を使って学習し、合格するために必要なのは、①目的意識を持ち続けること、②自分に合った効率的な学習方法で取り組むことです。

①まずは目的を明確にしよう

まず、ITパスポート試験を受験する目的を明確にして、それを常に意識してください。心の中にとどめておくより、言葉や文字でアウトプットすると、より実現しやすくなります。勉強をはじめる前に、まずその目的を以下のシートに書き出してみましょう。その際、合格するとどんなメリットがあるのかも一緒に書きましょう。

✔ ITパスポート試験を受験する目的は？

> 文系でもITの能力が問われると最近よく耳にするので
> 基礎知識で文系IT従事者となる。

✔ 合格すると自分にとってどんなメリットがありますか？

> ITリテラシーの確保

このページを本書を開く際に必ず見ることで、学習意欲が薄れたとき、挫折しそうになったときのモチベーション維持につながります。

②受験日を決めよう

ITパスポート試験は、自分で試験会場と試験日を予約して受験します。つまり、いつ受験するかは自分で決めることになるのです。そのため「過去問で700点以上になったら受験しよう」などといった期限を設定しない取組みをしていると、合格はもちろんのこと、受験すら先延ばしになってしまうのです。

まず、「本書を2カ月でマスターして万全の状態で受ける」「仕事が忙しいので2週間

8

で集中して勉強する」など受験日を決めて、その日に合格することを決めましょう！

✔ いつ IT パスポート試験を受験しますか？

受験予定日	コツ了後 年 はじめに 月 ラリジサ 日ぞ>

③ どうやって学習するかを決めよう ───────────

　学習のために十分な時間を確保できる人であっても、効率的に合格したいものです。効率的かつ効果的な学習のためには、日常生活の一部に学習習慣を組み込んでいきましょう。自分に合わない学習法は長続きしませんので、自分に合った方法で進めていくことが肝心です。

　具体的には「いつ」「どこで」「どうやって」学習するのかを決めていきます。

　「いつ」は、学習する時間を指します。たとえば、通勤・通学の途中、お昼休みや入浴中など、5分間でいいので自分に合った学習時間を見つけましょう。一度取り組み始めれば、案外集中して5分が10分、15分と継続できるようになります。

　「どこで」は学習する場所です。たとえば、通勤・通学の電車の中、自分の部屋、近くのカフェなど誘惑に負けずに学習できる場所を見つけましょう。

　「どうやって」は何を使って学習するかです。たとえば、基礎知識は本書を読み、過去問題はスマートフォンで過去問学習サイト「IT パスポート試験ドットコム」を活用するなどです。

　本書は比較的時間のあるときに読み、スキマ時間に問題を解くなどして使い分けをするとよいでしょう。「1駅通過するまでに1問解く」などと、短時間で集中してメリハリをつけることも、飽きずに学習を継続するコツです。

IT パスポート試験ドットコム　（https://www.itpassportsiken.com/）

　スマートフォンや PC を使用して、過去問にチャレンジできます。分野別の問題にもチャレンジでき、苦手分野の強化ができます。解説も丁寧で用語集も掲載されています。ぜひ本書と組み合わせて活用し、応用力アップに役立ててください。使い方を59ページで解説しています。

④押さえておきたい学習のポイント

　ここでは、私が IT パスポート試験講師として長年培ってきた経験から、6 つの学習ポイントをお教えします。これらを押さえておくことで学習がグッとラクになります。

✔ 暗記ではなく理解することを意識しよう

　最近の出題傾向としては、技術や用語の意味だけでなく、技術や用語がどのように使われているかを問う応用的な問題が増えています。同じ用語の説明であっても表現を変えて出題されていて、単純な暗記では解けない問題も出ています。テキストや解説は流し読みせず、他人に説明するように自分の言葉でかみ砕いて理解することを意識しましょう。

✔ 用語は正式名称でつかむ

　例えば、RPA は、Robotic Process Automation の略です。直訳すると「ロボット（Robotic）がプロセス（手順）を自動化（オートメーション）すること」です。

　アルファベットの用語を苦手とする人は多いです。理由は、アルファベットは単なる記号として並んでいるため、意味を理解しない限り覚えるのは難しいからです。しかし、正式名称を理解すれば、R は Robotic という具体的に意味を持つ言葉となるため、理解しながら覚えられます。

✔ 全体像やグルーピングでまとめを意識する

　例えば、「プロトコル（通信の手順）はテクノロジ系（IT 技術）のネットワークの用語」といった具合に、どの分野の用語なのかを意識して学習しましょう。また、同じような概念のものはグループとしてまとめて理解し、違いを押さえましょう。「メールのプロトコルには POP、IMAP、SMTP がある。POP と IMAP はメールの受信用のプロトコル。SMTP はメールの送信用のプロトコル。POP と IMAP との違いは、POP は受信したメールを PC で管理するが、IMAP はサーバで管理する点」というようにです。用語は 1 つではなく、複数を関連づけることで、まとめて理解することができます。

✔ テキストと過去問はバランスよく

　本書で項目ごとに理解した内容は、その都度、過去問を解いて理解度を確認しましょう。正解できるとモチベーションも上がり、学習を継続しやすいというメリットがあります。すでに知っている項目があれば、いきなり過去問にチャレンジしてもよいでしょう。テキストだけをすべて読み進めて、力試しのように過去問にチャレンジする方法もありますが、読むことに途中で飽きてしまったり、挫折してしまうなど欠点が多いためオススメしません。

基礎学習→過去問で理解度を確認というメリハリをつけた学習が効果的です。

✔ 過去問で応用力と読解力を UP させよう

　正解の解説だけでなく、不正解の選択肢の解説もすべて読むようにしましょう。1問につき4つの用語の説明を読むことになるため、効率的な学習ができます。問題を解く際には、問題文や選択肢の言い回しに惑わされず、言い換えるとどういうことかを読み解くようにしましょう。最近は、設問が数行にわたる問題が多くなっていますので、長文の問題にも慣れておきましょう。

　文章中のキーワードを見つけることは重要ですが、キーワードに飛びついて選択してみたものの、引っかけだったという場合もあります。何を問われているのか、問題文をしっかり読むことが基本です。

✔ 見たことのない難しい問題でも落ち込まない

　総合評価は 92 問、そのうち分野別評価はストラテジ系 32 問、マネジメント系 18 問、テクノロジ系 42 問で行われます。残りの 8 問は今後出題する問題を評価するために使われます。つまり、採点されない問題が 8 問ありますが、この問題が難易度の高い問題になっています。IT パスポート試験は、各分野で3割ずつ、全体で6割正解すれば合格できます。過去問や本試験で見たことがない問題が出題されても、落ち込まず、他の問題で正解率を上げていけば大丈夫です。

YouTube で丸山先生の講義が受けられる！

　本書を使って独学者向けの学習サイト「KADOKAWA 資格の合格チャンネル」にて試験対策の講義動画を公開します（2020年 5 月公開予定）。テキストを読むだけでなく、講義で学習効果が倍増します。日常の学習用として活用するのもよいですし、直前対策として視聴するのもオススメです。

IT パスポート KADOKAWA 資格の合格チャンネル

https://www.youtube.com/
channel/UCe5Uzqpx1EsJaVd6jrRQ_Kg/

※なお、本サービスは予告なく終了する場合があります。予めご了承ください

Contents

本書の特徴 ──────────────────────────────── 2

はじめに ──────────────────────────────── 4

誰でも最短でわかる！ IT パスポート試験とは ──────── 5

これで合格！鉄板学習法 ──────────────────── 8

第1章 新技術

1 経営資源 ──────────────────────── 18

2 ソフトウェアライセンス ──────────────── 20

3 取引関連法規 ─────────────────────── 22

4 経営戦略・マーケティング ──────────────── 24

5 技術開発戦略・技術開発計画 ──────────────── 26

6 AI（人工知能） ────────────────────── 30

7 IoT を支えるしくみ・通信技術 ──────────────── 32

8 IoT を利用したシステム ─────────────────── 34

9 システムと業務プロセス ─────────────────── 36

10 業務改善および問題解決 ─────────────────── 38

11 ソリューション・システム活用促進・内部統制 ─────── 40

12 データ活用 ───────────────────────── 42

13 調達・開発手法 ─────────────────────── 44

14 通信サービス ──────────────────────── 46

column1 CBT 試験って？ ──────────────────── 48

第2章 ネットワークとセキュリティ

1 プロトコル ───────────────────────── 50

2 端末情報 ────────────────────────── 52

3 中継装置 ────────────────────────── 54

4 インターネットのしくみ ─────────────────── 56

column2 定番の過去問学習サイト「IT パスポート試験ドットコム」の使い方
──────────────────────────────── 59

5	無線通信	60
6	無線 LAN	62
7	情報セキュリティ①	64
8	情報セキュリティ②	66
9	情報セキュリティ③	68
10	情報セキュリティ④	70
11	リスクマネジメント	72
12	情報セキュリティ管理	74
13	個人情報保護・セキュリティ機関	76
14	情報セキュリティ対策①	78
15	情報セキュリティ対策②	80
16	暗号化と認証のしくみ	84
17	公開鍵基盤と IoT システムのセキュリティ	88
18	セキュリティ関連法規①	90
19	セキュリティ関連法規②	92
20	セキュリティ関連法規③	94
column3	コンピュータの基礎理論① 2 進数と単位	96

第3章　システム開発

1	システム戦略	98
2	業務プロセス	100
3	ソリューション	102
4	データ活用	104
5	コミュニケーションツール・普及啓発	106
6	システム企画	108
7	要件定義	110
8	調達計画・実施	112
9	システム開発プロセス・見積り手法	114
10	ソフトウェア開発手法	118
11	開発モデル	120
12	開発プロセスに関するフレームワーク	122
13	プロジェクトマネジメント	124
14	サービスマネジメント	128
15	サービスサポート	130

16 ファシリティマネジメント ———————————————— 132

17 監査 ————————————————————————————— 134

18 システム監査 ———————————————————————— 136

19 内部統制 ————————————————————————— 138

column4 コンピュータの基礎理論②2進数の演算 ———————— 140

第**4**章 **経営**

1 企業活動 ————————————————————————— 142

2 経営資源 ————————————————————————— 144

3 経営管理 ————————————————————————— 146

4 経営組織 ————————————————————————— 148

5 業務分析① ———————————————————————— 150

6 業務分析② ———————————————————————— 152

7 生産戦略 ————————————————————————— 154

8 問題解決手法 ——————————————————————— 156

9 会計・財務① ——————————————————————— 158

10 会計・財務② ——————————————————————— 160

11 財務諸表① ———————————————————————— 162

12 財務諸表② ———————————————————————— 164

13 財務指標を活用した分析 ——————————————————— 166

14 知的財産権① ——————————————————————— 168

15 知的財産権② ——————————————————————— 170

16 労働関連法規 ——————————————————————— 172

17 取引関連法規 ——————————————————————— 174

18 その他の法律・ガイドライン ————————————————— 176

19 標準化 —————————————————————————— 178

20 経営情報分析手法 ————————————————————— 180

column5 コンピュータの基礎理論③データ構造～リストとキュー ——— 183

21 経営戦略に関する用語① ——————————————————— 184

22 経営戦略に関する用語② ——————————————————— 186

23 マーケティングの基礎① ——————————————————— 188

24 マーケティングの基礎② ——————————————————— 190

25 目標に対する評価と改善 ——————————————————— 192

26 経営管理システム① ———————————————————— 194

27 経営管理システム② ———————————————————— 196

28	技術開発戦略	198
29	ビジネスシステム①	200
30	ビジネスシステム②	202
31	エンジニアリングシステム	204
32	e-ビジネス①	206
33	e-ビジネス②	208
column6	コンピュータの基礎理論④データ構造～スタック	210

第5章 コンピュータ

1	コンピュータの構成	212
2	CPU	214
3	記憶装置（メモリ）	216
4	入出力デバイス	218
5	システムの構成①	220
6	システムの構成②	224
7	システムの評価指標～性能	226
8	システムの評価指標～信頼性①	228
9	システムの評価指標～信頼性②	230
10	システムの評価指標～経済性	232
11	信頼性を確保するしくみ	234
12	OS（オペレーティングシステム）	236
13	OSの機能	238
14	ファイル管理	240
15	バックアップ	242
16	オフィスツール①	244
17	オフィスツール②	246
18	OSS（オープンソースソフトウェア）	248
19	データベース方式	250
20	データベース設計	252
21	データ操作	254
22	トランザクション処理	256
column7	コンピュータの基礎理論⑤アルゴリズム	258

第6章

過去問道場®

過去問道場® ———————————————————— 259

解答と解説 ———————————————————— 286

巻末付録

これだけ覚える！重要用語 150 ———————————————— 319

INDEX ———————————————————————— 329

本文デザイン・DTP ·········· Isshiki

本文イラスト ····················· 寺崎愛

第 **1** 章

新技術

本章のポイント

最新のシラバスでは、AI、ビッグデータ、IoT といった新技術、さらには近年注目を集めているアジャイルや DevOps といったシステム開発に関する新手法が問われることになります。これらの技術や手法を使った製品・サービスがさまざまな場面で活用されており、私たちにはそれらを使いこなすための知識が求められています。

> 企業にとって、「ヒト・モノ・カネ・情報」は、貴重な「経営資源」です。企業が利益を上げ続けるためには、こうした経営資源の効率的な活用が必須です。ここでは、そのうち「ヒト」に関連する取組みについて見ていきましょう。

経営資源の中で最も重要なものはヒト（＝人材）です。社員の採用から育成、人事評価などの人材管理の重要性がさらに高まっています。近年では、企業の人材育成や人事業務において IT 化が進んでいます。代表的なしくみを押さえておきましょう。

① e ラーニング

社員の育成には研修が欠かせませんが、従来の集合研修では「時間や場所が限定される」「学習の進捗状況を把握しづらい」という課題がありました。この課題を解決してくれるのが e ラーニングです。e ラーニングとは、パソコンやスマートフォンを使ってインターネット上で学習を行うしくみのことです。インターネットにつながってさえいれば、24 時間いつでもどこでも学習ができます。また、e ラーニング製品は LMS（Learning Management System）と呼ばれる**学習管理システム**を備えており、テストや日報機能などによって、**人事担当者が各自の学習の進捗状況を把握**することもできます。

② アダプティブラーニング（Adaptive Learning）

Adapt には「適応させる」という意味があり、アダプティブラーニングは「適応学習」などと訳されます。これは、**学習者一人ひとりに合わせた学習**の実現を意味しています。たとえば、e ラーニングのシステムで収集した学習履歴や習熟度などの学習データを AI が分析し、レコメンド機能を使って、学習者に適した内容を提示します。

③ HR テック

HR テックは人事や人材管理を指す「ヒューマンリソース（HR）」と「テクノロジー」を組み合わせた言葉です。**社員の採用から育成、評価といった人材に関する業務を IT の力を借りて効率化させるサービス**をいいます。クラウド上で社員の勤怠管理ができるサービス、応募者の人柄やスキルと企業が求める人材とのマッチ度を AI が数値化し、採用面接のアシストを行ってくれるサービスなどがあります。

💡 図解でつかむ

ヒトに関する経営資源のIT化

eラーニング
研修

いつでも・どこでも
受講できる

ITによる業務の効率化

アダプティブラーニング
学習効果の向上

AIが学習内容を提案

HRテック 人事業務

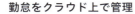

勤怠をクラウド上で管理

AIが企業と人材をマッチング

HRテック以外にも金融（Finance）とテクノロジーを組み合わせた FinTech
や教育（Education）とテクノロジーを組み合わせた EdTech などのサービス
が増えています。

🔍 問題にチャレンジ！

Q クラウドや AI などの IT 関連技術を使って、採用、評価、配属などの人事業
務の効率化を行う手法やサービスはどれか。　　　　　　　　（模擬問題）

　ア　HRM　　イ　CRM　　ウ　HRテック　　エ　FinTech

解説

　ア　Human Resource Management の略。長期的な計画をもとに、経営資源で
ある社員を戦略的に育成したり活用を図る管理手法のことです。　イ　Customer
Relationship Management の略。顧客との長期的な関係を築くことを重視し、顧
客の情報を統合管理し、企業活動に役立てる経営手法です。　エ　ファイナンス
（Finance）とテクノロジー（Technology）を組み合わせた造語です。IT 技術と金融・
決済サービスを融合した手法をいいます。　　　　　　　　　　　**A ウ**

ビジネスの進化に伴って、ソフトウェアの利用形態も変わり、さまざまなライセンス形態が登場しています。音楽配信サービスなどの「サブスクリプション」方式は若い世代に大人気です。そのしくみと利用者のメリットについても理解しておきましょう。

ソフトウェアライセンスとは、ソフトウェアを利用する際に利用者が守るべき内容、あるいは、その内容が書かれた文書です。無断コピーなどのライセンスに違反した使用は著作権法違反となります。利用の際には**ライセンスの形態**を確認することが必要です。

①アクティベーション（Activation）

アクティベーションは、「活性化」「有効化」の意味で、**ソフトウェアの不正利用を防止するため、ソフトウェアが正規のライセンスで使用されているかどうかを確認する手続き**のことです。アクティベーションが必要なソフトウェアを使う際は、コンピュータにソフトをインストールした後に、正しいアクティベーションキーなどを入力します。入力後、専用のサーバで認証されると使用可能となります。

②サブスクリプション（Subscription）

サブスクリプションには「予約購読」の意味があります。そこから転じて、**利用した期間に応じて使用料を支払う方式**の意味で使われています。サポート費用やソフトウェアのアップデート、ライセンス使用料などは料金に含まれており、初期費用も不要です。利用者にとっては、手軽に使い始めることができるので、急速に普及しています。サブスクリプション契約の方式で提供されるサービスを「サブスクリプションサービス（継続課金サービス）」といい、下表のようにさまざまな業種での活用事例があります。

業種	活用事例
オフィスツール	月額料金で文書作成、表計算などのオフィスツールが利用可能
自動車	定額制で自動車が利用可能。保険や自動車税などの諸費用が月額料金に含まれている
ファッション	月額料金でプロのスタイリストが選んだ服が定期的に届く
動画配信	月額料金で映画やドラマが見放題

💡 図解でつかむ

・継続的な売り上げが見込める
・気軽に使ってもらえる

サービス提供者

利用期間に応じて支払う

サブスクリプションサービス

・手軽な値段で気軽に始められる
・いつでも解約できる

サービス利用者

インストール

正規ライセンスか確認

使える!!

🔍 問題にチャレンジ！

Q サブスクリプション方式のソフトウェア調達はどれか。

（応用情報　平成31年春・問66）

- **ア** ERPソフトウェアの利用人数分の永続使用ライセンスをイニシャルコストとして購入し、必要に応じてライセンスを追加購入する。
- **イ** 新しいOS上で動作する最新バージョンのソフトウェアパッケージを販売代理店から購入する。
- **ウ** 新規開発した業務システムのソフトウェア開発費を無形固定資産として計上して、自社で利用する。
- **エ** ベンダが提供するソフトウェアを、利用料金を支払うことによって一定期間の利用権を得て利用する。

解説

サブスクリプションは、ソフトウェアを買い取るのではなく、使用期間ごとの利用権に料金を支払う形態です。よって、「エ」が正解です。

A エ

仮想通貨や電子マネーによる決済など、さまざまな分野で IT が導入されています。新しい技術に対応するために、法律の制定や改正が行われていますので、安全に利用するためにも理解しておきましょう。

①仮想通貨（暗号資産）

仮想通貨とは、紙幣や硬貨のような現物を持たず、インターネット上でやりとりができる通貨です。仮想通貨が普及するにつれ、トラブルが社会問題化し、法規制が必要とされています（2019 年の資金決済法の改正で「仮想通貨」は「暗号資産」に名称変更）。電子マネーとの違いは、円のように国が管理している通貨ではない点です。そのため、国の金融危機や財政破綻などの影響で、暴落するようなことはありません。最近では AI を使った仮想通貨の投資サービスなども始まっています。

②資金決済法

資金決済法は、銀行以外の組織によるお金の受渡しを安全で効率よく、便利に行うための法律です。具体的には、Suica などの電子マネーやコンビニの ATM、ビットコインなどの仮想通貨を使ったお金の受渡しが対象です。仮想通貨取引所などの仮想通貨ビジネスを行う場合は、金融庁に業務の登録が必要となります。

③金融商品取引法

株式や債券の売買などの金融商品取引に関するルールを定めている法律が金融商品取引法です。投資家を保護することが目的で、仮想通貨の取引も対象です。近年の仮想通貨流出事件を受け、顧客が保有する仮想通貨の管理方法の強化が義務付けられており、取引に関するセキュリティがより強化されています。

④リサイクル法

限りある資源を循環させる取組みとして、パソコン製造業者に対して使用済み PC の回収と再資源化を定めているのがリサイクル法（正式名称：資源の有効な利用の促進に関する法律）です。具体的には「製品の回収・リサイクルの実施などリサイクル対策の強化」「製品の再資源化・長寿命化等による廃棄物の発生の抑制」を行っています。

💡 図解でつかむ

IT技術に関する用語と法律

用語・法律	目的	概要
仮想通貨 （暗号資産）	安く安全に送金が実現できる	**インターネット上**でやりとりできるお金のこと
資金決済法 	商品券や金券（電磁化された電子マネーを含む）や、銀行以外でのお金の受け渡しを安全に効率よく行うための法律	Suica などの**電子マネーやコンビニのATM、仮想通貨**などでのお金の**やりとり**のルール
金融商品取引法	株式や仮想通貨などの投資取引を安全に効率よく行うための法律	**株式や債券、仮想通貨**などの金融商品の**投資家を保護する**ルール
リサイクル法	環境を保全し、限りある資源を循環させるための法律	**パソコン廃棄時**に**製造業者が守る**ルール

> 一般家庭や事務所から排出された家電製品をリサイクルし、資源の有効利用を推進するための法律は「家電リサイクル法」です。

🔍 問題にチャレンジ！

Q **資金決済法で定められている仮想通貨の特徴はどれか。**

（応用情報　平成 30 年春・問 80）

ア 金融庁の登録を受けていなくても、外国の事業者であれば、法定通貨との交換は、日本国内において可能である。

イ 日本国内から外国へ国際送金をする場合には、各国の銀行を経由して送金しなければならない。

ウ 日本国内の事業者が運営するオンラインゲームでだけ流通する通貨である。

エ 不特定の者に対する代金の支払に使用可能で、電子的に記録・移転でき、法定通貨やプリペイドカードではない財産的価値である。

解説

ア 仮想通貨交換業は、内閣総理大臣の登録を受けた者でなければ行ってはならないと定められています。これは外国の事業者であっても同様です。　**イ** 海外へ送金するときにも、銀行を経由する必要はありません。　**ウ** 仮想通貨が流通するのは、オンラインゲーム内だけに限定されません。　**A エ**

データ分析を活用した効果的なマーケティング手法が注目されています。ITの利用で収集した莫大なデータを、いかに経営戦略やマーケティングで活用していくかが企業の成長のカギになっています。

①カニバリゼーション

　カニバリゼーション（Cannibalization）とは「共食い」という意味で、**自社のサービスや製品同士で消費者を奪い合うこと**をいいます。たとえば、コンビニエンスストアにコーヒーマシンを導入したことにより、店舗内の飲料製品の売り上げに影響が出たことなどがあげられます。このような状態では、せっかくの自社の経営資源を効率的に活用できず、結果として他社にシェアを奪われかねません。そのため、製品開発時に市場や自社の強みなどを分析しておく必要があります。

②プル戦略

　マーケティング戦略のひとつです。販売業者が消費者に直接アプローチするプッシュ戦略に対して、**プル戦略**は**消費者自らが販売業者にアプローチしてくるように仕向ける戦略**です。口コミやWeb広告がプル戦略で、Web広告の一例として、検索キーワードと連動して、検索結果ページに関連する商品の広告を配信するしくみがあります。特定の情報に関心を持つ消費者に直接アプローチすることができるので、効果が出やすい戦略です。

③ Web マーケティング

　WebサイトやWebサービスなどのWebメディアを中心に行うマーケティングの手法です。集客のための施策として、一般的に以下のものがあります。

種類	概要
SEO（検索エンジン最適化）	**アクセス数の増加**を狙うための施策で、**Google や Yahoo! などの検索結果ページの上位に表示**されるようにすること
リスティング広告	検索結果ページに表示する広告。料金を払えばすぐに掲載順位を上げることが可能となる
アフィリエイト広告	**ブログやメールマガジンなどのリンクを経由した申込みや購入**などの成果があれば、その分の報酬が出る**成果報酬型広告**

🔆 図解でつかむ

カニバリゼーション

新商品
販売

売り上げUP　　　売り上げDOWN

共食い

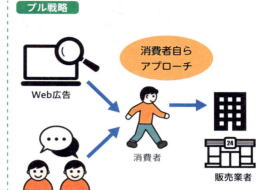

プル戦略

Web広告

口コミ

消費者自ら
アプローチ

消費者

販売業者

🔍 問題にチャレンジ！

Q インターネットの検索エンジンの検索結果において、自社のホームページの表示順位を、より上位にしようとするための技法や手法の総称はどれか。

（平成 30 年秋・問 3）

ア　DNS　　イ　RSS　　ウ　SEO　　エ　SNS

解説

ア　Domain Name System の略。ドメイン名（ホスト名）と IP アドレスを対応させ、相互に変換するしくみのことです。　イ　RDF Site Summary の略。ブログやニュースサイトおよび電子掲示板などの Web サイトで、効率の良い情報収集や情報発信を行うために用いられる技術、またはそれに使用される文書フォーマットの名称です。　エ　Social Networking Service の略。Facebook、Twitter、Instagram などのように社会的なネットワークをインターネット上に構築し、利用者同士がコンピュータネットワークを介して交流できるサービスのことです。

A ウ

SEO（Search Engine Optimization）は Web マーケティングにおいて、集客には欠かせない取組みであり、本試験でも多く出題されています。

企業は、常に新しい価値を生み出すための努力を続けています。その価値が市場で受け入れられなければ、企業は存続できません。この新たな価値を生み出す取組みを**イノベーション**といいます。イノベーションを生み出す手法やしくみについて押さえておきましょう。

①オープンイノベーション

自社と社外（他社や大学、地方自治体など）の技術やアイディア、サービスなどを組み合わせて、新たな価値を生み出す手法が**オープンイノベーション**です。外部の専門家に委託をするアウトソーシングと違って、協力者とともに製品やサービスの開発、行政改革、地域活性化などを行うことを目的としています。自動車メーカーが自社の技術を公開し、新製品開発のために他分野への活用を検討する取組みなどが進められています。

②ハッカソン

ハッカソンは Hack（ハック。プログラムを書くこと）＋ Marathon（マラソン）の造語です。**複数のソフトウェア開発者が一定時間、会場などにこもってプログラムを書き続け、そのアイディアや技能を競うイベント**です。企業内研修の一環として行われる場合や、オープンイノベーションの一環として大手企業が外部から参加者を集めて自社の製品に役立つアイディアを競わせることもあります。ソフトウェア以外にもハードウェアや食品、金融など、さまざまな分野で行われるようになってきています。

③イノベーションのジレンマ

「**大企業が既存製品の改良にばかり注力していると、顧客のニーズを見誤り、新興企業にシェアを奪われる**」という経営学者のクリステンセンが提唱したイノベーション理論が**イノベーションのジレンマ**です。大企業は、新規市場への参入というリスクを避け、既存製品を改良することで確実な利益を追い求めがちで、改良に力を注いでいるうちに、顧客のニーズからかけ離れた高価格でハイスペックな製品ができあがります。そこに新興企業による市場を一変する新しい価値の製品が投入され、あっという間に新興企業にシェアを奪われてしまうことがあります。

イノベーションのジレンマの有名な例は、画質の良さを追求していたデジタルカメラ市場が、手軽に使えるスマートフォンのカメラ機能の登場によって一変したことです。

④イノベーションの障壁

イノベーション理論には、新製品の開発から商品化、市場での普及までの困難さ（**イノベーションの障壁**）を表現している用語があります。

①**魔の川**　　　　　技術を実用化して**製品にするまで**の壁
②**死の谷**　　　　　製品を**採算が見合う商品にするまで**の壁
③**ダーウィンの海**　商品が市場に出て淘汰されずに**生き残るまで**の壁
④**キャズム（溝）**　好奇心が旺盛で新しいもの好きの消費者だけでなく、**一般的な消費者に商品が普及するため**に越えなければならない溝

💡 図解でつかむ

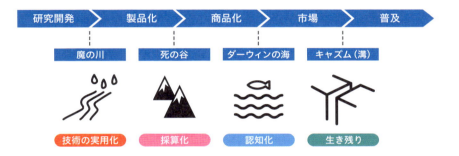

🔍 問題にチャレンジ！

Q イノベーションのジレンマに関する記述として、最も適切なものはどれか。

（令和元年秋・問17）

ア 最初に商品を消費したときに感じた価値や満足度が、消費する量が増えるに従い、徐々に低下していく現象

イ 自社の既存商品がシェアを占めている市場に、自社の新商品を導入することで、既存商品のシェアを奪ってしまう現象

ウ 全売上の大部分を、少数の顧客が占めている状態

エ 優良な大企業が、革新的な技術の追求よりも、既存技術の向上でシェアを確保することに注力してしまい、結果的に市場でのシェアの確保に失敗する現象

解説

ア 限界効用逓減（げんかいこうようていげん）の法則に関する記述です。**イ** カニバリゼーションに関する記述です。**ウ** パレートの法則に関する記述です。80：20の法則とも呼ばれ、価値の80％は20％の要因に存在するという理論です。売上額の8割に貢献しているのは、たった2割の顧客になります。　　**A エ**

⑤デザイン思考

　デザイン思考とは、問題解決の考え方であり、ビジネス上の課題に対して、デザイナーがデザインを行う際の思考プロセス（デザイナー的思考）を転用して問題にアプローチする手法のことをいいます。デザイン思考では、顧客の本質的なニーズを見極めることを出発点として、顧客が本当に欲する製品やサービスを企画・設計することを目的とします。既存の概念にとらわれずにイノベーションを生み出す方法として注目されています。

　スタンフォード大学ハッソ・プラットナー・デザイン研究所による「デザイン思考5つのステップ」によると、デザイン思考のプロセスは「共感」→「問題定義」→「創造」→「プロトタイプ」→「テスト」という5つのステップを踏むとされています。

⑥ビジネスモデルキャンバス

　ビジネスモデルとは、企業が利益を生み出すしくみのことで、このしくみを可視化したものがビジネスモデルキャンバスです。

　新規事業を立ち上げる際に用いられ、必要な問いに対する答えをくり返すフレームワーク（決められた枠組み）を使うことで、スピーディに効率よくアイディアを出すことができ、さらに今まで見えていなかった観点からビジネスを考えることができます。

⑦リーンスタートアップ（Lean startup）

　Leanには、「ぜい肉がなく、やせた」という意味があり、リーンスタートアップとは無駄のない効率的な新製品の開発手法のことです。従来の開発手法は、「市場調査」→「分析」→「開発」→「市場での仮説検証」という流れで、仮説を検証するまでに時間がかかり、製品が市場に出るころにはニーズに合わなくなっていました。

　変化の激しい時代となった今、「仮説」→「試作品開発」→「市場での仮説検証」→「改善」のサイクルをスピーディに回すことで、消費者のニーズに合った製品を効率的に開発することができます。

⑧ＡＰＩエコノミー
（エーピーアイ）

　API（Application Programming Interface）とは、システムに必要な機能を一から開発せずに、開発済みのソフトウェアを部品として利用するしくみです。APIエコノミーは、自社で開発したサービスをAPI（部品）として公開し、他社のシステムから利用してもらうことにより、ビジネスの拡大を狙っています。

　たとえば、LINEのメッセージ機能を利用できるAPIと連携した宅配サービスの再配達機能やGoogleカレンダーを利用できるAPIと連携し、アプリから予定を入力するサービスなどがあります。

💡 図解でつかむ

ビジネスモデルキャンバス　**利益を生み出すしくみを可視化**

キーパートナー 誰と？	キーアクティビティ 事業内容 キーリソース ヒト、モノ、カネ、情報	提供価値 価値は？	顧客との関係 どんな？ チャネル どこで？	顧客セグメント 誰に？
企業				顧客

コスト構造 費用は？	収益の流れ どうやって？

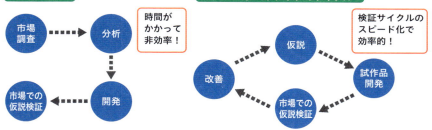

従来の手法

市場調査 ····▶ 分析 → 開発 ····▶ 市場での仮説検証

時間がかかって非効率！

リーンスタートアップのサイクル

仮説 → 試作品開発 → 市場での仮説検証 → 改善 → 仮説

検証サイクルのスピード化で効率的！

🔍 問題にチャレンジ！

Q デザイン思考の例として、最も適切なものはどれか。 （令和元年秋・問30）

ア　Webページのレイアウトなどを定義したスタイルシートを使用し、ホームページをデザインする。

イ　アプローチの中心は常に製品やサービスの利用者であり、利用者の本質的なニーズに基づき、製品やサービスをデザインする。

ウ　業務の迅速化や効率を図ることを目的に、業務プロセスを抜本的に再デザインする。

エ　データと手続きを備えたオブジェクトの集まりとして捉え、情報システム全体をデザインする。

解説

ア　CSS（Cascading Style Sheets）の説明です。　ウ　BPR（Business Process Re-engineering）の説明です。　エ　オブジェクト指向の例です。　**A イ**

6 AI（人工知能）

ストラテジ系
ビジネスインダストリ
出る度 ★★★

AI（Artificial Intelligence：人工知能）技術を活用したサービスが、さまざまな分野で普及しています。AI を構成する要素と AI を活用する代表的なサービスについて理解しておきましょう。

①ニューラルネットワーク（Neural Network）

人間の脳には、ニューロンとよばれる脳細胞があり、このニューロンが信号を伝達することで情報を処理しています。**ニューラルネットワーク**とは、**人間の脳のしくみを模倣した学習モデル**のことで、**機械学習**や**ディープラーニング**など、コンピュータが学習する際の基礎となるしくみです。

②機械学習（Machine Learning）

コンピュータに**特徴となるデータを渡すと、データを反復学習し、ルールやパターンを見つけ出す**のが**機械学習**です。機械学習には「教師あり学習」と「教師なし学習」という 2 つのパターンがあります。教師あり学習では、例えば迷惑メールとそうでないメールのサンプル（「正解ラベル」という）を与えて、迷惑メールの特徴を学習させてから分類を行います。一方、教師なし学習では、正解ラベルを与えずにコンピュータが自分で学習することでメールから特徴を見つけ出し、分類を行います。教師なし学習の一例が、購入履歴から消費者の興味関心を推測し、おすすめ商品を紹介するレコメンド機能です。

③ディープラーニング（深層学習）

機械学習を高度に発展させた技術が、**ディープラーニング**です。**顔認識、テキスト翻訳、音声認識**のような複雑な識別が必要とされる分野に特に適しています。車の自動運転技術における車線の分類や交通標識の認識などに利用されています。

④フィンテック（FinTech）

フィンテックとは、Finance（金融）と テクノロジーを合わせた造語で、**金融や決済サービスの IT 化**を指します。金融業界のビッグデータと機械学習の技術を使って、最適な投資商品を提案するロボアドバイザーが話題になっています。

⑤チャットボット

　AIを使った自動会話プログラムのことです。コールセンター業務で、オペレーターに代わってAIが質問に回答する事例などがあります。質問や応対内容をディープラーニングで学習するため、精度の高い回答が可能です。**チャットボット**の導入により、人件費の削減や24時間対応が可能になるため、サービス向上につながっています。

🔍 図解でつかむ

AI・機械学習・ディープラーニングの考え方

AI（人工知能）	機械学習	ディープラーニング

データの
反復学習により
法則を発見！

高度化

- 車の自動運転
- コールセンターの**チャットボット**
- レントゲン画像からの病気判定

人間の脳を模倣

教師あり	教師なし
・コンピュータに事前に特徴を教える	・自分で学習

🔍 問題にチャレンジ！

Q 人工知能の活用事例として、最も適切なものはどれか。　（令和元年秋・問22）

　ア　運転手が関与せずに、自動車の加速、操縦、制御の全てをシステムが行う。
　イ　オフィスの自席にいながら、会議室やトレイの空き状況がリアルタイムに分かる。
　ウ　銀行のような中央管理者を置かなくても、分散型の合意形成技術によって、取引の承認を行う。
　エ　自宅のPCから事前に入力し、窓口に行かなくても自動で振替や振込を行う。

解説

　イ　IoT（モノのインターネット）の活用事例です。　**ウ**　ブロックチェーン（分散型台帳技術）の活用事例です。　**エ**　インターネットバンキング（インターネットを介した銀行取引サービス）の活用事例です。

A　ア

7

IoTを支えるしくみ・通信技術

IoT（Internet of Things）は、情報端末以外のあらゆる「モノ」をインターネットにつなぎ、センサでデータを収集して制御を行うしくみです。IoTを支える各種機器や技術を確認しておきましょう。

①センサ

センサはIoTデバイス（製品）に内蔵され、モノの状態を検知します。センサには、**温度・湿度・音・光・場所**など多くの種類があります。たとえばドローンには、ジャイロ（角度）、速度、赤外線、位置情報などを検知するセンサが搭載され、安定的な飛行を実現しています。

②アクチュエータ

アクチュエータには「動作させるもの」という意味があり、**電気エネルギーなどをモノの動きに反映させる部品**です。センサが収集したデータを、インターネットを経由してシステムで分析し、アクチュエータに動作を指示して制御します。

③ LPWA（Low Power Wide Area）

通信速度は遅いですが、省電力で広域エリアをカバーできる無線通信技術が LPWA です。小容量のバッテリーでも長時間動作することができるため、IoT に特化した活用ができると期待されています。

④エッジコンピューティング

エッジコンピューティングの edge は「端」という意味で、**利用者と物理的に近いエッジ側でデータを処理する手法**です。IoT デバイスなどの利用側でデータを処理するため、クラウドに送るデータ量が減ります。処理スピードが速くなるため、リアルタイム処理が可能となり、自動運転や気象予測分野での活用が期待されています。

⑤ BLE（Bluetooth Low Energy）

BLE は Bluetooth の仕様の1つで、**低消費電力**で通信が可能な技術です。2.4GHz 帯の電波を使って最大 1Mbps の通信が可能です。**通信速度は低速ですが、省電力のためウェアラブル端末など小型の IoT デバイスでの利用**が見込まれています。

⑥ IoT エリアネットワーク

　IoT エリアネットワークとは、IoT デバイスと IoT ゲートウェイ間のネットワークのことです。IoT ゲートウェイとは IoT デバイスをインターネットに接続する機器のことで、ルーターのような役割をする機器です。

💡 図解でつかむ

エッジコンピューティングのしくみ

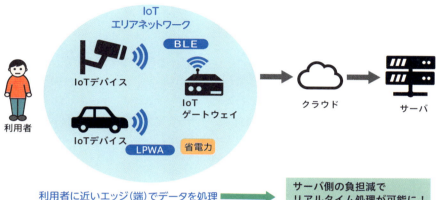

利用者に近いエッジ(端)でデータを処理　➡　サーバ側の負担減でリアルタイム処理が可能に！

🔍 問題にチャレンジ！

Q IoT 端末で用いられている LPWA (Low Power Wide Area) の特徴に関する次の記述中の a、b に入れる字句の適切な組合せはどれか。　（平成 31 年春・問 86）

LPWA の技術を使った無線通信は、無線 LAN と比べると、通信速度は　a　、消費電力は　b　。

	a	b
ア	速く	少ない
イ	速く	多い
ウ	遅く	少ない
エ	遅く	多い

解説

　LPWA は、Low Power（省電力）で Wide Area（広域エリア）をカバーする技術です。通信速度は遅くなります。

A ウ

8

IoTを利用したシステム

ストラテジ系
ビジネスインダストリ
出る度 ★★★

現在、さまざまな分野で IoT の導入が進められています。製造業や工業系のビジネスのみならず、介護などのサービス業での見守り業務や私たちが日常で使う家庭内での機器の制御など、身近なところで活用されるようになってきています。

①ドローン

　ドローンとは、**遠隔操作や自動制御によって飛行する無人の航空機**のことで、ドローンにカメラやセンサを搭載することによって、さまざまな分野のビジネスで活用されています。建築業では人の立入りが難しい場所の点検や、養殖業では水中ドローンを使って魚の状況を把握し、効率的な餌の量や出荷のタイミングを管理するなど、作業の効率化や運用コストの削減につながっています。

②コネクテッドカー

　コネクテッドカーとは、**インターネットに接続した車**のことで、自動運転の実現にも欠かせない高度な通信技術を可能にします。位置情報だけでなく、**センサにより車や周囲の状況などの情報を収集して分析**します。コネクテッドカーを使ったサービスとしては、事故時の自動緊急通報システムや盗難時車両追跡システムなどがあります。

③ワイヤレス充電

　スマートフォンなどの充電の際に、**充電用ケーブルを使わず、電磁場を発生させるパッドに載せるだけ**で充電ができるしくみが**ワイヤレス充電**です。総務省は 2020 年に「無線電力伝送装置」を使った遠隔充電の実用化を目指しています。まずは室内のパソコンやスマートフォンの充電から開始していますが、ゆくゆくは電気自動車、災害時の送電などで活躍が期待されている最新技術です。ワイヤレス充電では電源供給のための配線や電池交換が不要となるため、ドローンなどの IoT 製品の給電方法としても注目を集めています。

④インダストリー 4.0 とスマートファクトリー（Smart Factory）

　インダストリー 4.0 とは、**ドイツ政府が推進する、IoT による製造業界全体の徹底した効率化と高品質化を実現するための国家プロジェクト**です。

　このインダストリー 4.0 を受けて、日本の製造業でも生産性の向上に力を入れていま

す。IoT技術を使って工場にある機械からデータを収集・分析し、AIが自律的な判断を行い、今まで人手による作業だった生産管理や在庫管理を効率化します。

　作業の効率化にはRPA（38ページ参照）もありますが、違いは、RPAはデータ入力などの定型的な事務作業を自動化するのに対して、スマートファクトリーは製造業の作業を数値化して効率化する点です。

💡 図解でつかむ

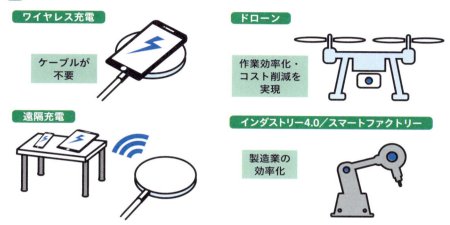

ワイヤレス充電
ケーブルが不要

ドローン
作業効率化・コスト削減を実現

遠隔充電

インダストリー4.0／スマートファクトリー
製造業の効率化

🔍 問題にチャレンジ！

Q IoTに関する記述として、最も適切なものはどれか。　　（令和元年秋・問13）

ア　人工知能における学習のしくみ

イ　センサを搭載した機器や制御装置などが直接インターネットにつながり、それらがネットワークを通じて、さまざまな情報をやり取りするしくみ

ウ　ソフトウェアの機能の一部を、ほかのプログラムで利用できるように公開する関数や手続きの集まり

エ　ソフトウェアのロボットを利用して、定型的な仕事を効率化するツール

解説

ア　機械学習の説明です。　ウ　API（Application Programming Interface）の説明です。エ　RPA（Robotic Process Automation）の説明です。

A イ

SNS を使った決済サービスのようにサービスが連携すると、ビジネスモデルは複雑になります。そのため、事業戦略の立案時には、ビジネスモデルを的確に把握するための表記法が利用されています。

① SoR（Systems of Record）

SoR は**データを記録することを目的としたシステム**のことで、基幹系システムともいいます。

具体的には、生産管理、販売管理、財務会計、人事管理システムなどのことで、**業務の基幹となるため、正確性、信頼性、安定性が求められます。**いったん構築したシステムやデータ構造は、運用後に大きく変更されることはありません。

② SoE（Systems of Engagement）

SoE は**顧客とつながることを目的としたシステム**のことです。顧客にシステムを活用してもらい、さまざまな体験をしてもらうことを目的としています。

具体的には、レコメンド機能や位置情報を使った広告などがあります。顧客のニーズに応えていくために、**システムは頻繁に更新**されます。

③フロントエンド

フロントエンドとは、Web ブラウザのように**システムの中で顧客から見て一番近い位置（前面）にあり、顧客が直接操作をする部分のこと**です。

デザインやフォントには、使いやすい UI（ユーザインタフェース）や UX（ユーザエクスペリエンス）が求められます。UX は顧客体験と呼ばれ、**システムを使って顧客がどのような体験ができるか**に着目した考え方です。

④バックエンド

バックエンドとは、**データベースのようにシステムの中で顧客から見て一番遠い位置（背面）にあり、Web ブラウザで入力されたデータを元に検索したり、データを登録したりする部分のこと**です。システムがダウンしないよう、安定して稼働することが求められます。

⑤ BPMN（Business Process Modeling Notation）
ビービーエムエヌ

Notation は「表記法」の意味で、BPMN は業務プロセスをモデル化した表記法を意味します。近年、さまざまなサービスの連携が進んでシステムが使いやすくなった反面、業務プロセスのしくみは複雑になっています。BPMN は複雑化した業務プロセスをわかりやすい図で表し、各プロセスのつながりや関係性を把握するためのものです。

💡 図解でつかむ

BPMNの例

ネットショッピングの業務プロセスモデル

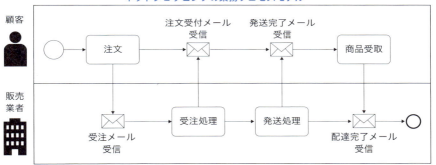

🔍 問題にチャレンジ！

Q SoE（Systems of Engagement）の実用例として、適切なものはどれか。

（模擬問題）

ア　外出先でスマートフォンからお風呂に給湯するシステム

イ　日中の業務の妨げにならないように支店の売上データを夜間に本店に送信するシステム

ウ　スマートフォンの位置情報と過去の購入履歴から、近くのおすすめの店情報を表示するシステム

エ　現在の商品の在庫数を管理するシステム

解説
ア　IoT（Internet of Things）の実用例です。　イ　バッチ処理の実用例です。　エ　SoR（Systems of Record）の事例です。

A ウ

10 業務改善および問題解決

ストラテジ系
システム戦略
出る度 ★★★

コスト削減や業務の効率化のために、さまざまなシステムや取組みがあります。ここにあげた RPA、テレワーク、シェアリングエコノミーは、その中でも重要な用語です。意味だけでなく、それぞれの活用事例も覚えておきましょう。

① Ｒ Ｐ Ａ（Robotic Process Automation）

データの入力や Web サイトのチェックなど、**PC での定型的な作業をソフトウェアで自動化する技術**です。自動化したい作業をパソコン上で実演して RPA に記憶させます。

作業の効率化やコスト削減のために導入する企業も増えています。たとえば、RPA と OCR（光学式文字読取装置）を組み合わせることで、紙の伝票を PC に入力する作業が自動化でき、年間 2 万時間以上の作業を自動化できた例などがあります。

ただし、**RPA は AI のように自分で学習することはできないため、最初は人が RPA に操作を教えるというプロセスが必要**です。また、RPA が代替できるのは定型業務のみです。条件によって処理が変わるなど、人間の判断が必要になる非定型の業務はできません。

②テレワーク

Tele（遠く）と Work（働く）を合わせた造語で、**情報通信技術 (ICT：Information and Communication Technology) を活用した、場所や時間にとらわれない柔軟な働き方**をいいます。導入当初は、妊娠・育児・介護などで通勤が困難な人や、営業職などの外出先での作業が多い人が対象でした。最近では、働き方改革関連法による残業時間の規制を受け、勤務中の移動時間を減らして残業時間の削減を目指したり、東京オリンピック期間の交通混雑を回避するためにテレワークを導入する企業が増えています。

③シェアリングエコノミー

個人が所有しているモノで使っていないモノ、余っているモノの共有を仲介するサービスです。自宅や自家用車といった**モノの共有**から、宅配サービスのドライバーや家事代行といった**スキルの共有**まで、幅広い分野でのサービスが広がっています。

見知らぬ人とモノを共有することへのリスクがありますが、その対策として、レビュー評価制度や SNS との連携などの方法によって、利用者と提供者の信頼度が可視化されています。

💡 図解でつかむ

シェアリングエコノミーのしくみ

サービス提供者
使っていない
モノがお金に！

クルマ

スキル

家

共有（シェア）

サービス利用者
必要な時に
手軽に使える！

🔍 問題にチャレンジ！

Q RPA（Robotic Process Automation）の事例として、最も適切なものはどれか。

(令和元年秋・問33)

ア 高度で非定型な判断だけを人間の代わりに自動で行うソフトウェアが、求人サイトにエントリーされたデータから採用候補者を選定する。

イ 人間の形をしたロボットが、銀行の窓口での接客など非定型な業務を自動で行う。

ウ ルール化された定型的な操作を人間の代わりに自動で行うソフトウェアが、インターネットで受け付けた注文データを配送システムに転記する。

エ ロボットが、工場の製造現場で組立てなどの定型的な作業を、人間の代わりに自動で行う。

解説

ア RPAが代替するのは定型的業務です。本肢は「高度で非定型な判断」を行う事例なので誤りです。　**イ** ハードウェアである「人間の形をしたロボット」を使う点、および「非定型な業務」を扱う点で誤りです。　**エ** RPAはソフトウェアの機能によって事務作業の自動化を行うしくみです。工場で働くハードウェアロボットはRPAの範ちゅうに含まれません。

A ウ

RPAは定型作業を自動化できますが、AIとは異なり自分で判断することはできません。RPAには限界があります。

技術がめまぐるしく変化している時代においては、既存のビジネスを IT 化するだけでは不十分です。企業戦略として、新技術を駆使した新たなサービスの開発などによりビジネスに変革をもたらし、新たな価値を創造しなければなりません。

① PoC（Proof of Concept）

PoC は「概念実証」「コンセプト実証」という意味で、**新しい技術や概念が実現可能かどうかをプロジェクトの開始前に試作品を作って検証すること**です。

試作品の検証自体は以前からある手法でしたが、近年、システムの目的が売上げの拡大や顧客サービスの拡充にシフトし、今までにない新たなサービスや技術を採用する機会が増えてきました。それに伴うリスクを排除するために、**試作品を作って新サービスや技術の実現可能性や効果を検証する取組み**を採用する企業が増えています。

②ディジタルトランスフォーメーション（DX）

ディジタルトランスフォーメーションは、ディジタル変革とも呼ばれ、**AI や IoT をはじめとするディジタル技術を駆使して、新たな事業やサービスの提供、顧客満足度の向上をねらう取組み**です。たとえば、世界最大級のネット通販サイトである Amazon.com は、インターネット書店としてスタートしましたが、レコメンデーション機能やカスタマーレビューなどの機能により、書籍以外の販売やサービスで爆発的にシェアを拡大してビジネスに変革をもらしました。

③アクセシビリティ

「近づきやすさ」「利用のしやすさ」の意味で、**高齢や障害、病気の有無にかかわらず誰でも同じようにシステムや機器を利用できること**をいいます。具体的には、画面表示や文字の拡大、画面上の文字の読上げなどの機能を誰でも選択できることなどです。機能だけでなく、品質の一つとして**アクセシビリティ**が重要視されています。

④レピュテーションリスク

レピュテーションとは「評判、評価」を意味します。**レピュテーションリスクは企業などの評判が悪化することにより信用が低下し、損失をこうむるリスク**のことです。

近年、従業員が不適切な言動を SNS などに投稿したことで悪評が広がり、企業の信

用の低下だけでなく、店舗の閉店や株価の低下など甚大な被害が発生しています。「バイトテロ」とも呼ばれるこうした言動は後を絶たず、企業は対策として従業員研修の徹底や作業現場への監視カメラの導入、当該従業員に対する法的措置などに乗り出しています。

💡 図解でつかむ

ディジタルトランスフォーメーションのイメージ

🔍 問題にチャレンジ！

Q ディジタルトランスフォーメーション（DX）の説明はどれか。 （模擬問題）

- **ア** イノベーションを起こすために、社外から幅広く技術やアイディアを取り入れ、素早く効率的に価値を創造していくこと。
- **イ** ディジタルテクノロジーを駆使して、経営の在り方やビジネスプロセスを再構築すること。
- **ウ** 企業内や外部などの参加者を集めて自社の製品やサービスに役立つアイディアを競わせるイベントのこと。
- **エ** オフィス業務の自動化により生産性が向上し、それにより生まれた時間で新たなビジネスを推進する余裕も生まれる。

解説

ア オープンイノベーションの説明です。 **ウ** ハッカソンの説明です。 **エ** RPA（Robotic Process Automation）の説明です。 **A イ**

ディジタルトランスフォーメーションが DX と呼ばれるのは、英語で transfer（移動する）を xfer と省略することがあるからです。売り上げアップや事業の拡大のために DX に取り組む企業も増加しています。

12 データ活用

ストラテジ系

システム戦略

出る度 ★★★

ディジタル技術の進歩によって、「ビッグデータ」といわれる大量のデータの収集が可能になりました。大量であるがゆえ、そこから事業に役立つ知見をどのように発掘するか、収集したデータをどう有効活用するかが課題となっています。

①テキストマイニング

マイニングとは「発掘する」という意味で、**自由に書かれた大量のテキストデータを分析する手法**のことです。**テキストマイニング**は、テキストを単語に分解して、単語の種類や出現頻度、単語間の関係を分析して全体の傾向を把握します。アンケートや口コミの評価に使われていますが、最近では、AIを活用したテキストマイニングツールによる為替の自動売買システムなどもあります。

②データサイエンス／データサイエンティスト

データサイエンスとは、**データ分析そのものや、その分析手法に関する学問のことです。さまざまなデータの共通点を見つけ出し、そこから、一定の結論を導き出します。**

数学や統計学、コンピュータ科学などのさまざまな分析手法が用いられ、**ビッグデータの解析や機械学習の分野**で活用されています。企業においては、収集したビッグデータをAIが関連や傾向を分析して、事業戦略の策定やビジネスソリューションの提案などに活用する動きが広まっています。

また、**データサイエンティスト**は**データ処理の専門家で、膨大なデータを分析して企業の課題の解決をサポートする役割**です。データサイエンティストには、以下のスキルが求められます。

- ビジネスの課題を整理して解決する
- 統計やAI、情報処理などのデータ分析の知識を理解し、活用する
- データを分析して、新たなサービスや価値を生み出すためのヒントやアイディアを抽出する

変化の激しい時代のため、常に企業は顧客のニーズを的確に把握する必要があります。そのため、データサイエンティストの需要は今後も伸び続ける可能性が高く、人気が高い職業のひとつとなっています。

図解でつかむ

データサイエンス

多くのデータから共通点を発見！

↓

結論を導く

データサイエンティストに必要なスキル

ビジネスの課題を解決する力

データ分析の知識・能力

新しい知見を抽出する力

データサイエンスやデータサイエンティストは、単にデータを分析するだけでなく、新しい価値やサービスを見出すことに意義があります。

問題にチャレンジ！

Q 統計学や機械学習などの手法を用いて大量のデータを解析して、新たなサービスや価値を生み出すためのヒントやアイディアを抽出する役割が重要となっている。その役割を担う人材として、最も適切なものはどれか。 （令和元年秋・問23）

ア　ITストラテジスト
イ　システムアーキテクト
ウ　システムアナリスト
エ　データサイエンティスト

解説

ア　ITストラテジストは、経営陣に近い立場でITを活用した経営戦略の立案を行うとともに、IT戦略を主導する人材です。　イ　システムアーキテクトは、情報システムの開発に必要となる要件を定義し、それを実現するためのアーキテクチャを検討し、開発を主導する人材です。　ウ　システムアナリストは、情報システムの評価・分析を行う人材です。

A　エ

時代の変化に合わせて環境に配慮した原材料の調達法や、スピードと柔軟性を重視した新しいシステム開発の手法が生まれています。従来の開発方法との違いに着目しながら、その特徴を理解してください。

①グリーン調達

　グリーン調達とは、メーカーが製品の原材料やサービスを仕入れる際に、**環境に配慮した部品やサービスを提供するサプライヤー（仕入先）から優先的に調達すること**です。サプライヤーは環境負荷の小さい製品を開発し、メーカーはより環境に配慮しているサプライヤーから調達します。**消費者が環境負荷の小さい商品を優先して購入すること**をグリーン購入といいます。

②アジャイル

　agile には「**素早い**」という意味があります。アジャイルはシステムの開発手法のひとつであり、**小さな単位で作ってすぐにテストするというスピーディな開発手法**です。ドキュメント類の作成よりもソフトウェアの作成を優先し、おおよその仕様と要求だけを決めて開発を始めます。そのため、仕様変更にも柔軟に対応できます。

アジャイルの特徴	概要
XP（エクストリームプログラミング）	開発者が行うべき具体的なプラクティス（実践）が定義されている。テスト駆動、ペアプログラミング、リファクタリングが含まれる
テスト駆動開発	小さな単位で**「コードの作成」と「テスト」を積み重ねながら、少しずつ確実に完成**させる
ペアプログラミング	**コードを書く担当とチェックする担当の2人1組でプログラミングを行う手法。**ミスの軽減、作業の効率化が期待できる
リファクタリング	動くことを重視して書いたプログラムを見直し、**より簡潔でバグが入り込みにくいコードに書き直す**こと
スクラム	**コミュニケーションを重視したプロセス管理手法**のこと ・**短い期間**の単位で開発を区切る ・優先順位の高い機能から順に開発する ・プロジェクトの進め方や機能の妥当性を定期的に確認する

💡 図解でつかむ

以前から使われているウォータフォールモデルとの比較

開発手法	特徴
アジャイル	・**小さな単位で作ってすぐにテストする**スピーディな開発 ・**仕様変更は当たり前**と考える ・ドキュメントよりソフトウェアの作成を優先 ・小さな単位で作るため、不具合が発生した際の**手戻り作業のリスクが抑えられる**
ウォータフォールモデル	・**要件定義→設計→製造→テストの順番**で作業する ・要件定義で必要な機能が明確に決まっており、重要な**仕様変更はあまりない** ・顧客はすべてのテストが完了して初めてシステムを確認する ・不具合が発生すると**手戻り作業が多くなる**

🔍 問題にチャレンジ！

Q アジャイル開発の特徴として、適切なものはどれか。 (令和元年秋・問49)

ア 各工程間の情報はドキュメントによって引き継がれるので、開発全体の進捗が把握しやすい。

イ 各工程がプロトタイピングを実施するので、潜在している問題や要求を見つけ出すことができる。

ウ 段階的に開発を進めるので、最後の工程で不具合が発生すると、遡って修正が発生し、手戻り作業が多くなる。

エ ドキュメントの作成よりもソフトウェアの作成を優先し、変化する顧客の要望を素早く取り入れることができる。

解説

アジャイル開発では、無駄なドキュメントを作成するよりもソフトウェアの開発を優先します。憶測や誤解が生じやすいドキュメントによるコミュニケーションではなく、顧客に実際に動くソフトウェアの形を提示することで、要望や修正を素早く確実に取り入れます。 **ア** ウォータフォール型開発の特徴です。 **イ** 開発の初期段階でプロトタイプを作成することがありますが、工程ごとに実施することはありません。 **ウ** ウォータフォール型開発の特徴です。アジャイル開発は柔軟な計画変更を前提としているので、ウォータフォール型の開発モデルと比較して手戻り作業のリスクが抑えられています。

A エ

5Gなど、次世代の通信規格の登場は、私たちの生活を大きく変えていくことでしょう。単に高速・大容量化するだけでなく、利用者の複雑なニーズに応えてくれるきめ細かなしくみも登場しています。それらの基本的な通信サービスについて理解しておきましょう。

① 5G (ファイブジー)

第5世代移動通信システムのことで、GはGeneration（世代）を意味します。IoTの急速な普及により、インターネットに接続するIoTデバイスやデータ量の増加などに対応しており、2020年の実用化を目指しています。5Gには以下の特徴があります。

- **高速・大容量化**（10Gbps以上の通信速度）
- **同時多接続**（あらゆる機器が同時に接続可能）
- **超低遅延**（リアルタイムな通信が可能）

② SDN (エスディーエヌ) (Software Defined Networking)

SDNを直訳すると、「**ソフトウェアによって定義されたネットワーク**」という意味です。従来はネットワーク機器1台ずつが個別に経路選択やデータの転送を行っていました。しかし、今はクラウドやビッグデータの普及に伴い、大量のデータを効率的に転送することに加え、**データ量の変化や障害に柔軟に対応したネットワーク制御**を行うことが望まれるようになりました。SDNでは**経路選択とデータ転送処理を分離し、経路選択処理をソフトウェアで制御することで、状況に応じた柔軟で効率のよい通信を行える**ようになりました。

③ ビーコン

Beaconは「のろし」や「灯台」といった意味ですが、IT業界では**無線を使って発信者の情報を知らせるしくみ**という意味で使われています。

たとえば、店舗内にビーコン信号を発する端末を設置しておき、スマートフォンがビーコン信号をキャッチすると、商品情報やそのお店で使えるクーポンがスマートフォンに送られるサービスなどがあります。

④テレマティクス

Telecommunications（遠隔通信）と Informatics（情報科学）による造語です。カーナビや GPS などの車載器と通信システムを利用して、さまざまな情報やサービスを提供することをいいます。位置情報だけでなく、運転の挙動を把握することができるため、コネクテッドカーと組み合わせ、配送業では危険運転の把握や安全運転の指導に利用されています。

🔆 図解でつかむ

SDNのしくみ

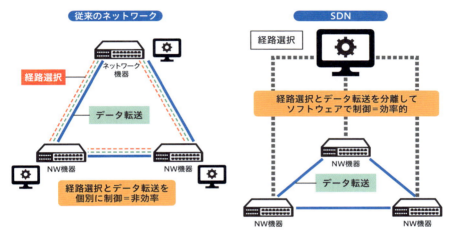

🔍 問題にチャレンジ！

Q LTE よりも通信速度が高速なだけではなく、より多くの端末が接続でき、通信の遅延も少ないという特徴をもつ移動通信システムはどれか。

（平成 31 年春・問 73）

ア　ブロックチェーン　イ　MVNO　ウ　8 K　エ　5 G

解説

ア　ブロックチェーンは、"ブロック"と呼ばれるいくつかの取引データをまとめた単位をハッシュ関数の鎖のようにつなぐことによって、台帳を形成し、P2P ネットワークで管理する技術です。　イ　MVNO は、自身では無線通信回線設備を保有せず、ドコモやau、ソフトバンクといった電気通信事業者の回線を間借りして、移動通信サービスを提供する事業者のことです。　ウ　8 K は、フルハイビジョン（2 K）や4 K を超える次世代映像規格です。8 K の画素数は、7,680×4,320 ドットで4 K（3,840×2,160）の4 倍です。横のドット数がおよそ 8,000 ドットなので、8 K と呼ばれています。　**A エ**

CBT 試験って？

　IT パスポート試験は、CBT 形式で行われます。CBT とは Computer Based Testing の略で、一般的にコンピュータ上で実施され、自分で受験日や受験会場を指定して行う試験のことです。従来型のペーパー試験の形式と比較して、利便性の高さや学習計画の立てやすさから採用が増えており、英検 CBT® や統計検定、証券外務員試験などで活用されています。

　CBT では、受験者はコンピュータに表示された試験問題に対して、マウスやキーボードを使って解答します。試験後には採点が行われ、画面に結果が表示されます。

　当日、試験室の机に置けるものは、**ハンカチ、ポケットティッシュ、目薬、確認票、受験者注意説明書（会場で配布）、会場で用意する備品（メモ用紙、シャープペンシル）**となります。

　なお、時計（腕時計を含む）は、試験室内へ持ち込めません。試験の開始・終了や残り時間は、受験者の端末の時刻が基準とされます。試験の終了時刻になると、自動的に試験が終了・採点が開始され、解答の入力等の操作ができなくなります。

　試験終了の時刻前でも退出することが可能ですので、終了前に退出する場合は、「解答終了」ボタンを押してください。採点が終了すると、試験結果が表示されます。

　試験結果は印刷して持ち帰ることができませんが、IT パスポート試験のウェブサイトから、試験結果レポートをダウンロードできます。

　IT パスポート試験の下記サイトから「CBT 疑似体験ソフトウェア」をダウンロードして、CBT 試験を疑似的に体験できます。受験が初めての方は一度体験しておくのがオススメです。

https://www3.jitec.ipa.go.jp/JitesCbt/html/guidance/trial_examapp.html

● CBT 疑似体験ソフトウェア

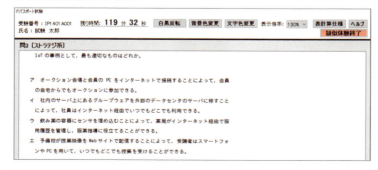

第2章

ネットワークと
セキュリティ

本章のポイント

ネットワークやセキュリティはITパスポート試験の頻出
テーマです。企業活動や日常生活に欠かせないネットワー
クの構成要素や通信のしくみ、情報セキュリティの種類、
通信を安全に行うための暗号化、認証のしくみや関連法規
を学習します。技術用語が多く出てきますが、私たちの日
常や仕事で使われている技術も多くあります。どんなシー
ンで利用されているかをイメージしながら学習しましょう。

1 プロトコル

プロトコルは、コンピュータ同士が通信する際に守らなくてはいけない決まり事です。プロトコルにしたがうことで、異なるメーカーのコンピュータや端末との通信が可能になります。メールの受信や送信、データのダウンロードなど目的によって、使われるプロトコルは異なります。

代表的なプロトコルの種類には、以下のものがあります。

①インターネットのプロトコル

HTTP（HyperText Transfer Protocol）：Web ページを表示するとき

HTTPS（HyperText Transfer Protocol over SSL/TLS）：暗号化された Web ページを表示するとき

②電子メールのプロトコル

SMTP（Simple Mail Transfer Protocol）：メールを送信するとき

POP（Post Office Protocol）：メールを受信するとき

IMAP（Internet Message Access Protocol）：メールを受信するとき

MIME（Multipurpose Internet Mail Extensions）：メールに画像、ファイルなどを添付するとき

S/MIME（Secure/Multipurpose Internet Mail Extensions）：メールを暗号化するとき

③ファイルのダウンロードやアップロードをするためのプロトコル

FTP（File Transfer Protocol）：データを転送するとき

④時刻を同期するためのプロトコル

NTP（Network Time Protocol）：アクセスログ（通信の記録）の解析を正確に行うために、Web サーバやデータベースサーバなどのサーバ間で時刻を一致させるとき

⑤データを転送するためのプロトコル

TCP/IP（Transmission Control Protocol/Internet Protocol）：インターネット通信やメールの送受信などを支えるために使う。TCP はデータをもれなく転送し、IPは目的の相手にデータを転送するためのプロトコル。IP は v4（バージョン 4）とv6(バージョン 6）があり、v6 には通信の暗号化機能が追加されている。

💡 図解でつかむ

1 新技術

2 ネットワークとセキュリティ

3 システム開発

4 経営

5 コンピュータ

プロトコルのしくみ　プロトコル＝決まりごと

インターネット	メール	ファイル転送	時刻
HTTP HTTPS	SMTP POP IMAP MIME S/MIME	FTP	NTP

データ転送 TCP/IP

> POP、IMAP はどちらもメールを受信するためのプロトコルです。**POP は受信したメールを PC にダウンロードして管理**しますが、**IMAP はサーバに置いたままで管理**します。POP3、IMAP4 とバージョン番号をつけて表す場合もあります。

🔍 問題にチャレンジ！

Q 電子メールの受信プロトコルであり、電子メールをメールサーバに残したままで、メールサーバ上にフォルダを作成し管理できるものはどれか。

（平成 29 年秋・問 83）

　ア　IMAP4　　**イ**　MIME　　**ウ**　POP3　　**エ**　SMTP

解説

　イ Multipurpose Internet Mail Extensions の略で、ASCII 文字しか使用できない SMTP を利用したメールで、日本語の 2 バイトコードや画像データを送信するためのしくみです。　**ウ** メールの受信プロトコルで、メールはクライアント PC にダウンロードして管理します。　**エ** メールの送信プロトコルです。　　**A ア**

ネットワーク上にある PC やサーバなどのコンピュータ、中継装置、周辺機器には、それらを特定・識別するために番号（端末情報）が割り当てられています。端末情報の種類としくみを確認しておきましょう。

①端末情報

端末情報には、ハードウェアを特定する MAC アドレス、ネットワーク上の端末を特定する IP アドレスなどがあります。

端末情報	役割
MAC アドレス	・端末の通信規格を特定する情報 ・ハードウェア（通信装置（有線／無線））に割り振られている世界中で一意な番号 ・16 進数、48 ビットで表す（例：01-23-45-67-89-AB）
IP アドレス	・ネットワーク上の端末を特定する情報。インターネット上で一意なアドレス ・OS が管理している番号 ・IPv4：10 進数、32 ビットで表す（例 192.168.0.147） ・IPv6：16 進数、128 ビットで表す （例　2001:1234:0da8:5678:9afe:cde5:325c:2ff1）
ポート番号	・端末で動作しているアプリケーションを特定する番号 （例 Web サーバの場合は 80）

②グローバル IP アドレスとプライベート IP アドレス

IPv4 では、約 43 億個の IP アドレスしか使えず、限られた IP アドレスを効率的に割り当てる必要がありました。そのため、インターネットに出ていく通信に一意なアドレスを割り当て、LAN 内の通信には LAN 内でのみ一意なアドレスを割り当てていました。

このインターネット上で一意なアドレスをグローバル IP アドレスといい、LAN 内でのみ有効なアドレスをプライベート IP アドレスといいます。たとえるなら、グローバル IP アドレスは企業の外線電話で、プライベート IP アドレスは内線番号にあたります。外線電話の番号は世界中で重複しませんが、内線番号は他の企業の内線番号と重複していても問題ありません。

このアドレスの変換機能のことを NAT（Network Address Translation）といい、ルータがアドレスの変換を行っています。NAT は IPv6 でも利用されています。

💡 図解でつかむ

端末情報

IPアドレス
ネットワーク上で
端末を特定

ポート番号
アプリケーションを
特定する番号

MACアドレス
ハードウェア
固有の番号

Web用
アプリケーション

メール用
アプリケーション

有線

無線

NAT（Network Address Translation）のしくみ

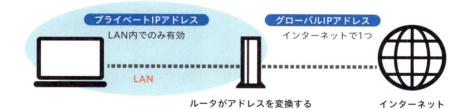

プライベートIPアドレス
LAN内でのみ有効

LAN

グローバルIPアドレス
インターネットで1つ

ルータがアドレスを変換する

インターネット

🔍 問題にチャレンジ！

Q ネットワークに関する次の記述中のa～cに入れる字句の適切な組合せはどれか。

建物内などに設置される比較的狭いエリアのネットワークを ___a___ といい、地理的に離れた地点に設置されている ___a___ 間を結ぶネットワークを ___b___ という。一般に、___a___ に接続する機器に設定する IP アドレスには、組織内などに閉じたネットワークであれば自由に使うことができる ___c___ が使われる。

（平成 31 年春・問 61）

	a	b	c
ア	LAN	WAN	グローバル IP アドレス
イ	LAN	WAN	プライベート IP アドレス
ウ	WAN	LAN	グローバル IP アドレス
エ	WAN	LAN	プライベート IP アドレス

解説

LAN（Local Area Network）は、企業や家庭など同じ建物内のコンピュータ間で構成するネットワークです。WAN（Wide Area Network）は、電話回線などを使った離れた拠点間で構成するネットワークです。　　**A イ**

3　中継装置

中継装置とは、目的の端末までの通信を中継するための装置です。中継装置にはいくつかの種類があり、どのアドレスを元に中継するかによって、使用する装置は異なります。それぞれの装置で宛先として認識されるのが IP アドレスなのか、MAC アドレスなのかを覚えておきましょう。

①ネットワークインターフェースカード

ネットワークインターフェースカードは、PC などの端末に内蔵されている LAN と接続するための通信装置のことです。NIC と略されたり、ネットワークアダプタとも呼ばれます。ネットワークインタフェースカードには MAC アドレスが割り当てられます。

②ハブ、リピータ

電気信号を中継するための装置で、ケーブルでつながっている端末すべてにデータが流れるのが特徴です。すべてに送信すると無駄な通信が発生することから、ハブやリピータが利用される場面は少なくなっています。

③ブリッジ、L2 スイッチ（Layer 2 スイッチ）

LAN 内の端末にデータを転送するための装置で、データの中の宛先（MAC アドレス）を識別して転送し、データは該当の端末にのみ転送されます。Layer とは階層の意味で、L1 は電気信号、L2 は MAC アドレス、L3 は IP アドレスでの制御を行います。

④ルータ、L3 スイッチ（Layer 3 スイッチ）

LAN とインターネットの間などでデータを転送するための装置で、データの中の宛先（IP アドレス）を識別して転送します。ルータは IP アドレスと転送先の対応表を持っていて、それをもとに通信を中継します。

ルータはソフトウェアを使って中継するために柔軟なルールを設定することができ、L3 スイッチはハードウェアで中継するため、高速な中継ができます。

ルータはデータが LAN からインターネットへ出ていく際の出入り口となることから、デフォルトゲートウェイと呼ばれることもあります。

たとえば、スマートフォンのテザリング機能をオンにすると、スマートフォンがルータの代わりになって、インターネットに接続するための中継を行います。

💡 図解でつかむ

NIC（ネットワークインターフェースカード）

NIC

MACアドレスが割り当てられる

LANと接続！

中継装置

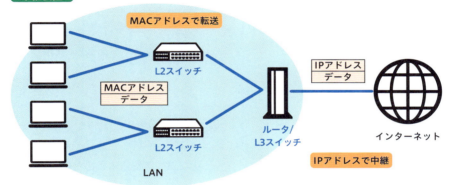

MACアドレスで転送

L2スイッチ

MACアドレス
データ

L2スイッチ

LAN

IPアドレス
データ

ルータ/
L3スイッチ

IPアドレスで中継

インターネット

🔍 問題にチャレンジ！

Q IP ネットワークを構成する機器①～④のうち、受信したパケットの宛先 IP アドレスを見て送信先を決定するものだけを全て挙げたものはどれか。

（平成 30 年春・問 72）

① L2 スイッチ　　② L3 スイッチ　　③ リピータ　　④ ルータ

ア ①、③　　**イ** ①、④　　**ウ** ②、③　　**エ** ②、④

解説

①L2 スイッチは、MAC アドレスを識別して宛先へ転送します。②L3 スイッチは、IP アドレスを識別して宛先へ転送します。③リピータは、接続されている端末すべてに転送します。④ルータは、IP アドレスを識別して宛先へ転送します。よって、②と④が該当するので、答えは「エ」となります。　　**A エ**

4 インターネットのしくみ

世界中につながるインターネット上には、膨大な数のコンピュータが存在しています。その中で、目的の情報を探したり、通信相手を特定できるのは、さまざまなしくみが機能しているからです。インターネットやメールの通信に欠かせないしくみについて学びましょう。

① U R L（Uniform Resource Locator）

Resource（リソース）とはファイルや画像などのコンテンツで、URL はインターネット上の**リソースの格納場所**を示します。Web ブラウザのアドレスバーに URL を入力すると、指定されたサーバ上のリソースがブラウザに返され、ページが表示されます。

② D N S（Domain Name System）

IP アドレスは連続した数字なので、人間に扱いやすいような意味のある文字列で表現した**ドメイン名**が使われています。サイト名や企業名を使うことが多く、たとえば「www.sample.com」という URL であれば、「sample.com」という部分がドメインです。**DNS は「名前解決」とも呼ばれ、ドメイン名と IP アドレスを対応させて変換するシステム**のことです。そして、この名前解決を行うサーバが DNS サーバです。

③ D H C P（Dynamic Host Configuration Protocol）

DHCP は、Dynamic（動的）に Host（端末）情報を Configuration（構成）するためのプロトコルで、**端末に IP アドレスを自動で設定**します。インターネットの普及により端末の数が膨大になり、このしくみができました。端末は電源を入れると、DHCP 機能を持ったサーバに IP アドレスを要求し、DHCP サーバが IP アドレスを割り当てます。**Wi-Fi ルータは、ルータと DNS と DHCP の機能を兼ね備えています。**

④ プロキシ

プロキシとは**代理**という意味で、**社内のコンピュータがインターネットにアクセスするときに、インターネットとの接続を代理で行います。**プロキシの機能をもったサーバがプロキシサーバです。プロキシサーバを設置することで、インターネットから社内の**コンピュータを隠蔽**でき、**業務外コンテンツのフィルタリング（ブロック機能）**、一度閲覧したページの**キャッシュ**（ためておくこと）などによって、応答スピードが向上するメリットがあります。

💡 図解でつかむ

URLの構成

https: // www. sample.com / application/index.html

プロトコル名　ホスト名　ドメイン名　　　　　ファイルパス

ファイルを要求！

HTTP/HTTPS
プロトコル　インターネット　www.sample.com

application　index.html

DNSのしくみ

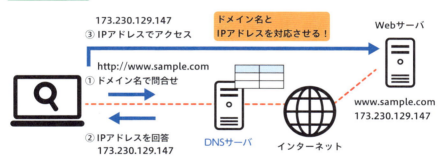

173.230.129.147
③ IPアドレスでアクセス

ドメイン名と
IPアドレスを対応させる！

Webサーバ

http://www.sample.com
① ドメイン名で問合せ

② IPアドレスを回答
173.230.129.147

DNSサーバ　インターネット

www.sample.com
173.230.129.147

プロキシのしくみ

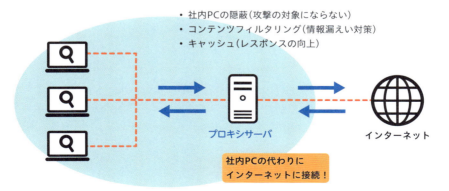

- 社内PCの隠蔽（攻撃の対象にならない）
- コンテンツフィルタリング（情報漏えい対策）
- キャッシュ（レスポンスの向上）

プロキシサーバ　インターネット

社内PCの代わりに
インターネットに接続！

🔍 問題にチャレンジ！

Q1 職場の LAN に PC を接続する。ネットワーク設定情報に基づいて PC に IP アドレスを設定する方法のうち、適切なものはどれか。　(平成 23 年特別・問 86)

〔ネットワーク設定情報〕

・ネットワークアドレス　　　192.168.1.0
・サブネットマスク　　　　　255.255.255.0
・デフォルトゲートウェイ　　192.168.1.1
・DNS サーバの IP アドレス 192.168.1.5
・PC は、DHCP サーバを使用すること

ア　IP アドレスとして、192.168.1.0 を設定する。
イ　IP アドレスとして、192.168.1.1 を設定する。
ウ　IP アドレスとして、現在使用されていない 192.168.1.150 を設定する。
エ　IP アドレスを自動的に取得する設定にする。

Q2 プロキシサーバの役割として、最も適切なものはどれか。　(平成 30 年秋・問 64)

ア　ドメイン名と IP アドレスの対応関係を管理する。
イ　内部ネットワーク内の PC に代わってインターネットに接続する。
ウ　ネットワークに接続するために必要な情報を PC に割り当てる。
エ　プライベート IP アドレスとグローバル IP アドレスを相互変換する。

解説 Q1

IP アドレスは、ネットワーク上の機器を識別するために、機器ごとに指定される番号です。問題文中に「PC は、DHCP サーバを使用すること」という記述があるので、端末の設定は「IP アドレスを自動的に取得する設定」として DHCP サーバから自動的に割り当てられた IP アドレスを使用することが適切です。　**A エ**

解説 Q2

ア　DNS(Domain Name System) サーバの役割です。　イ　正しい。プロキシサーバの役割です。　ウ　DHCP(Dynamic Host Configuration Protocol) サーバの役割です。　エ　NAT(Network Address Translation) の役割です。　**A イ**

column 2

定番の過去問学習サイト
「IT パスポート試験ドットコム」の使い方

　IT パスポート試験ドットコムは 2009 年に開設された IT パスポート試験の過去問学習サイトで、受験者の多くが利用しています。単に過去問の解答・解説を掲載しているだけでなく、試験の概要や出題範囲、申込み方法やおすすめテキストなど試験に関する情報を網羅しており、知識がある人にとってはこのサイトだけで合格できるほどです。

　このサイトで過去問を CBT 試験のように選択肢をクリックして解くと、その場で採点してくれるため、正解／不正解がすぐにわかります。そのため、ゲーム感覚で過去問題にチャレンジでき、飽きずに学習することが可能です。また、スマートフォン版もあるため、通勤やお昼休みなどの隙間時間を使った学習にも適しています。PC 版では主に、

①問題→解答→解説形式の「過去問題解説」

②過去問からランダムに学習できる「過去問道場®」

③説明文を読んで用語を答える「用語クイズ」

の 3 つに分かれています。使い方としては、一通り本書で知識をインプットした後に、関連する過去問題を解いてアウトプットを行ってください。本書の各テーマタイトル右の分類（たとえば「ストラテジ系―企業活動」）を使うと、関連する過去問題を効率よく検索できます。

　解説は正解だけでなく、不正解の選択肢の解説もすべて読みましょう。1 問で 4 つの用語を学ぶことができ、知識の幅を広げることができます。

　仕上げには、新技術に関する用語の改訂が織り込まれた令和元年秋などの問題にチャレンジして、自分の正答率を確認しましょう。理想は過去 3 回分の正答率が 8 割になることです。

● IT パスポート試験ドットコムのウェブサイト（PC 版）

5 無線通信

現在、さまざまな規格の無線通信があります。利用者のニーズに応えるため、新たな規格の実用化も予定されています。ここでは、それぞれの規格のおおよその通信速度、通信範囲の目安、使われている目的や場所などを押さえておきましょう。

① ＬＴＥ/4G（Long Term Evolution）

モバイル通信の規格で、通信速度は下り最大 100Mbps 以上、上り最大 50Mbps 以上です。※ bps（bits per second ビット / 秒）は１秒当たりの伝送速度を表します。

② 5G

モバイル通信の規格です。2020 年に実用化予定です。IoT デバイスに対応するため、端末の**同時多接続、超低遅延、省電力、低コスト、高速・大容量化を実現**します。通信速度は 10Gbps 以上です。

③ Wi-Fi

無線 LAN の規格です。**通信範囲は数十から数百メートル**、企業や家庭内で利用されています。通信速度は 6.9Gbps ですが、最新の Wi-Fi6 では 9.6Gbps となっています。

④ Bluetooth®

近距離無線の規格で、**通信範囲は 10 メートル前後**で通信速度は 24Mbps です。スマートフォンとワイヤレスイヤホン間や PC とワイヤレスマウス間などで利用されています。

⑤ BLE（Bluetooth Low Energy）

近距離無線の規格です。**省電力、低速で、IoT デバイスとの通信**にも利用されています。**通信範囲は 10 メートル前後**、通信速度は最大 1Mbps です。**人や物の位置情報の検知**に使われ、従業員の勤怠管理や工場での工程管理に利用されています。

⑥ LPWA（Low Power Wide Area）

遠距離通信の規格です。**省電力、低速で、IoT デバイスとの通信**にも利用されています。通信範囲は最大 10km、通信速度は 250Kbps 程度です。**遠隔の機器や装置の監視**などに利用されています。

💡 図解でつかむ

無線通信の種類

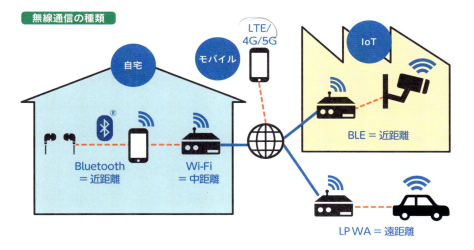

それぞれの規格が「何のための規格なのか」「どこで利用されているのか」を押さえておきましょう！

🔍 問題にチャレンジ！

Q 無線通信における LTE の説明として、適切なものはどれか。

（平成 30 年春・問 89）

ア　アクセスポイントを介さずに、端末同士で直接通信する無線 LAN の通信方法

イ　数メートルの範囲内で、PC や周辺機器などを接続する小規模なネットワーク

ウ　第 3 世代携帯電話よりも高速なデータ通信が可能な、携帯電話の無線通信規格

エ　電波の届きにくい家庭やオフィスに設置する、携帯電話の小型基地局システム

解説
ア　アドホック接続の説明です。　イ　Bluetooth の説明です。　エ　フェムトセルの説明です。

A ウ

6 無線 LAN

無線 LAN は電波で通信を行いますが、規格ごとに、電波の届きやすさや通信速度などに特徴があります。外部からの不正アクセスを受ける可能性もあるため、セキュリティ対策が必須です。

①無線 LAN の規格

無線 LAN には、2.4GHz 帯と 5GHz 帯で主に以下の規格があります。

規格	周波数帯	最大通信速度
IEEE802.11b	2.4GHz	11Mbps
IEEE802.11a	5GHz	54Mbps
IEEE802.11g	2.4GHz	54Mbps
IEEE802.11n	2.4GHz/5GHz	600Mbps
IEEE802.11ac	5GHz	6.93Gbps

2.4GHz 帯の特徴：いろいろな製品で使われているため、無線が混みあい不安定になりやすい。障害物に強く、遠くまで電波が届きやすい。

5GHz 帯の特徴：ほかの製品では使われないため、安定して接続できて高速。しかし、障害物に弱く、遠距離では電波が弱くなる。

②無線 LAN のセキュリティ

無線 LAN の通信を暗号化する規格は WPA2 で、共通鍵暗号方式の AES（Advanced Encryption Standard）を使っています。WPA2 をさらに強化した WPA3 も登場しています。

③無線 LAN の接続

無線 LAN を中継する機器をアクセスポイントといいます。アクセスポイントに端末を接続する際は、ESSID（Extended Service Set ID）というアクセスポイントが管理するネットワークの名前を指定します。

正当な端末の MAC アドレスをアクセスポイントに登録して、それ以外の不正な端末の接続を防ぐことを MAC アドレスフィルタリングといい、ネットワークの不正利用を防ぎます。アクセスポイントを介さず、端末同士が直接通信を行うアドホック・モードもあり、携帯型ゲーム機で対戦ゲームをする際などに使われています。

💡 図解でつかむ

アクセスポイントに接続しているイメージ

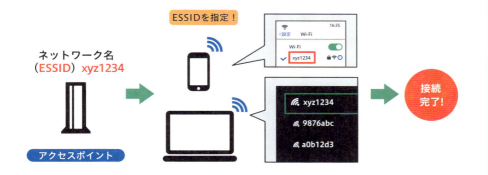

ネットワーク名
（ESSID）xyz1234

ESSIDを指定！

アクセスポイント

接続
完了！

🔍 問題にチャレンジ！

Q 無線 LAN に関する記述のうち、適切なものはどれか。　（令和元年秋・問 77）

ア　アクセスポイントの不正利用対策が必要である。
イ　暗号化の規格は WPA2 に限定されている。
ウ　端末とアクセスポイント間の距離に関係なく通信できる。
エ　無線 LAN の規格は複数あるが、全て相互に通信できる。

解説

無線の電波はアクセスポイントの周辺へ発信されているので、家庭内に設置しているアクセスポイントに屋外からアクセスされ、タダ乗りされてしまったり、同じ無線 LAN に接続している端末にアクセスされてしまう恐れもあります。被害を防止するためには、パスワードや適切な暗号方式の設定、MAC アドレスフィルタリングなどのセキュリティ対策をアクセスポイントに施す必要があります。

イ WPA2 のほかにも、WEP、WPA、WPA3 などの暗号化規格を利用できます。ただし、WEP、WPA については脆弱性があり容易に解読されてしまうので利用してはいけません。　**ウ** 無線 LAN の通信可能範囲は直線距離で約 100 ｍ程度です。それ以上離れると、端末とアクセスポイントは通信できません。　**エ** 無線 LAN の規格である IEEE802.11 シリーズには、a、b、g、n、ac などの規格がありますが、全て相互に通信できるわけではありません。　**A ア**

7 情報セキュリティ①

企業には、顧客情報、営業情報、知的財産関連情報、人事情報といった情報資産があります。情報セキュリティとは、それらの情報漏えいや改ざんがなく、必要なときに必要な情報を利用できる状態を保持することです。

①脅威と脆弱性

脅威とは、情報資産に危険をもたらす可能性のあるもののことで、**人的脅威、物理的脅威、技術的脅威**があります。**脆弱性**とは、「弱さ、脆（もろ）さ」のことです。たとえば、システムの欠陥（バグ）や仕様上の問題点（**セキュリティホール**）、会社の許可を得ずに私用 PC やスマートフォンを業務に利用する（**シャドー IT**）ことによる情報漏えいなどがあげられます。シャドー IT に対して、会社の許可を得たうえで私用端末を業務に利用することを BYOD（Bring Your Own Device）といいます。

②人的脅威

人的脅威とは、人間のミスや悪意によるものです。

種類	事例
情報の漏えい、紛失、盗み見	ノート PC の紛失による情報の漏えいや利用者の肩越しにパスワードなどを盗み見（**ショルダーハッキング**）
誤操作、破損	操作ミスによるデータの削除、ハードディスクの破損
なりすまし	他人のユーザ ID、パスワードを用いてシステムにログイン
クラッキング	**システムへの不正侵入、破壊、改ざん**
ソーシャルエンジニアリング	**上司を装った電話**によるパスワードの入手
内部不正	社員が顧客情報を持ち出し、名簿販売業者に売却

③物理的脅威

物理的脅威とは、システムに対して物理的なダメージを与えるものです。

種類	事例
災害	地震、火災、水害などの**自然災害**によりシステムや情報が利用できない
破壊	**不正侵入**によるデータの消去、記録媒体の破壊
妨害行為	**通信回線の切断、業務の妨害**

💡 図解でつかむ

不正のトライアングル

動機
- 経済的に困っている
- 会社に恨みがある

- 担当者がひとりしかいない
- 異動・退職するから
  バレないだろう

機会

不正行為

正当化
- 管理体制がゆるい
  会社が悪い
- 会社への貢献はもっと
  評価されるべき

3つがそろったときに発生！

🔍 問題にチャレンジ！

Q 企業での内部不正などの不正が発生するときには、"不正のトライアングル"と呼ばれる3要素の全てがそろって存在すると考えられている。"不正のトライアングル"を構成する3要素として、最も適切なものはどれか。

(平成31年春・問65)

ア　機会、情報、正当化　　イ　機会、情報、動機
ウ　機会、正当化、動機　　エ　情報、正当化、動機

解説

「不正のトライアングル」は、「不正行動は『動機』『機会』『正当化』の3要素がすべてそろった場合に発生する」という理論で、米国の組織犯罪研究者であるドナルド・R・クレッシーにより提唱されました。不正発生の要因は次の3要素です。〈**動機・プレッシャー**〉自己の欲求の達成や問題を解決するためには不正を行うしかないという考えに至った心情のこと。例えば、「過大なノルマ」「個人的に金銭的問題がある」といった心情が該当します。〈**機会**〉不正を行おうと思えばいつでもできるような職場環境のこと。例えば、「悪用可能なシステムの不備が存在する」「チェックする人がいない」という職場環境が該当します。〈**正当化**〉自分に都合の良い理由をこじつけて、不正を行う時に感じる「良心の呵責（かしゃく）」を乗り越えてしまうこと。例えば、「自分のせいではない、組織・制度が悪い」「職場で不遇な扱いを受けている」等の身勝手な言い訳が該当します。したがって適切な組合せは「ウ」になります。"情報"は不正のトライアングルの3要素に含まれません。

A　ウ

8 情報セキュリティ②

コンピュータ技術を使用した技術的脅威に「マルウェア」というものがあります。マルウェアは、悪意を持ったプログラムの総称です。電子メールの添付ファイルやアクセスしたサイト、マルウェアに感染したUSBメモリといったメディア経由などで感染し、情報漏えいなどの被害を受けます。

技術的脅威であるマルウェアの代表的なものが、以下のものです。

①コンピュータウイルス
プログラムに寄生して、**自分自身の複製や拡散を行うプログラム**です。

②ボット
処理を自動化するソフトウェアのことで、ウイルス感染により、**ボット化したPCは外部からの遠隔操作が可能**になり、**一斉攻撃**などの手段として悪用されます。

③スパイウェア
個人情報などを収集して盗み出します。**入力された操作を記録**する**キーロガー**というソフトウェアは、**端末利用者が入力したパスワードや個人情報を盗みます**。

④ランサムウェア
コンピュータに保存していた**データを暗号化**するなどして、使えない状態にし、**元に戻す代わりに金銭を要求**します。

⑤ワーム
プログラムに寄生せずに、**自分自身を複製し、増殖するプログラム**です。

⑥トロイの木馬
害のないプログラムを装い、侵入したコンピュータに**バックドア**（裏口：不正ログインできる出入口）を設置します。このように、**コンピュータを遠隔操作できる**ようにするツールを**RAT**（Remote Access Tool）と呼びます。

⑦マクロウイルス
文書作成や表計算ソフトの**マクロ機能を悪用した**コンピュータウイルスです。

💡 図解でつかむ

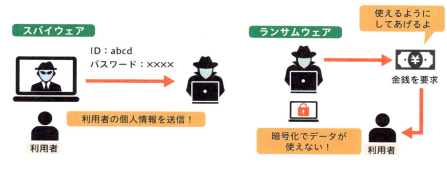

スパイウェア
ID：abcd
パスワード：××××
利用者の個人情報を送信！
利用者

ランサムウェア
使えるようにしてあげるよ
金銭を要求
暗号化でデータが使えない！
利用者

ランサムウェアの WannaCry は 2017 年に日本を含む世界規模の被害が出たことで有名です。ランサムウェアによる被害は、IPA が発表している情報セキュリティ 10 大脅威で 3 年連続で上位にランクインしています。

🔍 問題にチャレンジ！

Q スパイウェアの説明はどれか。 （平成 29 年春・問 58）

ア Web サイトの閲覧や画像のクリックだけで料金を請求する詐欺のこと

イ 攻撃者が PC への侵入後に利用するために、ログの消去やバックドアなどの攻撃ツールをパッケージ化して隠しておくしくみのこと

ウ 多数の PC に感染して、ネットワークを通じた指示に従って PC を不正に操作することで一斉攻撃などの動作を行うプログラムのこと

エ 利用者が認識することなくインストールされ、利用者の個人情報やアクセス履歴などの情報を収集するプログラムのこと

解説

ア ワンクリック詐欺の説明です。 イ ルートキット（攻撃者が侵入後の PC を遠隔で制御するための複数の不正プログラムをまとめたもの）の説明です。 ウ ボットの説明です。

A エ

9

情報セキュリティ③

攻撃者はパスワードの解読を試みたり、利用者に不正なプログラムをダウンロードさせるなど、さまざまな方法で攻撃してきます。アプリケーションの脆弱性やシステムの弱点をついた攻撃手法と対策を理解しておきましょう。

①辞書攻撃

パスワードとして、辞書に載っている単語を次々と入力して不正アクセスを試みる攻撃です。対策は、パスワードには意味のある単語は用いず、推測しづらくすることです。

②総当たり（ブルートフォース）攻撃

パスワードとして英数字の組合せをすべて入力して、不正アクセスを試みる攻撃です。対策として、ログインに連続して失敗するとアカウントをロックするしくみがあります。

③パスワードリスト攻撃

攻撃者が事前に入手したIDとパスワードのリストを使って不正アクセスを試みる攻撃です。複数のサイトで同じIDやパスワードを使い回している人が多いため、被害が拡大しています。対策は、複数のサイトでパスワードを使い回さないことです。

④クロスサイトスクリプティング（XSS）

Webアプリケーションの画面表示処理の脆弱性をついた攻撃です。悪意のあるスクリプト（プログラム）がブラウザで実行されると、偽のページが表示され、入力した個人情報などが盗み出されます。開発時に対策用コードを使用することで対策します。

⑤ SQLインジェクション

Webアプリケーションのデータベース処理の脆弱性をついた攻撃です。入力画面でデータベースを操作するSQLコマンドを入力することで、データベース内部の情報を不正に操作します。開発時に対策用のコードを使用することで対策します。

⑥ドライブバイダウンロード

Webブラウザや OSなどの脆弱性をついた攻撃で、Webサイトに不正なソフトウェアを隠しておき、サイトの閲覧者がアクセスすると自動でダウンロードされます。対策は、ウイルス対策ソフトを導入して定義ファイルや OSなどを最新の状態に保つことです。

🔍 問題にチャレンジ！

Q PCで Webサイトを閲覧しただけで、PCにウイルスなどを感染させる攻撃はどれか。
(平成31年春・問69)

ア　DoS攻撃　　　　　　　　イ　ソーシャルエンジニアリング

ウ　ドライブバイダウンロード　　**エ**　バックドア

解説

ア　通常では想定できない数のリクエストやパケットを標的に送り付けることで、標的とするサーバやネットワーク回線を過負荷状態にし、システム障害を意図的に引き起こす攻撃です。　**イ**　技術的な方法ではなく、人の心理的な弱みに付け込んで、秘密情報を不正に取得する方法の総称です。**エ**　バックドアは、一度不正侵入に成功したコンピュータやネットワークにいつでも再侵入できるよう攻撃者によって技術的に設置された侵入口のことを指します。

A ウ

💡 図解でつかむ

SQLインジェクション

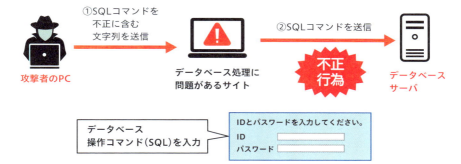

①SQLコマンドを不正に含む文字列を送信

攻撃者のPC

データベース処理に問題があるサイト

②SQLコマンドを送信

不正行為

データベースサーバ

データベース操作コマンド（SQL）を入力

IDとパスワードを入力してください。
ID
パスワード

クロスサイトスクリプティング（XSS）

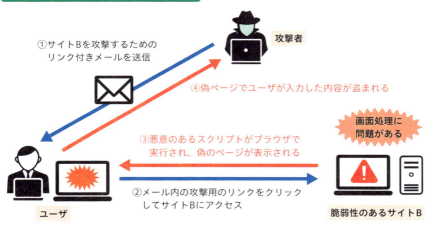

攻撃者

①サイトBを攻撃するためのリンク付きメールを送信

④偽ページでユーザが入力した内容が盗まれる

画面処理に問題がある

③悪意のあるスクリプトがブラウザで実行され、偽のページが表示される

②メール内の攻撃用のリンクをクリックしてサイトBにアクセス

ユーザ

脆弱性のあるサイトB

攻撃者は、ユーザのコンピュータに直接アクセスしてくるだけではありません。ユーザがよく利用しているサイトやサーバを改ざんしたり、悪意のあるしかけをしていることもあります。そうした攻撃の概要と対策法も押さえておきましょう。

① DNS キャッシュポイズニング

DNS サーバには IP アドレスとドメイン名の対応表のコピーを持つ**キャッシュサーバ**があります。**攻撃者がキャッシュサーバの中身を偽情報に書き換えると（＝汚染される）、偽情報によって悪意のあるサーバに誘導され、機密情報を盗まれてしまいます。**対策は、キャッシュサーバの情報を書き換える際に、認証機能を使って相手を確認することです。

② DoS（Denial of Service：サービス妨害）攻撃

大量の通信を発生させてサーバをダウンさせ、サービスを妨害する攻撃です。対策は、ネットワークの監視装置で通信量などを監視し、不正な通信を遮断します。

③ DDoS 攻撃（Distributed Dos：分散型 DoS 攻撃）

ボット化して遠隔操作が可能になった**複数の端末から、サーバに一斉に通信を発生させ、ダウンさせてサービスを妨害する攻撃**です。対策は DOS 攻撃と同様です。

④水飲み場型攻撃

標的型攻撃（特定の組織の情報を狙って行われる攻撃）の１つで、**ターゲットが訪れそうなサイトを改ざんし、不正なプログラムをダウンロードさせてウイルスに感染させます。**対策は、ウイルス対策ソフトを導入し、定義ファイルや OS を最新に保つことです。

⑤やり取り型攻撃

標的となった組織に対して、**取引先や社内関係者になりすましてやりとりし、機密情報を盗む攻撃**です。対策は情報の共有や添付ファイルの確認です。

⑥ゼロデイ攻撃

OS やソフトウェアの脆弱性の判明後、**開発者による修正プログラムが提供される日より前にその脆弱性を突く攻撃**のことです。問題解決のための対策が公開された日を１日目としたとき、それ以前に開始された攻撃という意味で、ゼロデイ攻撃と呼ばれています。

図解でつかむ

DNS キャッシュポイズニング

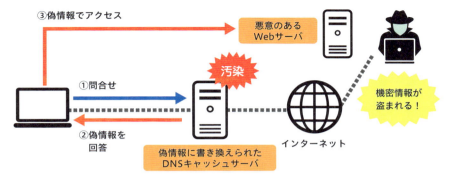

DDoS攻撃

問題にチャレンジ！

Q 情報セキュリティ上の脅威であるゼロデイ攻撃の手口を説明したものはどれか。

(平成30年春・問87)

ア　攻撃開始から24時間以内に、攻撃対象のシステムを停止させる。

イ　潜伏期間がないウイルスによって、感染させた直後に発症させる。

ウ　ソフトウェアの脆弱性への対策が公開される前に、脆弱性を悪用する。

エ　話術や盗み聞きなどによって、他人から機密情報を直ちに入手する。

解説

左ページの解説のとおりです。　　　　　　　　**A ウ**

リスクとは、脅威や脆弱性によって情報資産に損失を発生させる可能性のことです。リスクマネジメントとは、リスクを分析し、その対策を行うことです。

リスクマネジメントは、「リスクアセスメント」と「リスク対応」に分けられます。

①リスクアセスメント

アセスメントとは「評価」という意味です。リスクアセスメントは「リスクの特定」→「リスクの分析」→「リスクの評価」の手順で行います。

②リスク対応

リスク対応にはいくつかの種類があります。リスク評価の結果によって、どのような対応を実施するかを決定します。

種類	説明	事例
リスク回避	システムの運用方法や構成の変更などによって、脅威が発生する可能性を取り去ること	端末をシンクライアント（利用者の端末にはソフトウェアやデータを持たせず、サーバで一括管理する形態）に変更することで、端末からの情報漏えいのリスクを回避する
リスク低減	セキュリティ対策を行うことで脅威が発生する可能性または発生時の損害額を下げること	PCのUSBポートをふさぐ部品を取り付け、USBメモリによるデータの持ち出しを防ぐ
リスク移転（転嫁）	リスクを他社などに移すこと	サイバー攻撃などで発生する損害に備えて、サイバーリスク保険に加入する
リスク保有（受容）	リスクの影響力が小さいため、特にリスクを低減するためのセキュリティ対策を行わず、許容範囲内として受容すること	近隣の川の氾濫により、会社が浸水するおそれがあるが、過去に氾濫したことがないため、その可能性はほとんどないと判断し、対策を講じない

💡 図解でつかむ

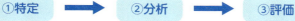

リスクアセスメントの手順

①特定	②分析	③評価
• どんなリスク？ • どの情報資産？	• 発生頻度 • 損失額	• 資産価値と発生頻度 や損失額から対応の 優先順位を決定

リスク対応

回避	＝可能性を 取り去る	低減	＝可能性を 下げる	移転	＝リスクを 移す	保有	＝リスクを 受容する

🔍 問題にチャレンジ！

Q 資産 A ～ D の資産価値、脅威および脆弱性の評価値が表のとおりであるとき、最優先でリスク対応するべきと評価される資産はどれか。ここで、リスク値は、表の各項目を重み付けせずに掛け合わせることによって算出した値とする。

(平成 31 年春・問 68)

資産名	資産価値	脅威	脆弱性
資産 A	5	2	3
資産 B	6	1	2
資産 C	2	2	5
資産 D	1	5	3

ア 資産 A　　**イ** 資産 B　　**ウ** 資産 C　　**エ** 資産 D

解説

設問に「リスク値は、表の各項目を重み付けせずに掛け合わせることによって算出した値とする」とあるので、単純に資産ごとに「資産価値×脅威×脆弱性」の計算をして、算出したリスク値を比較します。

[資産 A] 5×2×3 = 30　[資産 B] 6×1×2 = 12
[資産 C] 2×2×5 = 20　[資産 D] 1×5×3 = 15

算出されたリスク値が高いほどリスク対応の優先順位も高くなるため、最優先で対応するべき資産は「資産 A」になります。

A ア

顧客情報などの情報流出やシステムダウンなどのトラブルは、企業や組織の信用が失われ、経営にも大きな打撃を与えてしまいます。情報セキュリティ管理に関する考え方や情報セキュリティ管理策の基本を理解しましょう。

① 情報セキュリティマネジメントシステム（ISMS）

ISMS は、リスクの分析、評価を行って必要な情報セキュリティ対策を行い、組織全体で情報セキュリティを向上させるために、**情報の正しい取扱いと管理方法を決めたもの**です。

② 情報セキュリティの要素

情報セキュリティは以下の要素で構成されています。

要素	説明
機密性	第三者に情報が**漏えいしないようにする**こと
完全性	データが改ざんされたり、欠けたりすることなく**正しい状態であること**
可用性	障害などがなく**必要な時にシステムやデータを利用できる**こと
真正性	**なりすましや、偽の情報がない**ことが証明できること
責任追跡性	**誰がどんな操作をしたかを追跡できる**ように記録すること
否認防止	**本人が行った操作を否認させない**ようにすること
信頼性	**処理が欠陥や不具合なく確実に行われる**こと

③ 情報セキュリティポリシ（情報セキュリティ方針）

情報セキュリティポリシ（情報セキュリティ方針）は、**企業の経営者が最終的な責任者**となり、**情報資産を保護するための考え方や取り組み方、遵守すべきルールを明文化したもの**です。

④ ISMS の運用方法

情報セキュリティ対策は一度実施したら終わりではなく、**環境の変化に合わせて、絶えず見直しと改善が求められます。**セキュリティ対策を継続的に維持改善するために PDCA サイクルを繰り返します。

図解でつかむ

PDCAサイクル

問題にチャレンジ！

Q JIS Q 27000:2014（情報セキュリティマネジメントシステム-用語）における真正性及び信頼性に対する定義 a～d の組みのうち、適切なものはどれか。

（基本情報　平成30年秋・問39）

定義

a. 意図する行動と結果とが一貫しているという特性

b. エンティティは、それが主張するとおりのものであるという特性

c. 認可されたエンティティが要求したときに、アクセス及び使用が可能であるという特性

d. 認可されていない個人、エンティティまたはプロセスに対して、情報を使用させず、また、開示しないという特性

	真正性	信頼性
ア	a	c
イ	b	a
ウ	b	d
エ	d	a

解説

a. 信頼性（Reliability）の定義です。b. 真正性（Authenticity）の定義です。c. 可用性（Availability）の定義です。d. 機密性（Confidentiality）の定義です。　**A イ**

サイバー攻撃の手法にはさまざまなものがありますが、どんなに対策をしても日々、新たな手法が生まれています。これに対処するためには、専門機関や組織をつくって継続的に対策していくことが重要です。

サイバー攻撃に関する方針や組織をみていきましょう。

①プライバシーポリシ（個人情報保護方針）

Webサイトで収集した個人情報をどのように取り扱うのかを定めたものです。問い合わせフォームなどの個人情報を収集するサイトの場合は、プライバシーポリシの制定とWebサイトへの記載が必要です。

②サイバー保険

サイバー攻撃（システムに不正に侵入し、データの取得や改ざん、破壊などを行う）による個人情報の流出などの損害に備える保険です。事故対応費用やサービス中断による費用を補償します。

③情報セキュリティに関する活動を行う組織・機関

組織・機関	説明
情報セキュリティ委員会	情報セキュリティ対策を全社的かつ効果的に管理することを目的とした社内組織
CSIRT（シーサート） （Computer Security Incident Response Team）	Security Incident（セキュリティインシデント）とはセキュリティ上の脅威となる事象のこと。CSIRTは、情報セキュリティ上の問題に対応するために企業や行政機関などに設置される組織
SOC（エスオーシー） （Security Operation Center）	ネットワークやデバイスを24時間365日監視し、サイバー攻撃の検出と分析、対応策のアドバイスを行う組織
J-CSIP（ジェイシップ） （サイバー情報共有イニシアティブ）	公的機関であるIPA（独立行政法人 情報処理推進機構）を情報ハブ（集約点）とするサイバー攻撃に対抗するための官民による組織
サイバーレスキュー隊（J-CRAT（ジェイクラート））	IPAが設置した標的型攻撃対策の組織。相談を受けた組織の被害の低減と攻撃の連鎖の遮断を支援する

💡 図解でつかむ

プライバシーポリシーの例

（出典）IPAウェブサイトより

🔍 問題にチャレンジ！

Q コンピュータやネットワークに関するセキュリティ事故の対応を行うことを目的とした組織を何と呼ぶか。

（平成30年秋・問98）

ア CSIRT　**イ** ISMS　**ウ** ISP　**エ** MVNO

解説

イ Information Security Management System の略。情報セキュリティマネジメントシステムのことです。　**ウ** Internet Service Provider の略。顧客である企業や家庭のコンピュータをインターネットに接続するインターネット接続業者のことです。**エ** Mobile Virtual Network Operator の略。自身では無線通信回線設備を保有せず、ドコモや au、ソフトバンクといった電気通信事業者の回線を間借りして、移動通信サービスを提供する事業者のことです。たとえば、楽天モバイル、UQ mobile、OCN モバイル、mineo、LINE モバイルなどの事業者がこれに該当します。

A ア

情報セキュリティ対策には、物理的・人的・技術的な対策があります。ひとつの対策をすれば万全というものではなく、リスクに合わせて複合的に行います。また、対策は導入すれば終わりではありません。対策の効果が出ていることを継続的に計測する必要があります。

物理的セキュリティ対策と人的セキュリティ対策を紹介します。

①物理的セキュリティ対策

・監視カメラ、施錠管理、入退室管理

不正侵入対策として、監視カメラの設置や入退室管理システムを導入します。

・クリアデスク

情報の持ち出し防止として、離席時には業務に関する資料をデスク上に放置せず、キャビネットなどの鍵のかかる場所で保管します。

・クリアスクリーン

第三者による不正操作を防止するため、離席時には PC をログアウトします。

・セキュリティケーブル

盗難や持ち出し防止のため、ノート PC とデスクをセキュリティケーブルで接続して固定します。

・遠隔バックアップ

盗難や事故、地震などの自然災害によるシステムやデータの損失に備えて、遠隔地にデータやサーバを複製しておきます。

②人的セキュリティ対策

・情報セキュリティ啓発

情報の漏えい、紛失、なりすましなどの防止のために、定期的にセキュリティ教育を実施し、セキュリティに対する社員の意識の向上を図ります。

・監視

不正侵入や不正アクセスを把握するために、監視カメラの設置やサーバの操作情報（ログ）を記録し保存します。

・アクセス権の設定

情報の漏えい、改ざんの防止のために、社員にアクセス権を設定し、情報を利用できる社員を制限します。

・内部不正の防止

内部不正による情報漏えいの対策として、「組織における内部不正防止ガイドライン」（IPA）を元に、自社に合った対策を検討します。

💡 図解でつかむ

遠隔バックアップのしくみ

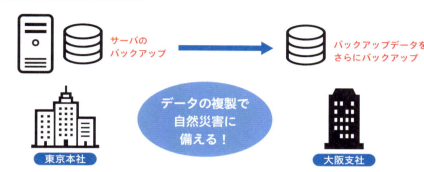

サーバの
バックアップ

バックアップデータを
さらにバックアップ

データの複製で
自然災害に
備える！

東京本社

大阪支社

内部不正行為は、信用の失墜や損害賠償による損失など企業に多大な損害を与える脅威のひとつです。そのため、経営課題として真摯に取り組む企業が増えています。

🔍 問題にチャレンジ！

Q 情報セキュリティ対策を、技術的対策、人的対策および物理的対策の三つに分類したとき、物理的対策の例として適切なものはどれか。　（平成31年春・問87）

　ア　PCの不正使用を防止するために、PCのログイン認証にバイオメトリクス認証を導入する。

　イ　サーバに対する外部ネットワークからの不正侵入を防止するために、ファイアウォールを設置する。

　ウ　セキュリティ管理者の不正や作業誤りを防止したり発見したりするために、セキュリティ管理者を複数名にして、互いの作業内容を相互チェックする。

　エ　セキュリティ区画を設けて施錠し、鍵の貸出し管理を行って不正な立入りがないかどうかをチェックする。

解説

　ア　認証技術を使っているため、技術的対策の例です。　イ　技術的対策の例です。
　ウ　人的対策の例です。　　　　　　　　　　　　　　　　　　　　**A　エ**

15 情報セキュリティ対策②

テクノロジ系
セキュリティ
出る度 ★★★

技術的なセキュリティ対策は、種類とその概要を合わせて覚えてください。特に、ファイアウォールの役割、DMZ（非武装エリア）の使い方といった安全に通信を行うしくみは、図解でしっかり理解しておきましょう。

①ネットワークに関するセキュリティ対策

ネットワークにおける主なセキュリティ対策には、以下のものがあります。

用語	概要
コンテンツフィルタリング	社内 PC から不適切なサイトの閲覧をブロックするためのしくみ。プロキシサーバの機能を利用する
ファイアウォール	防火壁という意味で外部からの不正な通信を遮断するためのしくみ
DMZ (DeMilitarized Zone)	非武装エリアとも呼ばれ、外部ネットワークとも、社内ネットワークとも隔離された公開エリアのこと
DLP (Data Loss Prevention)	専用のソフトウェアやシステムを使った情報漏えい対策のこと。メールでのデータの不正送信や USB メモリでのデータの不正な持ち出しを検知すると、画面に警告が現れ、操作をキャンセルする
検疫ネットワーク	社内 LAN に接続する PC のセキュリティ状態を検査する専用のネットワークのこと。社外持ち出し PC を社内 LAN に接続する際に、検疫ネットワークで検査を行い、問題がある場合は接続を拒否する
SSL/TLS (Secure Sockets Layer/ Transport Layer Security)	通信の暗号化、相手の認証を行うプロトコルのこと。インターネット閲覧時の暗号化通信（HTTPS）は HTTP に SSL の機能を追加したもの
VPN (Virtual Private Network)	仮想的な専用ネットワーク。事業所間の LAN など遠隔地との接続などに利用される。VPN は通信事業者の回線を借りた仮想的な専用線で、セキュリティや帯域（速度）が確保されている

SSL/TLS のほかに、WPA2 も暗号化のプロトコルですが、SSL/TLS は Web ブラウザと Web サーバ間の通信を暗号化し、WPA2 はアクセスポイントと PC 間の通信を暗号化します。

💡 図解でつかむ

安全に通信を行うしくみ

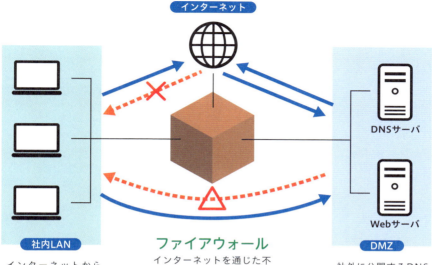

社内LAN

インターネットから
DMZを経由した社内
LANへのアクセスは
ファイアウォールで遮
断する

ファイアウォール

インターネットを通じた不
正なアクセスから社内ネッ
トワークを防御するしくみ。
宛先・送信元のIPアドレス
とポート番号で制御する

DMZ

社外に公開するDNS
サーバやWebサーバ
はDMZに配置する

VPNのしくみ

仮想的な専用線

- 専用線のためセキュリティが確保される
- 必要な帯域も保証される

②その他のセキュリティ対策

他にも以下のキーワードが試験にはよく出ます。

用語	概要
MDM (Mobile Device Management)	**モバイルデバイス管理**のこと。**社員が利用するスマートフォンやタブレット端末の設定を管理部門で一元管理する手法**。PC 紛失時には GPS 機能や端末ロック機能などが利用できる
電子透かし	画像や音声、動画などの著作権保護を目的に**人には認識できない形でコンテンツに著作者の名前などの情報を埋め込む技術**のこと。著作権を侵害したコンテンツの不正利用など違法行為の抑止力として利用されている
ディジタルフォレンジックス	フォレンジックスは「鑑識」の意味。情報漏えいの調査のために、PC やスマートフォンに保存されている電子情報を解析し、**法的な証拠を見つけるための技術**のこと。
ペネトレーションテスト	侵入テストとも呼ばれる。システムに対して**実際に侵入や攻撃を行い、システムの脆弱性を調査するテスト**。セキュリティの専門家が攻撃者の視点でシステムの脆弱性を洗い出すサービスなどもある
ブロックチェーン	**仮想通貨「ビットコイン」の基幹技術**として発明された概念で、**インターネット上で金融取引などの重要なデータのやりとりを可能にする技術**のこと。偽装や改ざんを防ぐしくみがあり、なりすましやデータの改ざんが難しいため、重要なデータを安全にやりとりできる
耐タンパ性	タンパ (tamper) は、「許可なく変更する」という意味。**機器や装置、ソフトウェアなどの内部の動作や処理手順を外部から分析しにくくすること**。キャッシュカードなどに採用されている IC チップは複数の技術を使って、格納した個人情報が守られている

MDM、ブロックチェーン、耐タンパ性は、今後、出題が増えることが見込まれます。しっかり押さえておきましょう。

図解でつかむ

MDMのしくみ

モバイル端末を
一元管理

紛失しても安心

社内の管理部門

ロック機能　GPSで検索

社員のPCやモバイル端末

問題にチャレンジ！

Q 外部と通信するメールサーバを DMZ に設置する理由として、適切なものは
どれか。
（令和元年秋・問92）

- **ア** 機密ファイルが添付された電子メールが、外部に送信されるのを防ぐため
- **イ** 社員が外部の取引先へ送信する際に電子メールの暗号化を行うため
- **ウ** メーリングリストのメンバのメールアドレスが外部に漏れないようにするため
- **エ** メールサーバを踏み台にして、外部から社内ネットワークに侵入させないため

解説

攻撃の糸口となり得るサーバ群を DMZ に配置し、内部ネットワークと分離すること
によって、攻撃の被害が内部ネットワークに及ぶリスクを低減できます。 **ア** 誤送
信の防止には上長承認機能や第三者承認機能などを用います。 **イ** メールの暗号化
には S/MIME や PGP などを用います。 **ウ** メーリングリストに登録されたメール
アドレスを秘密にする方法としては、メール送信の際に Bcc で宛先を指定する方法
があります。

A エ

16 暗号化と認証のしくみ

情報の機密性、完全性を保つ上で欠かせないのが暗号化と認証の技術です。情報セキュリティ対策の要となるものであり、ITパスポート試験にもよく出題されています。種類は多くないので、特徴としくみをきちんと理解しておきましょう。

暗号化とは、**データを規則に従って変換し、第三者が解読できないようにすること**です。暗号化前のデータは平文、暗号化されたデータをもとに戻すことを復号といいます。

暗号化技術は情報漏えい対策として、**通信の暗号化、ハードディスクの暗号化、ファイルの暗号化**など広く利用されています。

暗号化の方式には以下のような種類があります。

①共通鍵暗号方式

共通鍵暗号方式は、**暗号化と復号で、同じ鍵（共通鍵）を使用する方式**です。共通鍵は第三者に知られないように秘密にするため、「秘密鍵暗号方式」とも呼ばれます。暗号化と復号の処理が高速ですが、鍵が第三者の手に渡ると、暗号が解読されてしまいます。

②公開鍵暗号方式

公開鍵暗号方式は、**暗号化と復号で異なる鍵を使用し、暗号化する鍵（公開鍵）を公開し、復号する鍵（秘密鍵）を秘密にします。**暗号化と復号の処理が複雑なため処理に時間がかかりますが、鍵の入手や管理がしやすいです。

③ハイブリッド暗号方式

ハイブリッド暗号方式は、**共通鍵暗号方式と公開鍵暗号方式のメリットを組み合わせた方式**です。

平文はサイズが大きいため、高速な共通鍵で暗号化します。しかし、共通鍵をそのまま渡すと、鍵が漏えいして解読される危険があります。それを避けるため、送信者は**受信者の公開鍵で共通鍵を暗号化してから受信者へ渡します。**受信者は自分の秘密鍵で共通鍵を復号できるので、その共通鍵を使って暗号文を平文に復号できます。

🔆 図解でつかむ

共通鍵（秘密鍵）暗号方式

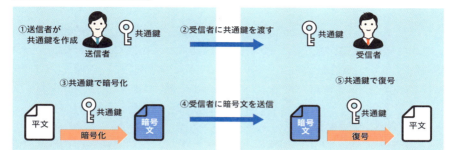

①送信者が共通鍵を作成　送信者　共通鍵　②受信者に共通鍵を渡す　共通鍵　受信者

③共通鍵で暗号化　⑤共通鍵で復号

平文　暗号化　共通鍵　暗号文　④受信者に暗号文を送信　暗号文　共通鍵　復号　平文

公開鍵暗号方式

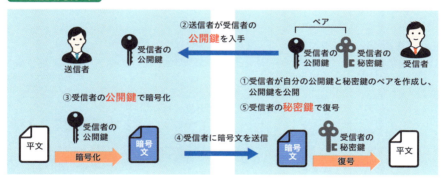

②送信者が受信者の公開鍵を入手　ペア

送信者　受信者の公開鍵　受信者の公開鍵　受信者の秘密鍵　受信者

①受信者が自分の公開鍵と秘密鍵のペアを作成し、公開鍵を公開

③受信者の公開鍵で暗号化　⑤受信者の秘密鍵で復号

平文　暗号化　受信者の公開鍵　暗号文　④受信者に暗号文を送信　暗号文　受信者の秘密鍵　復号　平文

ハイブリッド暗号方式

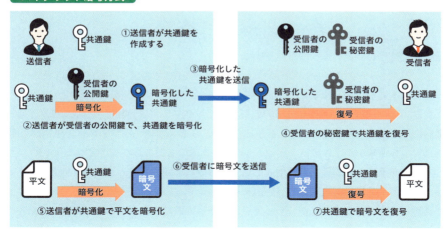

送信者　共通鍵　①送信者が共通鍵を作成する　受信者の公開鍵　受信者の秘密鍵　受信者

共通鍵　受信者の公開鍵　暗号化　暗号化した共通鍵　③暗号化した共通鍵を送信　暗号化した共通鍵　受信者の秘密鍵　復号　共通鍵

②送信者が受信者の公開鍵で、共通鍵を暗号化　④受信者の秘密鍵で共通鍵を復号

平文　暗号化　共通鍵　暗号文　⑥受信者に暗号文を送信　暗号文　共通鍵　復号　平文

⑤送信者が共通鍵で平文を暗号化　⑦共通鍵で暗号文を復号

認証技術とは、データの改ざんやなりすましを防ぐために、**データやユーザの正当性を証明する技術**です。以下に代表的な認証技術を説明します。

④ディジタル署名

ディジタル署名は、**送られたデータが改ざんされていないことと、送信者がなりすましではないことを証明する技術**です。公開鍵暗号方式と「ハッシュ関数」を組み合わせています。「ハッシュ関数」は、データを数値化するための計算式で、数値化されたデータは「メッセージダイジェスト」や「ハッシュ値」と呼ばれます。

⑤タイムスタンプ（時刻認証）

タイムスタンプは、**ファイルの新規作成や更新時にファイル情報として記録されるファイルの保存日時のこと**です。ディジタル署名の一種として、重要な文書で利用されています。

⑥利用者認証

利用者認証には、IDやパスワード、ICカードのほかに以下のような種類があります。

種類	目的・例
ワンタイムパスワード	**一度限りの使い捨てのパスワード**のことで、セキュリティを強化するしくみ。漏えいする危険性が低く、**インターネットバンキング**などで利用されている
多要素認証	パスワードと指紋認証など、**複数の認証要素**を使用した、より安全な認証を実現する手法。インターネットバンキングでは、ログインはパスワード認証を、振込処理はワンタイムパスワード認証を行っている
シングルサインオン	**1つのIDとパスワード**で、メール、SNS、Webサービスなど**複数のサービスにログイン**できるしくみ

⑦生体認証（バイオメトリクス認証）

生体認証（バイオメトリクス認証）には、「身体的特徴」で認証する方法と「行動的特徴」で認証する方法があります。

身体的特徴には、指紋、顔、網膜、声紋、虹彩などがあります。**行動的特徴には、筆跡やキーストローク（キー入力のクセ）**などがあります。生体認証は、なりすましが難しい反面、体調により状態が安定しないこともあるので、本人でも拒否される場合があります。

本人であることが認識されず他人として拒否される割合を本人拒否率、**他人を本人として誤認識して受け入れてしまう割合を**他人受入率といいます。本人拒否率を下げようとすると、他人受入率が上がってしまい、両者は同時に高めることのできないトレードオフの関係になっています。

💡 図解でつかむ

ディジタル署名のしくみ

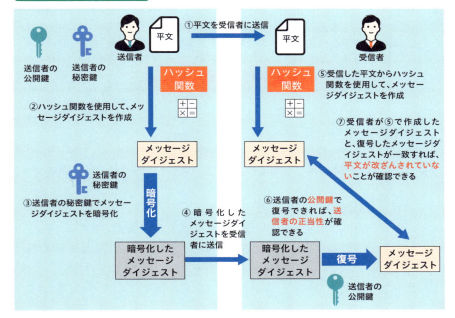

🔍 問題にチャレンジ！

Q AさんはBさんだけに伝えたい内容を書いた電子メールを、公開鍵暗号方式を用いてBさんの鍵で暗号化してBさんに送った。この電子メールを復号するために必要な鍵はどれか。

（平成31年春・問75）

　　ア　Aさんの公開鍵　　　イ　Aさんの秘密鍵
　　ウ　Bさんの公開鍵　　　エ　Bさんの秘密鍵

解説

公開鍵暗号方式は「暗号化は誰でもできるが、復号できるのは正規の秘密鍵を持つ受信者だけ」という性質を持ちます。データが途中で傍受されても、秘密鍵を持たない者には復号を行うことができないため、安全性が確保されます。送信者がAさんで、受信者がBさんですから、電子メールの復号に使う鍵は「Bさんの秘密鍵」になります。

A エ

私たちの生活に道路などのインフラが必要なように、インターネット上で安全に情報のやりとりを行うためにもインフラが必要です。セキュリティのインフラを保持するための基盤と急速に普及しているIoTシステムのセキュリティ対策について理解しておきましょう。

①公開鍵基盤（PKI：Public Key Infrastructure）

公開鍵暗号方式やディジタル署名、ディジタル証明書を使ったセキュリティのインフラ（基盤）が公開鍵基盤です。公開鍵が正しいかどうかを判断するためのしくみです。

②ディジタル証明書

ディジタル証明書には公開鍵とその所有者を証明する情報が記載されています。公開鍵暗号方式やディジタル署名を利用する場合、相手が提示するディジタル証明書から公開鍵を入手します。ディジタル証明書の発行は認証局という専門機関が行い、改ざんを防ぐためにディジタル証明書には、認証局のディジタル署名が付与されています。

③ IoTセキュリティガイドライン

IoTの普及に伴い、ウイルスに感染したIoT機器を使ったサイバー攻撃などの被害が増えています。そのため、IoTシステムにおけるセキュリティ対策として、IoTシステムやIoT機器の設計・開発について各種の指針・ガイドラインが作成されています。

IoTセキュリティガイドラインは、経済産業省および総務省が作成したガイドラインで、利用者が安心してIoT機器やシステム、サービスを利用できる環境を作ることを目的としています。IoT機器やシステム、サービスの提供者が取り組むべきIoTのセキュリティ対策の指針や一般利用者のための利用のルールをまとめたものです。

④コンシューマ向けIoTセキュリティガイドライン

コンシューマ向けIoTセキュリティガイドラインは、NPO日本ネットワークセキュリティ協会が作成したガイドラインで、利用者を守るために、IoT機器やシステム、サービスを提供する事業者が考慮しなければならない事柄をまとめたものです。具体的には、「トラブルが発生した場合の対応窓口を設ける」「IoTデバイスの紛失などの可能性を考慮し、リモートでデータの削除機能を付ける」などです。

💡 図解でつかむ

ディジタル証明書のしくみ

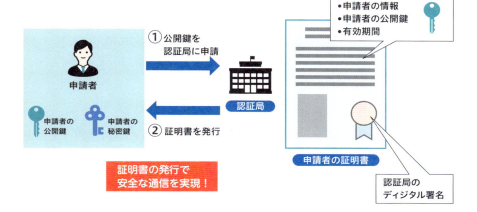

- •申請者の情報
- •申請者の公開鍵
- •有効期間

① 公開鍵を認証局に申請

申請者

認証局

② 証明書を発行

申請者の公開鍵　申請者の秘密鍵

証明書の発行で安全な通信を実現！

申請者の証明書

認証局のディジタル署名

ディジタル証明書は PC が Web サーバと HTTPS 通信を行う際に、サーバの公開鍵と所有者を確認し、正規のサーバであることを確認するために利用されます。

🔍 問題にチャレンジ！

Q 電子証明書を発行するときに生成した秘密鍵と公開鍵の鍵ペアのうち、秘密鍵が漏えいした場合の対処として、適切なものはどれか。　(平成 30 年秋・問 62)

ア　使用していた鍵ペアによる電子証明書を再発行する。

イ　認証局に電子証明書の失効を申請する。

ウ　有効期限切れによる再発行時に、新しく生成した鍵ペアを使用する。

エ　漏えいしたのは秘密鍵だけなので、電子証明書をそのまま使用する。

解説

有効期間内にある秘密鍵が漏えいした場合の対処は以下です。

1. 認証局に電子（ディジタル）証明書の失効を申請する。

2. 申請者が新しい秘密鍵と公開鍵のペアを生成し、認証局が新たな電子証明書を発行する（同じ証明書の再発行ではない）。認証局では、失効した鍵の一覧を証明書失効リスト（CRL：Certificate Revocation List）として公開しており、これに載っている鍵ペアの使用は禁止されます。　**A イ**

情報セキュリティに関するしくみはどのようなものがあるでしょうか。大切な個人情報を守るために、法律では個人情報保護法があり、行政機関では、個人情報保護委員会が設置されています。個人情報や個人の権利を保護するしくみを知っておきましょう。

①サイバーセキュリティ基本法

サイバーセキュリティ基本法は、国民が安全で安心して暮らせる社会の実現と、国際社会の平和および安全の確保ならびに国の安全保障に寄与することを目的としています。

「サイバーセキュリティ戦略や基本的施策」や「内閣にサイバーセキュリティ戦略本部を設置すること」などを規定しています。

②不正アクセス禁止法（不正アクセス行為の禁止等に関する法律）

不正アクセス禁止法は、不正アクセス行為や、不正アクセス行為につながる ID やパスワード等の不正取得・保管行為、不正アクセス行為を助長する行為等を禁止する法律です。不正アクセス行為とは、他人の ID やパスワードを入力したり、脆弱性を突いたりなどして、本来は利用権限がないのに、不正に利用できる状態にする行為をいいます。

③個人情報保護法（個人情報の保護に関する法律）

個人情報保護法は、個人情報（生存する個人に関する情報で、氏名や生年月日、住所、電話番号などの記述により特定の個人を識別できるもの）を取り扱う事業者（個人情報取扱事業者）が遵守すべき義務等を定め、個人の権利や利益を保護することを目的とした法律です。

内閣総理大臣の所轄に属する個人情報保護委員会は、個人情報取扱事業者等に対し、個人情報等の取扱いに関し必要な指導および助言をすることができます。

たとえば、交通系 IC カードのように、利用者の利用履歴の情報を複数の事業者間で利用するような場合は、特定の個人を識別することができないように個人情報を加工した情報を活用します。

このように特定の個人を識別することができないように個人情報を加工して得られる情報を匿名加工情報といい、元の個人情報に復元することができないようになっています。

💡 図解でつかむ

個人情報取扱事業者の義務

- あらかじめ本人の同意を得ずに、個人データを第三者に提供することはできない。

- 個人番号（マイナンバー）を内容に含む個人情報については、たとえ本人の同意があっても第三者への目的外提供はマイナンバー法で禁止されている。

- あらかじめ本人の同意を得ず、要配慮個人情報（人種、信条、社会的身分、病歴、犯罪の経歴など不当な差別、偏見その他の不利益が生じないようにその取扱いに特に配慮を要する個人情報）を取得してはいけない。

不正アクセス禁止法の対象となる行為を問う出題が多いです。どのような行為が不正アクセス禁止法の対象になるか、過去問題で具体例を押さえておきましょう。

🔍 問題にチャレンジ！

Q 公開することが不適切な Web サイト a ～ c のうち、不正アクセス禁止法の規制対象に該当するものだけを全て挙げたものはどれか。　(平成 31 年春・問 29)

a. スマートフォンからメールアドレスを不正に詐取するウイルスに感染させる Web サイト

b. 他の公開されている Web サイトと誤認させ、本物の Web サイトで利用する ID とパスワードの入力を求める Web サイト

c. 本人の同意を得ることなく、病歴や身体障害の有無などの個人の健康に関する情報を一般に公開する Web サイト

ア a、b、c　　**イ** b　　**ウ** b、c　　**エ** c

解説

a. ウイルスを他人のコンピュータ上で動作させる目的で提供した場合（未遂を含む）、刑法の「不正指令電磁的記録に関する罪（通称、ウイルス作成罪）」に抵触します。b. 不正アクセス禁止法の規制対象に該当します。c. 本人の同意を得ずに個人情報を公開する行為は、個人情報保護法の規制対象に該当します。よって b のみ不正アクセス禁止法の規制対象です。　**A イ**

すべての人が安全で快適にネット環境を利用できるよう法律が整備されています。法律を理解していないと、メール配信が特定電子メール法に抵触してしまう可能性があります。どのような法律があり、どのような行為が違法に当たるのかを理解しておきましょう。

①特定電子メール法

特定電子メールとは、営利目的で送信するメールのことで、特定電子メール法は営利目的で多数の相手に配信する迷惑メールを規制する法律です。広告や宣伝メールを送る場合には、あらかじめ相手から同意を得なければなりません。過去に同意を得た相手であっても、その後、受信を望まなくなることもあることから、そのような場合はメールを送信してはならないと定めています。具体的な方法としては、本文の中に受信拒否の手続きをするための宛先（メールアドレスやURL）を記載するなどが挙げられます。

②プロバイダ責任制限法

プロバイダ責任制限法は、SNSなどの書込みによる権利の侵害があった場合に、被害者とインターネット接続事業者（プロバイダ）を守るための法律で、以下の内容を規定しています。

1 プロバイダ、サーバの管理・運営者の損害賠償責任の制限
2 被害者がプロバイダに発信者情報の開示を請求する権利

1については、プロバイダが違法な投稿を知っていたのに何もしない、技術的に対応が可能にもかかわらず何もしなかった場合、被害者はプロバイダに損害賠償請求ができます。それ以外はプロバイダに対する損害賠償請求を阻止できます。

③不正指令電磁的記録に関する罪（ウイルス作成罪）

不正指令電磁的記録に関する罪によって、ウイルスの作成、提供、供用（ウイルスが実行される状態にした行為）、取得、保管行為をした場合は罰せられます。

ウイルスの作成や提供	3年以下の懲役または50万円以下の罰金
ウイルスの取得や保管	2年以下の懲役または30万円以下の罰金
ウイルスの供用	3年以下の懲役または50万円以下の罰金

図解でつかむ

特定電子メール法の受信拒否を依頼するしくみ

▼今後、このようなお知らせが不要な方は、
下記URLよりログインの上、
お手続きくださいますようお願い申し上げます。

https://account delete

これが書いてあると
受信を停止したいとき
にすぐに停止できる

受信拒否の手続きを記載！

メールの受信を拒否していない相手にのみ送信でき、受信を拒否した相手には以降のメール送信を禁止する方式を「オプトアウト」といいます。オプトアウトは「離脱する」という意味です。

問題にチャレンジ！

Q 刑法には、コンピュータや電磁的記録を対象としたIT関連の行為を規制する条項がある。次の不適切な行為のうち、不正指令電磁的記録に関する罪に抵触する可能性があるものはどれか。

(平成31年春・問24)

ア　会社がライセンス購入したソフトウェアパッケージを、無断で個人所有のPCにインストールした。

イ　キャンペーンに応募した人の個人情報を、応募者に無断で他の目的に利用した。

ウ　正当な理由なく、他人のコンピュータの誤動作を引き起こすウイルスを収集し、自宅のPCに保管した。

エ　他人のコンピュータにネットワーク経由でアクセスするためのIDとパスワードを、本人に無断で第三者に教えた。

解説

ア　著作権法に違反する行為です。　イ　個人情報保護法に違反する行為です。　エ　不正アクセス禁止法に違反する行為です。

A ウ

サイバーセキュリティ対策は、中小企業を含めたすべての企業、組織で取り組まなくてはならない課題です。そのため、国(経済産業省)やIPA（独立行政法人情報処理推進機構)がサイバーセキュリティに関する基準やガイドラインを策定し、セキュリティ対策の普及を推し進めています。

セキュリティに関するガイドラインや基準には、以下のものがあります。

①サイバーセキュリティ経営ガイドライン

サイバーセキュリティ経営ガイドラインは、**IPAと経済産業省が共同で策定したガイドライン**です。サイバー攻撃から企業を守る観点で、経営者が認識する必要のある「3原則」と経営者が情報セキュリティ対策を実施するうえで責任者に指示すべき「重要10項目」をまとめています。

②中小企業の情報セキュリティ対策ガイドライン

中小企業の情報セキュリティ対策ガイドラインは、中小企業が情報セキュリティ対策に取り組む際、**経営者が認識して実施すべき指針**と**社内において対策を実践する際の手順や手法**をまとめたものです。対策に取り組めていない中小企業等が組織的な対策の実施体制を段階的に進めていけるよう、経営者編と実践編から構成されています。

経営者編	経営者が知っておくべき事項、自らの責任で考えなければならない事項
実践編	情報セキュリティ対策を実践する人向けの対策の進め方

③情報セキュリティ管理基準

組織が効果的に情報セキュリティマネジメント体制を構築し、適切にコントロール(管理策）を整備・運用するための実践的な規範として、経済産業省が**情報セキュリティ管理基準（JIS Q 27001）を策定**しました。情報セキュリティ管理基準はマネジメント基準と管理策基準から構成されています。

マネジメント基準	情報セキュリティマネジメントの確立、運用、監視およびレビュー、維持および改善についての基準
管理策基準	人的セキュリティ、技術的セキュリティ、物理的セキュリティについての基準

💡 図解でつかむ

サイバーセキュリティ経営ガイドライン

経営者が認識すべき3原則

① 経営者の**リーダーシップ**が重要
② 自社だけでなく、**ビジネスパートナーも含めて**対策する
③ 平時からのコミュニケーション・**情報共有**

セキュリティ対策を実施するうえで責任者に指示すべき重要10項目

① リスクの認識と組織における対応方針の策定
② リスク管理体制の構築
③ 対策のための資源(予算、人材等)確保
④ リスクの把握と対応に関する計画の策定
⑤ 対応するための仕組みの構築
⑥ 対策における**PDCAサイクルの実施**
⑦ インシデント発生時の緊急対応体制の整備
⑧ 被害に備えた復旧体制の整備
⑨ サプライチェーン全体の対策と状況把握
⑩ 攻撃情報の入手とその有効活用・提供

🔍 問題にチャレンジ！

Q 経営戦略上、IT の利活用が不可欠な企業の経営者を対象として、サイバー攻撃から企業を守る観点で経営者が認識すべき原則や取り組むべき項目を記載したものはどれか。

(令和元年秋・問25)

ア IT 基本法
イ IT サービス継続ガイドライン
ウ サイバーセキュリティ基本法
エ サイバーセキュリティ経営ガイドライン

解説

ア IT 基本法は、正式名称を「高度情報通信ネットワーク社会形成基本法」といって、インターネット時代における IT 活用の基本理念および基本方針、およびそれに関連して政府に設置される機関について定めた法律です。 **イ** IT サービス継続ガイドラインは、経済産業省が策定した「事業継続計画(BCP)策定ガイドライン」の IT にかかる部分について、企業をはじめとするユーザ組織を念頭に実施策等を具体化したものです。 **ウ** サイバーセキュリティ基本法は、日本国におけるサイバーセキュリティに関する施策の推進にあたっての基本理念、国や地方公共団体の責務等を明らかにし、サイバーセキュリティ戦略の策定その他サイバーセキュリティに関する施策の基本となる事項を定めた法律です。

A エ

コンピュータの基礎理論①
2進数と単位

column 3

　本書は効率的に合格し、かつ楽しく学べるよう構成しているため、出題頻度の低いテクノロジ系「基礎理論」（2進数の特徴や演算、基数、ベン図などの集合、確率や統計、ビット・バイトなど情報量の表し方）や「アルゴリズムとプログラミング」（アルゴリズムとデータ構造、流れ図の表現方法、プログラミングの役割など）は扱っていません。コラム3〜7では、これらについて簡単に解説します。さらに学習することで、より得点力をアップさせることができるでしょう。

● 2進数

　私たち人間は数を数える際に、10進数を採用しています。10進数は、0〜9までの10個の数を使って数を表現する方法です。しかし、コンピュータに関連して使われるのは、2進数や16進数と呼ばれるものです。2進数は0と1の2つの数字を使います。16進数は0〜9までの10個の数とA〜Fまでの6つの記号を使います。2進数では、0と1しかありませんから、各桁があふれると、次の桁でより大きな数を表現します。例えば、10進数における0, 1, 2, 3, 4, 5は、2進数では、0, 1, 10, 11, 100, 101で表されます。2進数や基数はコンピュータの基礎となる考え方ですので、調べて学習してみましょう。

● データ量と時間の単位

　コンピュータについては、以下のデータの大きさを表す量と時間を表す単位がよく使われます。各単位の関係と計算式を押さえておきましょう。データ量については、1バイトに1,000（10の3乗）をかけていくことで、1kバイト→1Mバイト→1Gバイト→1Tバイトとなります。時間については、1秒を1,000（10の3乗）で割っていくことで、1m秒→1μ秒→1n秒→1p秒になります。

・データ量を表す単位

表記	読み	計算式（1単位当たり）
bit	ビット	
byte	バイト	8ビット
k	キロ	$1×10^3$ バイト
M	メガ	$1×10^6$ バイト
G	ギガ	$1×10^9$ バイト
T	テラ	$1×10^{12}$ バイト

・時間を表す単位

表記	読み	計算式（1単位当たり）
m	ミリ	$1×10^{-3}$ （例）1m秒
μ	マイクロ	$1×10^{-6}$ （例）1μ秒
n	ナノ	$1×10^{-9}$ （例）1n秒
p	ピコ	$1×10^{-12}$ （例）1p秒

第 **3** 章

システム開発

本章のポイント

システムの目的は IT を活用して業務の課題を解決すること
です。本章では、業務改善や問題解決の考え方、システム
開発のプロセスや手法、プロジェクトマネジメント、サー
ビスマネジメントについて学習します。システム開発はシ
ステム化の対象となる業務内容や開発の進め方について、
開発者と利用者とが合意を図りながら行います。システム
の開発や導入を検討する際に、利用者や発注者として必要
となる基礎知識を押さえておきましょう。

システム戦略とは、経営戦略に沿って経営課題を解決するために、情報システム全体を効果的に構築・運用するための方針です。システム戦略を策定するうえで、現状の把握や情報の分析は欠かせません。システム戦略作成の前段階で必要となる手法を理解しておきましょう。

経営資源を整理する手法として、以下のものがあります。

①エンタープライズサーチ

エンタープライズサーチは、**エンタープライズ検索**、**企業内検索**とも呼ばれる**企業向け検索システム**のことです。たとえば、Google や Yahoo！といった検索サイトの企業版のようなイメージです。

具体的には、**企業内に点在するさまざまな様式のデータ（PDF やデータベース、グループウェアなど）から横断的に情報を検索**します。

現在多くのエンタープライズサーチの製品が登場し、有益な情報を効率的に共有することで、業務の効率化、作業時間の短縮など経営戦略や事業戦略の効率的な実現につながっています。

② EA（Enterprise Architecture）

EA（エンタープライズ・アーキテクチャ）とは、**将来のあるべき姿を設定して、業務と情報システムを最適な状態に近づけ、効率的な組織を運営する手法**のことです。

EA では、組織を構成する**人的資源、業務やシステム、データなどの要素を整理し、階層化して相互関係を明確にします。**その上で、業務プロセスや取り扱うデータの標準化を行うことで、企業が持つ資源の重複や偏在をなくして、全体最適の観点から資源を効率的に配分することができます。

最適化を行う際に、**現状と理想の差異を把握する**ための**ギャップ分析**という手法を使って課題を洗い出します。

EA は、「ビジネス・アーキテクチャ」「データ・アーキテクチャ」「アプリケーション・アーキテクチャ」「テクノロジー・アーキテクチャ」という 4 つのアーキテクチャで構成されます。

💡 図解でつかむ

EA（エンタープライズ・アーキテクチャ）の構成

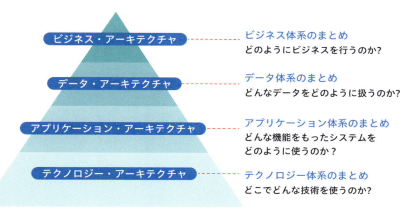

- ビジネス・アーキテクチャ … **ビジネス体系のまとめ**
  どのようにビジネスを行うのか?

- データ・アーキテクチャ … **データ体系のまとめ**
  どんなデータをどのように扱うのか?

- アプリケーション・アーキテクチャ … **アプリケーション体系のまとめ**
  どんな機能をもったシステムを
  どのように使うのか?

- テクノロジー・アーキテクチャ … **テクノロジー体系のまとめ**
  どこでどんな技術を使うのか?

エンタープライズ・アーキテクチャはよく出題されています。ポイントは「あるべき姿」「最適化」などのキーワードです。

🔍 問題にチャレンジ！

Q EA(Enterprise Architecture) で用いられる、現状とあるべき姿を比較して課題を明確にする分析手法はどれか。

（平成 31 年春・問 31）

ア　ギャップ分析　　　　イ　コアコンピタンス分析
ウ　バリューチェーン分析　エ　パレート分析

解説

イ コアコンピタンス分析は、市場競争力の源泉となっている自社独自の強みを分析する手法です。　**ウ** バリューチェーン分析は、業務を主活動と支援活動に分類して、製品の付加価値がどの部分で生み出されているかを分析する手法です。　**エ** パレート分析は、パレート図を用いて分析対象の中から重点的に管理すべき要素を明らかにする手法です。

A ア

効率的なシステムを設計するためには、業務プロセスの分析が欠かせません。業務プロセスを視覚的に表現するために、モデリングという手法があります。代表的なモデリングの考え方と分析手法を理解しておきましょう。

①モデリングの手法

・E-R図（Entity Relationship Diagram）

E-R図とは、システムで扱う**情報とその関係を表した図**のことです。主にデータベースにデータを格納するときの設計図として使われています。

E-R図は、**実体（エンティティ）、関連（リレーションシップ）、属性（アトリビュート）の3つの要素**で表現します。

・DFD（Data Flow Diagram）

DFDは、システムで扱う**データの流れを表した図**で、システムの設計時などに作成されます。DFDは、**源泉（入力・出力）、プロセス（処理）、データストア（ファイルやデータベース）、データフロー（データの流れ）という4つの記号**で表します。データがどこから入力されてどこで出力されるのかを図にすることで、データの流れやシステムの全体像が明確になります。

②業務プロセスを分析するための手法

・BPR（Business Process Re-engineering）

BPRは、**業務プロセスを根本から見直し、業務プロセスを再構築（Re-engineering）すること**で、企業の体質や構造を抜本的に変革することです。

・BPM（Business Process Management）

BPMは、**業務プロセスの問題発見と改善を継続的に実施**していく活動のことです。

・ワークフロー

ワークフローは、経費の精算や申請などの**事務処理などをルール化・自動化すること**で円滑に業務が流れるようにするしくみや、そのためのシステムのことです。

図解でつかむ

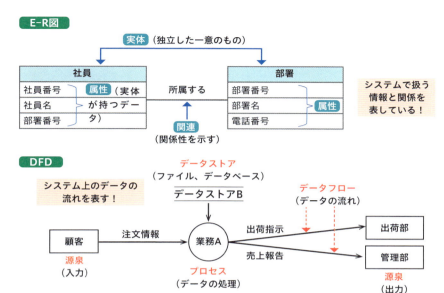

E-R図

実体（独立した一意のもの）

社員
社員番号
社員名
部署番号

属性（実体が持つデータ）

所属する

関連（関係性を示す）

部署
部署番号
部署名
電話番号

属性

システムで扱う情報と関係を表している！

DFD

システム上のデータの流れを表す！

データストア（ファイル、データベース）

データストアB

データフロー（データの流れ）

顧客　源泉（入力）

注文情報 →

業務A　プロセス（データの処理）

出荷指示 → 出荷部　源泉（出力）

売上報告 → 管理部

BPRとBPMの違いは、BPRは業務プロセスのRe-engineering（再構築）を一気に抜本的に行うことで、BPMは継続的に改善していく点です。

問題にチャレンジ！

Q プロセス間で受け渡されるデータの流れの視点から、業務やシステムを分析するために用いるモデリング手法はどれか。

（平成24年春・問6）

ア　BPR　　イ　DFD　　ウ　MRP　　エ　WBS

解説

ア　業務プロセスを抜本的に見直し、業務プロセスを再設計するという考え方です。
ウ　Material Requirements Planning の略。部品表と生産計画をもとに必要な資材の所要量を求め、これを基準に在庫、発注、納入の管理を支援するシステムです。
エ　Work Breakdown Structure の略。プロジェクトマネジメントの手法の一つで、成果物（設計書、システム自体）をもとに、作業を洗い出し、細分化、階層化する手法です。

A　イ

ソリューションとは、企業が抱える問題点に対して解決案を提案し、解決への支援を行うことです。システム化におけるソリューションにはさまざまな形態があります。

①ソリューションビジネス

　業務上の課題を解決するサービスを提供するのが**ソリューションビジネス**です。システム構築などを請け負うサービスを**システムインテグレーション（SI）**といい、企業がシステム運用などの業務を外部の事業者に委託することを**アウトソーシング**といいます。

②クラウドコンピューティング

　クラウドコンピューティングでは**インターネットを通じて事業者が提供するサービスを必要な分だけ柔軟に利用できます。SaaS**（Software as a Service）は「ハードウェア、OS、アプリケーション」、**PaaS**（Platform as a Service）は「ハードウェア、OS、ミドルウェア（データベースなど）」、**IaaS**（Infrastructure as a Service）は「ハードウェアと OS」、**DaaS**（Desktop as a Service）は「コンピュータのデスクトップ環境」を提供するサービスです。

③ホスティングサービス

　事業者が所有するサーバを借りて利用するサービスです。運用・保守も事業者が行うため、人件費や設備費用のランニングコストが抑えられます。

④ハウジングサービス

　事業者が所有する設備に利用者が所有するサーバを預けるサービスです。運用・保守は原則として利用者が行います。ハードウェアの選定や組合せは自由にできます。

⑤ ASP（Application Service Provider）

　インターネット上で**アプリケーションを提供する事業者**です。

⑥オンプレミス

　自社でサーバなどの機器を導入・運用する方式で、自社運用とも呼ばれます。

💡 図解でつかむ

クラウドのサービスモデル

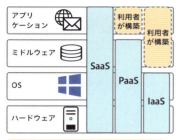

DaaSのイメージ

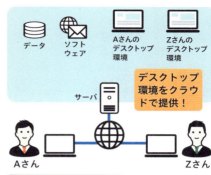

🔍 問題にチャレンジ！

Q 自社の情報システムを、自社が管理する設備内に導入して運用する形態を表す用語はどれか。

(平成31年春・問30)

ア　アウトソーシング　　　　　イ　オンプレミス
ウ　クラウドコンピューティング　エ　グリッドコンピューティング

解説

ア　自社内の業務を外部企業へ委託することをいいます。いわゆる外注のことです。
ウ　目的のコンピュータ処理を行うために、自社のシステム資源を使う代わりにインターネット上のコンピュータ資源やサービスを利用するシステムの形態です。エ　インターネットなどのネットワーク上にある計算資源（CPUなどの計算能力や、ハードディスクなどの情報格納領域）を結びつけ、一つの複合したコンピュータシステムとして大規模な処理を行う方式です。

A イ

近年、企業が収集可能なデータは爆発的に増加しています。そして、得られる情報の内容も複雑になっています。こうした膨大な情報を活用するためのツールやしくみについて理解しておきましょう。

データはビジネスにおける宝の山でもあります。以下の用語を押さえておきましょう。

① BI（Business Intelligence）ツール

BIツールは、**企業に蓄積された大量のデータを集めて分析し、可視化するツール**のことです。BIツールによる分析結果は、業務や経営の意思決定、マーケティング分析に利用されています。このBIツールを活用することによって、専門家でなくてもデータ分析が可能になり、社内に点在しているExcelやデータベース、グループウェアといったさまざまな形式のデータを集めて、短時間にレポートを作成することができます。

②データウェアハウス

ウェアハウスは「倉庫」の意味です。データウェアハウスは、**業務で発生したさまざまなデータを時系列に保管したもの**で、DWHと略されることもあります。

データウェアハウスのデータは、BIツールで利用されています。一般的に使われているデータベースのデータはデータ量が増えすぎないように不要なデータから削除されますが、**データウェアハウスのデータは削除されません**。

③データマイニング

マイニングとは「発掘」の意味で、データマイニングとは、**データウェアハウスなどに蓄積された大量のデータを分析し、新しい情報を発掘すること**です。

インターネットの普及やコンピュータ、ネットワークの性能の向上により、**文字だけでなく、画像、音声、動画といったさまざまな種類の膨大な情報（ビッグデータ）**を企業が収集し、分析できるようになりました。

データマイニングは、ビッグデータの中から今まで知り得なかった有用なパターンやルールを発見し、それをマーケティング活動に活かすための統計的手法やツールであり、BIツールの一種ともいえます。

図解でつかむ

データ活用

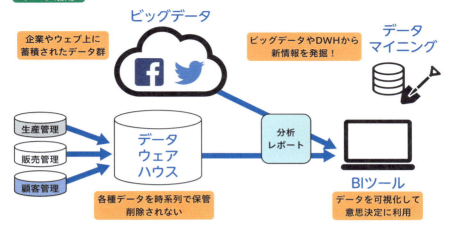

ビッグデータ

企業やウェブ上に蓄積されたデータ群

ビッグデータやDWHから新情報を発掘！

データマイニング

生産管理
販売管理
顧客管理

データウェアハウス

各種データを時系列で保管 削除されない

分析レポート

BIツール

データを可視化して意思決定に利用

問題にチャレンジ！

Q ビジネスに関わるあらゆる情報を蓄積し、その情報を経営者や社員が自ら分析し、分析結果を経営や事業推進に役立てるといった概念はどれか。

（平成27年春・問6）

ア BI　　**イ** BPR　　**ウ** EA　　**エ** SOA

解説

イ Business Process Re-engineering の略。既存の組織やビジネスルールを抜本的に見直し、職務・業務フロー・管理機構・情報システムを再設計する手法です。**ウ** Enterprise Architecture の略。組織の全体最適化の観点より、業務及びシステム双方の改革を実践するために、業務およびシステムを統一的な手法でモデル化し、改善することを目的とした設計・管理手法です。**エ** Service Oriented Architecture の略。システムの機能をサービスとして独立させ、サービスの組合せでシステムを構築する手法です。SOA を導入すれば、既存システムの機能が再利用できます。サービス指向アーキテクチャとも呼ばれます。

A ア

5 コミュニケーションツール・普及啓発

さまざまな IT ツールが登場し、それを活用して業務のスピード化や効率化が進んでいます。一方、そうしたインターネットの恩恵を受けていない人たちも一定数存在しており、情報弱者となって格差も生まれています。

①コミュニケーションツール

Skype などを使った**テレビ会議**は、**支店と本社の会議やテレワーク勤務の社員とのリモート会議に利用されています**。社内スケジュールや業務連絡などの情報の管理に**電子掲示板**を利用したり、**社員同士のコミュニケーションの活性化や情報共有、経営方針の浸透**などに**社内ブログ**を活用しているケースもあります。Chatwork や Slack といった**ビジネスチャット**や**社内 SNS** は、**情報の共有と意見交換だけでなく、タスク管理やスケジュール管理機能によって業務を効率的に進めることができます**。メールや掲示板よりもリアルタイムなコミュニケーションが可能なため、ビジネスでの利用が増えています。

②ゲーミフィケーション

ゲーミフィケーションとは、**ゲーム的な要素をゲーム以外の分野に取り入れ、利用者のモチベーションを高めたり、その行動に働きかける取組み**です。

単調な作業にエンターテイメント性を加え、さらに報酬やチャンスを与えることで、学習や製品に興味をもってもらい、取り組んでもらうことを目的としています。

たとえば、シューティングゲームのようなタイピングの習得ソフトが一例です。タイピングの正確性とスピードを競うことでゲーム感覚でタイピングが習得できます。

③ディジタル・ディバイド

ディバイドは「分ける」という意味があり、**ディジタル・ディバイド**は**インターネットなどの情報技術を使いこなせる人と使いこなせない人の格差**のことです。「**情報格差**」とも呼ばれます。ディジタル・ディバイドには、格差が発生する規模や原因によって、「国家間ディジタル・ディバイド」、「地域間ディジタル・ディバイド」、「個人間・集団間ディジタル・ディバイド」などがあります。

具体的には、通信インフラの整備の遅れといった環境による格差と、個人の年齢や所得別によるスマートフォンやタブレットなどの端末の普及率による格差があります。

図解でつかむ

ゲーミフィケーション

例『寿司打』
回転寿司の皿が流れていってしまう前に、画面に出ている文字をタイプして、どれだけクリアできるか（寿司を何皿食べられるか）を競う人気のゲーム

インターネット利用状況

年齢階層別インターネットの利用状況

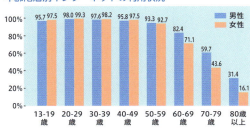

世帯年収別インターネットの利用状況

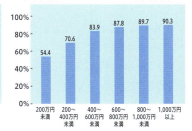

（出典）総務省「通信利用動向調査（平成30年調査）」より作成

問題にチャレンジ！

Q ポイント、バッジといったゲームの要素を駆使するゲーミフィケーションを導入する目的として、最も適切なものはどれか。

（平成31年春・問33）

ア　ゲーム内で相手の戦略に応じて自分の戦略を決定する。

イ　顧客や従業員の目標を達成できるように動機付ける。

ウ　新作ネットワークゲームに関する利用者の評価情報を収集する。

エ　大量データを分析して有用な事実や関係性を発見する。

解説

ア　ゲーム理論の説明です。　ウ　クチコミ分析／レビュー分析の説明です。　エ　データマイニングの説明です。

A イ

6 システム企画

共通フレーム（122ページ）において、ソフトウェアのライフサイクルは、企画→要件定義→開発→運用→保守の順で定義されています。そのうち企画の目的は、これから開発するシステムの基本方針をまとめ、実施計画を作成することです。企画には「システム化構想」と「システム化計画」が含まれます。

①システム化構想

システム化構想は、情報システム戦略に基づいて経営上の課題やニーズを把握し、**どのような情報システムが必要で、どのように開発・導入するか**といったシステム化の構想を作成する作業です。

②システム化計画

システム化計画は、システム化構想を具体化するために、システムで解決する**課題、スケジュール、概算コスト、効果などシステム化の全体像を明らかにし、実施計画を作成する**作業です。

③システム化基本方針

システム化構想によって洗い出した事項をシステム化基本方針として策定します。具体的には、以下のような内容です。

- ・システム化の目的　・システムの全体像　・システム化の範囲
- ・スケジュール　　　・概算コスト　など

💡 図解でつかむ

ソフトウェアのライフサイクル（共通フレーム）

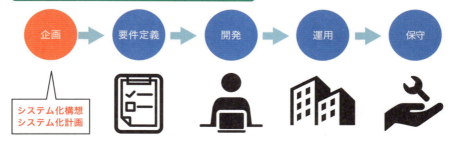

企画 → 要件定義 → 開発 → 運用 → 保守

システム化構想
システム化計画

システム化計画の手順

手順	概要
①スケジュールの検討	情報システム戦略にもとづき、システム全体の開発スケジュールを検討する
②開発体制の検討	システムの開発・運用部門だけでなく、システムを利用する業務部門を含めて必要な体制を検討する
③適用範囲の検討	システム化の対象となる業務範囲を検討する
④費用対効果の検討	システムの開発・運用にかかる費用とシステム導入による効果を見積もり、費用対効果が見込めるかどうかを検討する
⑤リスク分析	システム化を行ううえで、どこにどのようなリスクが存在するかを洗い出し、そのリスクの影響を分析する

システム企画については、「システム化計画プロセス」や「企画プロセス」という表現でよく出題されます。作業内容や検討事項を押さえましょう。

🔍 問題にチャレンジ！

Q 情報システム開発の工程を、システム化構想プロセス、システム化計画プロセス、要件定義プロセス、システム開発プロセスに分けたとき、システム化計画プロセスで実施する作業として、最も適切なものはどれか。

(平成 31 年春・問 6)

ア　業務で利用する画面の詳細を定義する。

イ　業務を実現するためのシステム機能の範囲と内容を定義する。

ウ　システム化対象業務の問題点を分析し、システムで解決する課題を定義する。

エ　情報システム戦略に連動した経営上の課題やニーズを把握する。

解説

ア　要件定義プロセスの作業です。　イ　要件定義プロセスの作業です。　エ　システム化構想プロセスの作業です。

A　ウ

要件定義とは、システムで実現する機能や性能を決める作業です。実際にシステムを利用する人たちのニーズを調査しますが、利用者の要求をすべて盛り込むのではなく、収集した要求は整理し、要件の分析、要件の定義という流れで進めていきます。

① 要求の調査

経営者や直接システムを利用する担当者との打合せやインタビューにより、**利用者の要求を収集**します。

② 要件の分析

要求の中には利用者の希望や不満だけでなく、理想なども含まれるため、調査、収集した利用者の要求は整理する必要があります。**利用者と開発者の間で合意がとれ、システム化の対象となった要求は「要件」として、定義されます。**

③ 要件定義

要件定義には次の3種類があります。

▶業務要件定義

システム化の対象となる業務に必要な要件を定義します。現行の業務マニュアルなどを利用し、業務フローを可視化し、業務で発生する書類の流れなども整理します。たとえば、「月末の業務フローとして顧客に請求書を一斉に送付する」などです。

▶機能要件定義

業務要件を実現するうえで必要な機能を定義します。たとえば「請求書を送付するためには請求書の印刷機能を定義する」などです。

▶非機能要件定義

業務要件を実現するうえで必要な機能面以外の要件を定義します。**非機能要件**とは、**性能や可用性**などの要件です。機能要件と違い、利用者には把握しにくく、要件を満たしているかどうか判断しづらいため、目標値として定義されます。

たとえば、「月末のアクセスが集中する時間帯であっても1秒以内に画面遷移する」というのが、性能の目標値の具体例です。

要件定義は、開発する業務システムの仕様、システム化の範囲や機能を明確にし、システム利用者と開発者が合意することで完了します。

💡 図解でつかむ

要件定義のプロセス

調査	→	分析	→	定義	要件定義とは機能や性能を決めること
要求のヒアリング		情報を整理		業務に必要な要件	┤ 必要な機能 / 機能以外のもの

非機能要件の例

非機能要件の種類	要件の具体例
可用性	システムの稼働時間や停止など運用スケジュール
性能・拡張性	応答時間、処理件数や業務量増大率の許容範囲
運用・保守性	バックアップや運用監視の方法
移行性	システムの移行時期や移行方法
セキュリティ	アクセス制限、データの暗号化、マルウェア対策
環境対策	耐震・免震、CO_2 排出量、低騒音

「可用性」は聞き慣れない言葉かもしれませんが、「使いたいときにいつもで利『用』『可』能な状態であること」という意味です。

🔍 問題にチャレンジ！

Q 要件定義プロセスの不備に起因する問題はどれか。

（平成 31 年春・問 17）

ア システム開発案件の費用対効果の誤った評価
イ システム開発案件の優先順位の誤った判断
ウ システム開発作業の委託先の不適切な選定手続
エ システムに盛り込む業務ルールの誤った解釈

解説

ア 企画プロセスでシステム化計画を立案する際に検討される事項です。　**イ** 企画プロセスでシステム化構想を立案する際に検討される事項です。　**ウ** 取得プロセスで実施される事項です。

A エ

調達とは、業務に必要なハードウェアやソフトウェア、ネットワーク機器、人、設備などを取り揃えることです。調達方法には購入やリース、最近ではサブスクリプションという形態もあります。

ここでは、調達の流れと調達で使用される書式についてみていきましょう。

①調達の流れ

調達の基本的な流れは、①情報提供依頼（RFI：Request For Information）⇒②提案依頼書（RFP：Request For Proposal）の作成と配付⇒③選定基準の作成⇒④発注先からの提案書および見積書の入手⇒⑤提案内容の比較評価⇒⑥調達先の選定⇒⑦契約締結⇒受入れ・検収となっています。

② RFI（Request For Information：情報提供依頼）
アールエフアイ

RFI とは、システム化を行う発注元が、開発ベンダなどの発注先への提案依頼書を作成する前に、**発注先に対してシステム化の目的や業務概要を明示し、システム化に関する技術動向などを集めるために情報提供を依頼する**ことです。

③ RFP（Request For Proposal：提案依頼書）
アールエフピー

RFP とは、発注元が発注先の候補となる企業に対し、導入システムの要件や提案依頼事項、調達条件などを明示し、具体的な**提案書の提出を依頼するための文書**です。

④提案書

提案書とは、発注先が、提案依頼書をもとに検討したシステム構成や開発手法などの内容を、**発注元に対して提案するために作成する文書**です。

⑤見積書

見積書とは、**システムの開発、運用、保守などにかかる費用の見積もりを示した発注先が作成**する文書です。発注先の選定や発注内容を確認するために重要な文書です。

💡 図解でつかむ

調達の流れ

🔍 問題にチャレンジ！

Q RFP に基づいて提出された提案書を評価するための表を作成した。最も評価点が高い会社はどれか。ここで、◎は4点、○は3点、△は2点、×は1点の評価点を表す。また、評価点は、金額、内容、実績の各値に重み付けしたものを合算して算出するものとする。

（平成30年秋・問15）

評価項目	重み	A社	B社	C社	D社
金額	3	△	◎	△	○
内容	4	◎	○	○	△
実績	1	×	×	◎	○

ア A社　**イ** B社　**ウ** C社　**エ** D社

解説

ア 金額2点、内容4点、実績1点ですので、2×3 + 4×4 + 1×1 = 23点　**イ** 金額4点、内容3点、実績1点ですので、4×3 + 3×4 + 1×1 = 25点　**ウ** 金額2点、内容3点、実績4点ですので、2×3 + 3×4 + 4×1 = 22点　**エ** 金額3点、内容2点、実績3点ですので、3×3 + 2×4 + 3×1 = 20点　よって、B社が最も点数が高いので、正解は「イ」です。

A イ

9 システム開発プロセス・見積り手法

システム開発では、作業の順番が決まっているので、この順番を覚えましょう。開発中に行われるテストには、いくつか種類があります。どのタイミングで実施されるのか、誰が行うのか（開発者・ユーザ）、何を目的に実施されるのかの違いに着目して覚えましょう。

●システム開発プロセス

システム開発は、以下の手順により進められていきます。

①要件定義

利用者の要求を明確にし、システムにどのような機能が必要なのかを要件として定義します。要件の観点には、**品質特性**が用いられます。「漏れている機能がないか？」などと、利用者参加のユーザレビューによって検討し、事前に合意を得ておく必要があります。

> 品質特性とはシステムの品質を検証する際のポイントです。機能性、信頼性、使用性、効率性、保守性、移植性があります。

②設計

設計は、**システム方式設計**（非機能要件を実現するための**ハードウェアの構成**など）、**ソフトウェア方式設計**（機能要件を実現するための**画面のレイアウトや印刷物**など）、**ソフトウェア詳細設計**（**具体的なプログラムの設計**）の順序で行います。

③プログラミング

ソフトウェア詳細設計書にもとづき、プログラム言語の規則に従ってプログラムを作成（**コーディング**）します。作成したプログラムに誤り（バグ）がないかを動作検証するために、個々のプログラムをテストします（**単体テスト**）。

このようにプログラムの内部構造を元にテストする方法を**ホワイトボックステスト**といいます。テストが失敗した場合は、**プログラムを解析**（**デバッグ**）**して、バグの箇所を見つけて修正します。**

④テスト

テストは、**単体テスト**（プログラム単体の検証）、**結合テスト**（プログラムを結合した処理の検証）、**システムテスト**（システムの機能、非機能要件の検証）、**運用テスト**（実際のデータや業務手順に沿った検証）、**受入テスト**（要件を満たしているかを利用者が検証）の順序で行います。

💡 図解でつかむ

システム開発の流れ

要件定義 → 設計 → プログラミング → テスト → 運用・保守

テストの流れ

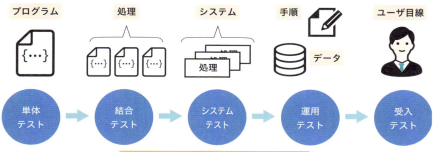

プログラム　処理　システム　手順　ユーザ目線

データ

単体テスト → 結合テスト → システムテスト → 運用テスト → 受入テスト

小さな単位から始めて全体をテストしていく

ホワイトボックステスト

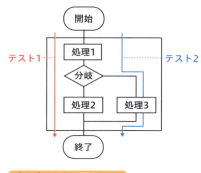

開始

テスト1　処理1　テスト2

分岐

処理2　処理3

終了

プログラム通りにキチンと動いているかを見る

ブラックボックステスト

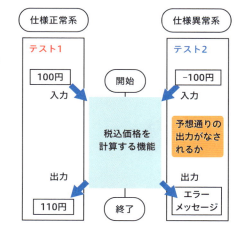

仕様正常系　　　　　　　　仕様異常系

テスト1　　　　　　　　　テスト2

100円　　開始　　−100円

入力　　　　　　　　　入力

予想通りの出力がなされるか

税込価格を計算する機能

出力　　　　　　　　　出力

110円　　終了　　エラーメッセージ

ホワイトボックステストとは、内部構造に着目してすべての命令が正常に動作することを検証するもので、ブラックボックステストとは、機能の仕様に着目して、入力に対して正しい結果が出力されることを検証するものです。

単体テスト以降のテストでは、機能の仕様（何を入力すると何が出力されるか）に着目したブラックボックステストが実施されます。

⑤ソフトウェア保守

ソフトウェア保守は、完成したシステムの運用開始後に、システムやソフトウェアに対する変更依頼や機能改善の対応を行うことで、プログラムの欠陥への対応やビジネス環境の変化に応じて、プログラムの修正や変更が行われることもあります。

完成前のテストで検出されたバグの修正は、稼働前の修正となり、ソフトウェア保守にはなりません。

●見積り手法

ソフトウェアの開発規模、開発環境などにもとづいて、開発工数や開発期間などの見積りを行うときの基本的な考え方には以下のような手法があります。

①ファンクションポイント法（FP法：Function Point method）

ファンクションポイント法は、**利用する画面の数やファイルの数、機能の複雑さなどを数値化**してシステムの開発規模や工数を見積る手法です。

画面やファイルが多いシステムの見積もりに有効です。

②類推見積法

過去の似たようなシステムの実績を参考に、システムの開発工数や開発費用を算出する手法です。

③相対見積

基準となる作業を決めて、その作業を「1」として、その作業との相対的な大きさを見積もる方法です。

Function Point は、直訳すると「機能」と「数」です。「機能があればあるほど開発規模が大きくなる」のがファンクションポイント法です。ファンクションポイントは、用語の意味だけでなく、右ページの見積り方も確認しておきましょう。

💡 図解でつかむ

ファンクションポイントの見積り方

あるソフトウェアにおいて、機能の個数と機能の複雑度に対する重み付け係数は、以下の表のとおりとなっています。

※ここで、ソフトウェアの全体的な複雑さの補正係数は 0.75 とします。

ユーザーファンクションタイプ	個数	重み付け係数
外部入力	1	4
外部出力	2	5
内部論理ファイル	1	10

ファンクションポイントの求め方は、ファンクションタイプの**個数に重み付け係数を掛け合わせたものの総和を求め、補正係数を掛けます。**

（1×4）＋（2×5）＋（1×10）＝ 24

24 × 0.75 ＝ 18

上記ソフトウェアのファンクションポイントは 18 となります。

🔍 問題にチャレンジ！

Q プログラムのテスト手法に関して、次の記述中の a、b に入れる字句の適切な組合せはどれか。 （平成 30 年秋・問 44）

プログラムの内部構造に着目してテストケースを作成する技法を　a　と呼び、　b　において活用される。

	a	b
ア	ブラックボックステスト	システムテスト
イ	ブラックボックステスト	単体テスト
ウ	ホワイトボックステスト	システムテスト
エ	ホワイトボックステスト	単体テスト

解説

プログラムの内部構造を確認するのはホワイトボックステストで、入力したデータが意図通りに処理されているかどうかをチェックします。プログラム単体に誤りがないかを検証する単体テストで活用されています。　　　　　　　　　**A エ**

ソフトウェアを開発する際に「何に着目するのか」によって、開発手法は異なってきます。オブジェクト指向は「クラス」「カプセル化」「継承」のキーワードで覚えておきましょう。開発に使用する設計図の表記法（UML）や図の種類（ユースケース図、アクティビティ図）なども押さえておきましょう。

① 構造化手法

構造化手法は、システムの**機能に着目**して、**大きな単位から小さな単位へとプログラムを分割して開発する手法**です。

② オブジェクト指向

オブジェクト指向は、**システム化の対象そのものに着目**した開発手法で、効率的に安全なプログラムを書くための工夫がされています。オブジェクト指向の特徴は以下の4つです。

・クラス

システム化の対象をクラスで表します。例えば社員情報管理システムの場合、「社員」や社員が所属する「部署」がクラスになります。クラスは**データとデータに関する処理**を持っています。社員クラスの場合、データは「社員番号」や「社員名」、「所属部署名」などで、処理は営業部の社員ならば「営業する」などです。オブジェクト指向では、**クラスが連携してシステムを構成**します。

・カプセル化

プログラム内でデータが不正に書き換えられないように、クラス内の**データを他のクラスから直接操作させない**しくみです。

・継承

似たようなクラスが既にある場合、そのクラスをコピーして使うのではなく、その**クラスのデータや処理を受け継ぎ、差分だけ記述する**というしくみです。

・UML（Unified Modeling Language）

オブジェクト指向で開発する際の設計図の記法で、システムの構造や振る舞いを表すための図がいくつかあります。**ユースケース図**は**ユーザと機能の関係を表した図**で、要件定義などで利用されています。**アクティビティ図**は、業務の流れを表した図です。**誰が何をするのか業務の手順**を表していて、業務フロー図などで利用されています。

③ DevOps

DevOps（デブオプス）は、**開発**（Development）と**運用**（Operation）を組み合わせた造語です。**効率的な開発と安定した運用の両方に着目して、システムの開発チームと運用チームがお互いに協力し合うこと**をいいます。

図解でつかむ

構造化手法

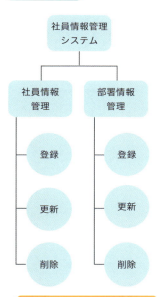

社員情報管理システム
- 社員情報管理
  - 登録
  - 更新
  - 削除
- 部署情報管理
  - 登録
  - 更新
  - 削除

大きな単位から小さな単位へ分割！

UML

ユースケース図

担当者
- 商品登録
- 商品販売
- 商品発送

ユーザと機能の関係を表す

アクティビティ図

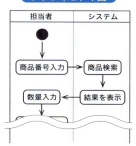

担当者	システム
商品番号入力	商品検索
数量入力	結果を表示

誰が何をするのか業務の流れを表す

問題にチャレンジ！

Q ソフトウェア開発における DevOps に関する記述として、最も適切なものはどれか。
（令和元年秋・問55）

ア 開発側が重要な機能のプロトタイプを作成し、顧客とともにその性能を実測して妥当性を評価する。

イ 開発側と運用側が密接に連携し、自動化ツールなどを活用して機能などの導入や更新を迅速に進める。

ウ 開発側のプロジェクトマネージャが、開発の各工程でその工程の完了を判断した上で次工程に進む方式で、ソフトウェアの開発を行う。

エ 利用者のニーズの変化に柔軟に対応するために、開発側がソフトウェアを小さな単位に分割し、固定した期間で繰り返しながら開発する。

解説

ア プロトタイプ開発の説明です。 ウ ウォータフォール開発の説明です。 エ スクラム開発の説明です。 **A イ**

ここでは開発モデル（システム開発の進め方のパターン）の代表的なものをまとめました。システム開発プロセスを順番に行う方法や、試作品を作りながら進めていく方法など、それぞれの特徴はハッキリしています。

押さえておくべき代表的な開発モデルは以下のとおりです。

①ウォータフォールモデル

システム開発プロセスについて、**要件定義からテストまでを順番に行う開発手法**です。前の工程での作業に不備があると前工程から作業をやりなおす必要があります。**最初から作るべき機能が明確になっているシステム**で採用されています。

②スパイラルモデル

要求ごとに要件定義からテストまでを繰り返して最終的にシステムを完成させる手法です。少しずつ開発してはテストを行うため、ユーザのフィードバックを受けて臨機応変な対応ができるのがメリットです。アジャイル開発（44ページ参照）に似ていますが、アジャイルは完成した機能を運用しながら次の機能の要件定義からテストを行います。

③プロトタイピングモデル

開発の初期段階でプロトタイプと呼ばれる試作品を作成し、利用者に検証してもらうことで、後戻りを減らすための開発手法です。試作品の確認を行いながら開発を行うため、利用者と開発担当との認識のずれが起こりにくいというメリットがあります。

④RAD（Rapid Application Development）

Rapidは「迅速な」という意味で、RADはソフトウェアの開発を容易にする手法の1つです。**RADツール**という、**プログラムコードの自動生成などの機能を使い、ソフトウェアの開発を高速化する**ことができます。

⑤リバースエンジニアリング

完成したプログラムから設計書などの仕様やコードを作成する手法のことです。すでに運用しているシステムの設計書が不十分な場合や、**オープンソース**（ソースコードが広く一般に公開されている）のソフトウェアを解析する場合に行います。

💡 図解でつかむ

ウォータフォールの開発の流れ

要件定義 → 設計 → プログラミング → テスト → 運用

前の工程が全て完了してから次の工程に進む

スパイラルモデルの開発の流れ

要件定義 → 設計 → プログラミング → テスト ⇒ ユーザーのフィードバックを受けて繰り返す → 運用

ウォータフォールモデルは作業の流れを水が流れ落ちる様子に例えています。そのため、要件定義、設計を上流工程、プログラミング、テストを下流工程といいます。

🔍 問題にチャレンジ！

Q ソフトウェア開発モデルには、ウォータフォールモデル、スパイラルモデル、プロトタイピングモデル、RAD などがある。ウォータフォールモデルの特徴の説明として、最も適切なものはどれか。 (平成28年秋・問46)

ア 開発工程ごとの実施すべき作業が全て完了してから次の工程に進む。

イ 開発する機能を分割し、開発ツールや部品などを利用して、分割した機能ごとに効率よく迅速に開発を進める。

ウ システム開発の早い段階で、目に見える形で要求を利用者が確認できるように試作品を作成する。

エ システムの機能を分割し、利用者からのフィードバックに対応するように、分割した機能ごとに設計や開発を繰り返しながらシステムを徐々に完成させていく。

解説

イ RAD の説明です。 ウ プロトタイピングモデルの説明です。 エ スパイラルモデルの説明です。 **A ア**

12 開発プロセスに関する フレームワーク

マネジメント系

ソフトウェア開発管理技術

出る度 ★★☆

システム開発においてトラブルの原因となりうるのが、発注者と受注者の「認識の違い」です。たとえば、会社が独自に使っている用語によって、意味を取り違えてしまい、お互いの認識相違で開発が間違った方向に進んでしまうこともあります。そうならないための取組みを知っておきましょう。

発注側と受注側で利用されるフレームワークには、以下のものがあります。

①共通フレーム（Software Life Cycle Process）

共通フレームとは、**ソフトウェアの企画、開発、導入、運用、破棄に至るまでのソフトウェアプロセス全体のこと**です。共通フレームはソフトウェアプロセス全体に関係するすべての人が「同じ言葉を話せる」ように作成されたフレームワーク（共通の枠組み）、つまり、ガイドラインのようなものです。

発注者と受注者（ベンダ）の間でお互いの役割や責任範囲、具体的な業務内容について**認識に差異が生じないことを目的**に作られています。

② CMMI（Capability Maturity Model Integration：能力成熟度モデル統合）

CMMI とは、**開発と保守のプロセスを評価、改善するための指標のこと**で、システム開発を行う組織のプロセス成熟度を客観的に評価することを目的にしています。

成熟度は5段階に分かれており、以下のようなレベル分けがされています。

レベル	状態	説明
1	初期状態	ソフトウェアプロセスは場当たり的で、個人の力量に依存する
2	管理された状態	コスト、スケジュール、要件などの基本的なプロジェクト管理はできている
3	定義された状態	プロセスは手順書などに文書化され、使用するツールも標準化されている
4	定量的に管理された状態	プロセスの実績を定量的に理解できている
5	最適化されている状態	レベル4の実績の定量的な理解により、継続的なプロセスの改善が可能になっている

💡 図解でつかむ

共通フレーム

自社の用語	トラブル発生 → 認識の相違
ユーザ	開発者 → 自社の用語

共通フレームを導入！

認識が一致！

> 共通フレームは、そのまま利用するのではなく、開発モデルに合わせて作業項目などを選択することを推奨しています。この作業を修整（テーラリング）と呼んでいます。

🔍 問題にチャレンジ！

Q 共通フレーム（Software Life Cycle Process）の利用に関する説明のうち、適切なものはどれか。

（平成 29 年秋・問 41）

- **ア** 取得者と供給者が請負契約を締結する取引に限定し、利用することを目的にしている。
- **イ** ソフトウェア開発に対するシステム監査を実施するときに、システム監査人の行為規範を確認するために利用する。
- **ウ** ソフトウェアを中心としたシステムの開発および取引のプロセスを明確化しており、必要に応じて修整して利用する。
- **エ** 明確化した作業範囲や作業項目をそのまま利用することを推奨している。

解説

ア ソフトウェア開発および取引にかかる全ての組織を対象にしています。具体的には、自社開発を行う組織、契約や運用・保守などの関連作業・支援作業に係る組織、政府・監督官庁および標準化推進団体なども想定利用者としています。**イ** システム監査基準の説明です。**エ** そのまま利用するのではなく、タスクを取捨選択したり、繰り返し実行したり、複数を一つに括るなど、利用する開発モデルに応じて修整することを推奨しています。

A ウ

13 プロジェクトマネジメント

プロジェクトとは、「独自のサービスやシステムを創り出す」という目的のために、複数のメンバが関わる期限が定められた一連の活動のことです。プロジェクトマネジメントは、プロジェクトの立上げから終結まで、5つのプロセスで進行していきます。

① PMBOK（Project Management Body of Knowledge）

プロジェクトマネジメントは、「目的達成のためには、**途中のプロセスで何をすべきかを明確にしていく**必要がある」という PMBOK の考えが元になっています。

PMBOK とは、**プロジェクトマネジメントの知識を体系化した国際的なガイド**のことで、プロジェクトを成功させるためのノウハウや手法がまとめられています。

② プロジェクトマネジメントのプロセス

プロジェクトマネジメントでは、以下のプロセスに分けられています。

> **1 立上げ** プロジェクトを立ち上げ、目的や内容、成果物と作業範囲を明確にし、明確にした内容は、**プロジェクト憲章**という文書に明文化します。
>
> **2 計画** 各作業の進め方の計画を立てます。
>
> **3 実行** プロジェクトを実行に移します。
>
> **4 監視・コントロール** プロジェクトの進捗やコスト、品質などを監視・コントロールします。
>
> **5 終結・評価** システムが完成したら、プロジェクトを終結し、作業実績や成果物を評価します。

プロジェクトマネジメントのプロセス

③ プロジェクトマネジメントにおける管理対象

プロジェクトにおいて管理する対象は右ページの表のようになっています。

💡 図解でつかむ

プロジェクトマネジメントの管理対象

知識エリア	概要
統合マネジメント	以下の9つの知識エリアを管理するための知識
スコープマネジメント	**作業範囲（スコープ）を管理**するための知識
タイムマネジメント	作業の**進捗状況などスケジュール**を管理する知識
コストマネジメント	**開発費用などコストを管理**する知識
品質マネジメント	テストで検出した**不良数など品質を管理**する知識
資源マネジメント	**メンバのスキルやパフォーマンスを管理**するための知識
コミュニケーションマネジメント	メンバ間の**コミュニケーションを効果的に行う**ための知識
リスクマネジメント	**リスクを管理**するための知識
調達マネジメント	**サーバなどの物品購入**などに関する知識
ステークホルダーマネジメント	**ステークホルダー（利害関係者）**へプロジェクト状況などを報告するための知識

🔍 問題にチャレンジ！

Q PMBOK について説明したものはどれか。　　　　　　（平成27年春・問41）

- **ア**　システム開発を行う組織がプロセス改善を行うためのガイドラインとなるものである。
- **イ**　組織全体のプロジェクトマネジメントの能力と品質を向上し、個々のプロジェクトを支援することを目的に設置される専門部署である。
- **ウ**　ソフトウェアエンジニアリングに関する理論や方法論、ノウハウ、そのほかの各種知識を体系化したものである。
- **エ**　プロジェクトマネジメントの知識を体系化したものである。

解説

ア CMMI(Capability Maturity Model Integration) の説明です。　**イ** プロジェクトマネジメントオフィスの説明です。　**ウ** SWEBOK(Software Engineering Body of Knowledge) の説明です。

A エ

④スコープマネジメント

作業範囲を明確にし、作業のモレをなくすことがスコープマネジメントの目的です。そのためには設計書やシステム自体といった成果物と、成果物を得るために必要な作業範囲を明確にする必要があります。

- **W B S**（Work Breakdown Structure）
  _{ダブリューピーエス}

  WBS は、**プロジェクトの作業範囲から作業項目を洗い出し、細分化、階層化した図**です。プロジェクトを大枠から詳細なレベルまで細分化し、作業を洗い出すことで、作業のモレを防ぎ、管理がしやすくなります。

⑤タイムマネジメント

納期、作業時間、作業手順を管理することがタイムマネジメントの目的です。

- アローダイアグラム（PERT 図）

  アローダイアグラムは、各作業の関連性や順序関係を、矢印を使って視覚的に表現した図です。

  プロジェクトの開始から終了まで、経路上の工程の所要時間を足し合わせていくと、プロジェクト全体の所要時間を求めることができます。**1日でも遅れるとプロジェクト全体に影響を与える経路**をクリティカルパスといいます。

  右ページの図では、A から F までのすべての作業の終了は C → F の作業が完了する 8 日後です。C → F の工程で 1 日でも作業が遅れると全体の終了日が遅れるため、クリティカルパスは C → F になり、特に、この工程では遅延しないような取組みが必要だということがわかります。

- ガントチャート

  ガントチャートは、プロジェクト管理や生産管理などで工程管理に用いられ、縦軸に作業項目・横軸に時間をとり、横棒の長さで作業に必要な期間を表します。**作業時間の予定と実績を並べて表記することができる**ので、**進捗状況を管理する方法**としても広く用いられます。

専門的な用語がわからなくても、選択肢の文面から消去法で解答を導き出せる場合もあります。特にマネジメント系の問題に見られ、例えば「すべて○○しなければならない」といったかなり限定的な表現や「その都度○○すればよい」といった場当たり的な表現は不正解である場合が多いです。

図解でつかむ

WBS（スコープマネジメント）

作業の洗い出しでモレを防ぐ！

アローダイアグラム（PERT図）

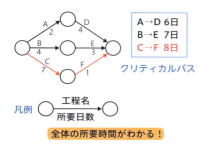

A→D 6日
B→E 7日
C→F 8日

クリティカルパス

凡例 工程名 — 所要日数

全体の所要時間がわかる！

ガントチャート（タイムマネジメント）

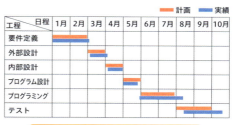

プロジェクトの管理や生産管理で使用！

問題にチャレンジ！

Q プロジェクトマネジメントの知識エリアには、プロジェクトコストマネジメント、プロジェクト人的資源マネジメント、プロジェクトタイムマネジメント、プロジェクト品質マネジメントなどがある。システム開発のプロジェクト品質マネジメントにおいて、成果物の品質を定量的に分析するための活動として、適切なものはどれか。

（平成 30 年秋・問 38）

- **ア** 完成した成果物の数量を基に進捗率を算出して予定の進捗率と比較する。
- **イ** 設計書を作成するメンバに必要なスキルを明確にする。
- **ウ** テストで摘出する不良件数の実績値と目標値を比較する。
- **エ** プログラムの規模や生産性などを考慮して開発費用を見積もる。

解説

ア プロジェクトタイムマネジメントの活動です。 **イ** プロジェクト人的資源マネジメントの活動です。 **エ** プロジェクトコストマネジメントの活動です。 **A ウ**

14 サービスマネジメント

IT サービスマネジメントでは、IT 部門の業務を「IT サービス」としてとらえ、情報システムを安定して効率よく運用するだけでなく、利用者に対するサービスの品質を維持・向上させるための運用管理を行います。

① ITIL（Information Technology Infrastructure Library）
アイティル

ITIL は、**IT サービスの効果的な運用方法をまとめたガイドライン**で、ベストプラクティス（成功事例）などが体系的にまとめられています。ITIL には以下のようなカテゴリがあり、システムの安定運用や利用者の満足度の向上を目指します。

・**サービス・デザイン（サービスの設計）**

　サービスの**設計や変更**の際に安全に効率よく運用し、サービスの品質を維持するしくみです。サービスレベル合意書や可用性管理、サービスレベル管理などがあります。

・**サービス・オペレーション（サービスの運用）**

　サービス・デザインで合意されたサービスレベルの範囲内で、利用者に対して**IT サービスを提供する**方法です。インシデント管理（障害管理）などがあります。

②サービスレベル合意書：SLA（Service Level Agreement）
エスエルエー

IT サービスの利用者と提供者の間で取り交わされる **IT サービスの品質に関する合意書**です。SLA は、**IT サービスが保証する品質の範囲を決め、利用者と提供者の責任範囲を明確にします。**保証する品質を提供できなかった場合、IT サービス提供者は SLA に規定された罰則規定に従う必要があります。

③可用性管理

IT サービスが必要な時に必要なだけ利用できるように管理することです。

年間のサービス稼働時間などの指標を設定し、稼働状況を監視し、目標を達成するために運用管理します。

④サービスレベル管理

サービスの利用者と提供者の間で合意したサービスレベルを管理するためのしくみです。PDCA サイクルで継続的・定期的にサービスの品質について点検・検証します。

💡 図解でつかむ

サービスレベル合意書（SLA）の例

- サービスの範囲
- サービスの提供時間帯
- 障害復旧時間
- 罰則規定　　など

提供できない場合

処罰や補償も！

SLAの締結

利用者　　　　　　　　　　　　　　　　　　　提供者

サービスレベル合意書（SLA）はよく出題されています。用語の意味だけでなく、SLA で合意すべき事項についても確認しましょう。

🔍 問題にチャレンジ！

Q オンラインモールを運営する IT サービス提供者が、ショップのオーナと SLA で合意する内容として、適切なものはどれか。　（平成 30 年春・問 38）

ア　アプリケーション監視のためのソフトウェア開発の外部委託及びその納期

イ　オンラインサービスの計画停止を休日夜間に行うこと

ウ　オンラインモールの利用者への新しい決済サービスの公表

エ　障害復旧時間を短縮するために PDCA サイクルを通してプロセスを改善すること

解説

SLA に記載する主な事項には以下のようなものがあります。

①**サービス品目**

②**サービス要件**

③ **SLA 評価項目**

④ **SLA 設定値、報告要件、ペナルティ等の SLA 評価項目関連項目**

計画停止のタイミングや方法は、サービスの可用性にかかわる事項なので SLA に記載すべき内容です。原則として、メンテナンスのための計画停止時間はサービス停止時間からは除かれますが、その停止計画が利用者の事業計画上、障害となることがないことを確認し合意しておくことや、計画停止の停止予定の事前通知の取り決めなどを SLA に記載しておくことが望まれます。よって「イ」が適切です。

A　イ

15 サービスサポート

マネジメント系
サービスマネジメント
出る度 ★★★

利用者に対して安定したシステム環境を継続して提供するために、**サービスサポート**があります。システム障害への迅速な対応、再発防止のための原因分析・対策の実施、システムの変更作業など、さまざまな作業内容をプロセスとして管理します。

①サービスサポート

サービスサポートには、以下の類型があります。

機能	概要
インシデント管理（障害管理）	システム障害などの**インシデント**（問題）を解決し、サービスレベルを維持する。**IT サービスの停止を最小限に抑えることを目的にインシデントに対し応急処置**を行う
問題管理	インシデントを解析して根本的な原因を突き止め、インシデントの再発防止といった**恒久的な対策**を行う
構成管理	ハードウェアやソフトウェア、仕様書や運用マニュアルなどのドキュメントと、その**組合せを最新の状態に保つ**
変更管理	サーバの交換や OS のアップデートなど、IT サービス全体に対する変更作業を効率的に行い、**変更作業によるインシデントを未然に防ぐ**
リリース管理	リリースとは本番環境への移行のこと。変更管理のうち**本番環境への移行が必要となるものを安全、無事にリリースする**
バージョン管理	**ファイルの変更履歴をバージョンとして保存し、管理**する。複数で共同作業する際に開発や修正を円滑に進めるためによく利用されている手法

②サービスデスク

システム利用者からの問合せに対する窓口機能として、**問合せやインシデントの応対の記録と管理**を行います。効率的に対応するために、**問合せ内容により適切な部署や担当者への引継ぎ**（**エスカレーション**）を行ったり、FAQ（Frequently Asked Questions）として、**よくある問合せの内容と回答**をまとめておきます。

最近では、電話やメールでの応対だけでなく、自動応答技術を使って会話形式で応対するチャットボットも活用されています。

図解でつかむ

サービスサポートの類型

インシデント管理	問題管理	構成管理	変更管理	リリース管理
応急処置	原因究明	最新状態を保つ	変更作業の管理	安全に移行

インシデント管理と問題管理の違いを押さえましょう。インシデント管理は、サービスの停止時間を最小限にとどめるための応急措置をすることで、問題管理は、調査をしてインシデントの根本的な原因を追究し、恒久的な対策を行うことです。

問題にチャレンジ！

Q1 インシデント管理の目的について説明したものはどれか。 （平成30年秋・問49）

ア ITサービスで利用する新しいソフトウェアを稼働環境へ移行するための作業を確実に行う。

イ ITサービスに関する変更要求に基づいて発生する一連の作業を管理する。

ウ ITサービスを阻害する要因が発生したときに、ITサービスを一刻も早く復旧させて、ビジネスへの影響をできるだけ小さくする。

エ ITサービスを提供するために必要な要素とその組合せの情報を管理する。

Q2 ITサービスマネジメントにおける問題管理の事例はどれか。

（平成29年秋・問47）

ア 障害再発防止に向けて、アプリケーションの不具合箇所を突き止めた。

イ ネットワーク障害によって電子メールが送信できなかったので、電話で内容を伝えた。

ウ プリンタのトナーが切れたので、トナーの交換を行った。

エ 利用者からの依頼を受けて、パスワードの初期化を行った。

解説 Q1

ア リリース管理の説明です。 イ 変更管理の説明です。 エ 構成管理の説明です。

A ウ

解説 Q2

ア 障害の原因究明を行っているため問題管理の活動に該当します。 イ サービスデスクの事例です。 ウ インシデントおよびサービス要求管理の事例です。 エ インシデントおよびサービス要求管理の事例です。

A ア

ファシリティとは「施設」という意味があり、ファシリティマネジメントは、企業が建物や設備などのシステム環境を最善の状態に保つための考え方です。ITサービスを効率的に利用するためには、コンピュータ、ネットワークなどのシステム環境や施設・設備を維持・保全する必要があります。

台風などの自然災害による大規模な停電が記憶に新しいですが、そうした停電対策も含め、情報システム関連機器を設置する環境を整備するしくみとして、以下のようなものがあります。

①無停電電源装置（UPS：Uninterruptible Power Supply）

停電が起きてもしばらくの間電気を供給できる装置で、**落雷などによる電源の瞬断や一時的な電圧低下などの影響を回避する**ことができます。

UPSの目的は、停電時でもサーバなどを**正常にシャットダウンするための時間を稼ぐこと**です。

②自家発電装置

発電機などを使用して、長期間電源を供給発電できる装置です。

通常は待機や停止状態で、停電時に発電を開始する運用が一般的です。そのため一瞬でも電源供給が絶たれるとシステムに影響が出るような場合は、UPSなどとの併用が必要です。

③サージ防護

落雷などにより瞬間的に3,000〜4,500Vもの高電圧が流れることをサージといいます。これが電源線などを通って屋内に侵入すると、「パソコンに電源が入らない」などの故障につながります。

サージ防護機能のある機器はサージ吸収素子がサージを吸収するため、接続するパソコンやサーバなどの故障を防ぐことができます。

試験には「ファシリティマネジメントの具体的な施策」がよく出題されます。施設と設備に関する選択肢が正解ですが、ファシリティマネジメントではソフトウェアは対象外なので、こうした選択肢は除外できます。

💡 図解でつかむ

UPSのしくみ

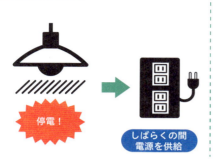

停電！

しばらくの間電源を供給

サージ防護装置

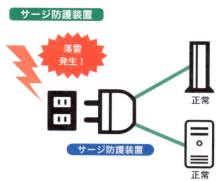

落雷発生！

サージ防護装置

正常

正常

ファシリティ（facility）とは「施設」や「設備」のことです。「ファシリティマネジメント＝施設や設備の管理」で覚えられますね。

🔍 問題にチャレンジ！

Q 情報システムに関するファシリティマネジメントの目的として、適切なものはどれか。

（平成 29 年春・問 36）

ア　ITサービスのコストの適正化

イ　災害時などにおける企業の事業継続

ウ　情報資産に対する適切なセキュリティの確保

エ　情報処理関連の設備や環境の総合的な維持

解説

ファシリティマネジメントは、土地、建物、構築物、設備などの「業務用不動産」を対象とするので「**エ**」が適切です。

ア ITサービスマネジメントシステムの目的です。　**イ** BCM（Business Continuity Management：事業継続管理）の目的です。　**ウ** 情報セキュリティマネジメントの目的です。

A エ

17 監査

監査とは、企業の運営が正しく行われているかを第三者が公正な立場で判断することです。法令や社内規則を遵守しているか、不正行為がないかを判断し、結果を監査の依頼者に報告します。監査結果に対する助言や勧告を行うことで、企業の運営の効率化と目標達成を支援します。

①監査の種類

監査には、以下の種類があります。それぞれ何を監査するのかを押さえておきましょう。

種類	概要
会計監査	貸借対照表（ある時点での企業の財産状況を示したもの）や損益計算書（1年間の企業活動でどのくらいの利益があったのかを示したもの）などの**企業の財務諸表が会計基準と照らし合わせて妥当であるか**を判断し、問題点の指摘や改善策の勧告を行う
業務監査	企業の**会計業務以外の業務活動が、経営目的と合致しているかどうか**を判断し、問題点の指摘や改善策の勧告を行う。**取締役が法律に従って職務を行っているかどうか**を監査する
情報セキュリティ監査	情報セキュリティを維持・管理するしくみが企業において適切に整備・運用されているかどうかを点検・評価し、問題点の指摘や改善策の勧告を行う。**保有する全ての情報資産について、リスクアセスメント（リスクを特定するプロセス）が行われ、適切なリスクコントロール（リスクを予防・削減する対策）が実施されているかどうか**を判断する
システム監査	情報システム戦略の立案、企画、開発、運用、保守までの情報システムに係るあらゆる業務が監査対象となる。**情報システムについてリスクに適切に対応しているかに関して信頼性や安全性、効率性**などを点検・評価し、問題点の指摘や改善策の勧告を行う

「財務」や「会計」とくれば「会計監査」。「会計業務以外」や「取締役の職務」とくれば「業務監査」。「情報資産」とくれば「情報セキュリティ監査」。「システム全体」とくれば「システム監査」と覚えておきましょう。

②システム監査人の要件

実施される監査の公正性や客観的が保たれるように、システム監査人となるものにはいくつかの要件があります。経済産業省が策定したシステム監査基準では、システム監査人に求められる立場として次の3つの要件を挙げています。

〈**外観上の独立性**〉システム監査人は、システム監査を客観的に実施するために、監査対象から独立していなければならない。監査の目的によっては、被監査主体と身分上、密接な利害関係を有することがあってはならない。

〈**精神上の独立性**〉システム監査人は、システム監査の実施に当たり、偏向を排し、常に公正かつ客観的に監査判断を行わなければならない。

〈**職業倫理と誠実性**〉システム監査人は、職業倫理に従い、誠実に業務を実施しなければならない。

💡 図解でつかむ

監査の種類

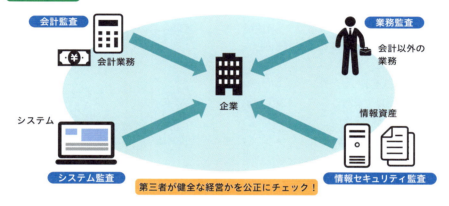

🔍 問題にチャレンジ！

Q 監査役が行う監査を、会計監査、業務監査、システム監査、情報セキュリティ監査に分けたとき、業務監査に関する説明として、最も適切なものはどれか。

(平成30年秋・問45)

ア 財務状態や経営成績が財務諸表に適正に記載されていることを監査する。

イ 情報資産の安全対策のための管理・運用が有効に行われていることを監査する。

ウ 情報システムを総合的に点検及び評価し、ITが有効かつ効率的に活用されていることを監査する。

エ 取締役が法律および定款に従って職務を行っていることを監査する。

解説

ア 財務の適正に関する監査なので会計監査になります。 イ 情報資産の安全管理に対する監査なので情報セキュリティ監査になります。 ウ 情報システムを対象とする監査なのでシステム監査になります。 **A エ**

システム監査は、監査対象部門から独立した立場であるシステム監査人が、情報システムに関するリスクに適切に対処しているかを幅広い観点から調査し、システムが経営に貢献しているかを判断します。

システム監査に関する基礎知識は、以下のとおりです。

①システム監査基準

システム監査を効率的に行うためのもので、**具体的な監査項目や、監査した結果をどのように評価するかなどが規定**されています。

②システム監査人

システム監査を行うシステム監査人については以下の規定があります。

・監査対象の領域または活動から、**独立かつ客観的な立場**であること
・**客観的な視点から公正な判断**を行うこと
・**倫理観**を保持し、**誠実に業務を実施**しなければならない

③システム監査の流れ

1 監査計画

システム監査人が、対象部門、監査項目などをシステム監査計画書に記載します。

2 予備調査

システム監査人が、関係者へヒアリングを行い、**システムの概要を把握**します。

3 本調査

システム監査人が、調査・分析を行い、結果は監査証拠として保全します。

4 監査報告

システム監査人が、システム監査報告書に監査結果や改善事項などを記載します。
システム監査報告書をもとに、システム監査人が経営者に監査結果を報告します。

5 フォローアップ

システム監査人は、システム監査報告書の改善事項について、**定期的に監査対象に対して改善状況の確認**を行います。

図解でつかむ

システム監査の流れ

| 監査計画 | → | 予備調査 | → | 本調査 | → | 監査報告 | → | フォローアップ |

システム監査計画書
（対象部門、監査項目）

システム把握
（ヒアリング）

監査証拠
（調査、分析）

システム監査報告書
（監査結果、改善事項）

改善状況把握
（定期的な確認）

システム監査はよく出題されます。監査の目的や対象だけでなく、監査人の要件も押さえておきましょう。

問題にチャレンジ！

Q 情報システム部がシステム開発を行い、品質保証部が成果物の品質を評価する企業がある。システム開発の進捗は管理部が把握し、コストの実績は情報システム部から経理部へ報告する。現在、親会社向けの業務システムの開発を行っているが、親会社からの指示でシステム開発業務に対するシステム監査を実施することになり、社内からシステム監査人を選任することになった。システム監査人として、最も適切な者は誰か。 （平成30年秋・問53）

ア 監査経験がある開発プロジェクトチームの担当者
イ 監査経験がある経理部の担当者
ウ 業務システムの品質を評価する品質保証部の担当者
エ システム開発業務を熟知している情報システム部の責任者

解説

ア システム開発業務の当事者ですので論外です。 ウ 評価する立場としてシステム開発業務に係っているので不適切です。 エ 情報システム部の長としてシステム開発業務を統制・管理する立場にいるので不適切です。

A イ

19 内部統制

内部統制とは、組織自体に不正や違法行為が行われることなく、業務を適正に遂行していくために、体制を構築して運用するしくみです。企業の場合、経営者が責任者として体制の整備と運用にあたります。

①内部統制

内部統制は、以下の4つの目的を達成するために行われます。

・業務を有効な方法で、かつ効率的に行う　　・財務報告等の信頼性を確保する

・業務に関わる法令等を遵守する　　・資産を保全する

上記の内部統制の4つの目的を達成するための基本要素は、以下の6つになります。これらを整備・運用することで内部統制の目的を達成します。

要素	概要
統制環境	経営者と社員の内部統制に対する価値基準や意識のこと。内部統制に関するすべてのベースになる
リスクの評価と対応	内部統制の4つの目的の達成を阻害する要因をリスクとして分析し、評価、対応を行う
統制活動	経営者の命令や指示を適切に実行するための方針や手続きを行う。業務を分担せずに1人に任せると、不正行為やミスが発生する恐れがある。これを防止するために、**お互いの仕事をチェックし合うように、複数の人や部門で業務を分担するしくみを設けること**を職務の分掌という
情報と伝達	必要な情報が組織内外と関係者に正しく伝えられること
モニタリング（監視活動）	内部統制が有効に機能していることを継続的に評価する
ICT（情報通信技術）への対応	業務の実施において組織の内外のICTを適切に運用する

② ITガバナンス

ガバナンスとは「統治」の意味で、ITガバナンスとは**ITを効果的に活用して、情報システム戦略の実現を支援し、事業を成功へ導くこと**です。情報システム戦略を実施する際には実施状況を監視し、問題点があれば改善を行っていきます。

💡 図解でつかむ

内部統制の構造

内部統制の4つの目的

- 業務の有効性および効率性
- 財務報告等の信頼性
- 業務に関わる法令等の遵守
- 資産の保全

6つの基本要素

| 統制環境 | リスクの評価と対応 | 統制活動 | 情報と伝達 | モニタリング（監視活動） | ICT（情報通信技術）への対応 |

> ITガバナンスについては、「IT戦略の策定と実行」「統制」などのキーワードだけでなく、「ITガバナンスを推進する責任者は経営者であること」が重要です。

🔍 問題にチャレンジ！

Q 内部統制におけるモニタリングの説明として、適切なものはどれか。

（令和元年秋・問37）

ア　内部統制が有効に働いていることを継続的に評価するプロセス

イ　内部統制に関わる法令その他の規範の遵守を促進するプロセス

ウ　内部統制の体制を構築するプロセス

エ　内部統制を阻害するリスクを分析するプロセス

解説

イ　情報と伝達の説明です。　ウ　統制活動の説明です。　エ　リスクの評価と対応の説明です。

A　ア

column 4

コンピュータの基礎理論②
2進数の演算

本試験では2進数の演算について出題されますので、演算方法を説明します。

● 2進数の加算（足し算）

2進数の加算では、同じ桁の値の**どちらかが1の場合に計算結果は1となる**演算です。どちらも1の場合、次の桁に繰り上がり、計算前の桁は0になります。101010+001011を考えてみると、結果は110101となります。

```
    101010
 +  001011
   110101
```

● 2進数の乗算（かけ算）

2進数の乗算とは、**かけられる数にかける数の各桁を掛けて、その結果を加算します。**1をかけるとかけられる数がそのまま残りますが、0をかけると結果は0になります。1010×101を計算すると、110010となります。

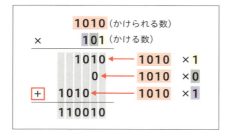

● 論理和

論理和とは、同じ桁の値の**どちらかもしくはどちらも1の場合に計算結果は1となる**演算です。どちらも1の場合、加算とは異なり、次の桁に繰り上がりません。101010と001011の論理和は101011となります。

```
101010
001011
↓↓↓↓↓↓
101011
```

● 論理積

論理積とは、同じ桁の値のどちらか一方に**0があれば計算結果は0になり、どちらも1の場合のみ計算結果が1となる**演算です。101010と001011の論理積は001010となります。

第**4**章

経営

本章のポイント

企業活動や経営管理の考え方、業務分析手法、会計・財務の基礎、知的財産権などの法務、経営戦略やマーケティング手法など、企業の経営全般について学習します。経営にかかわる業務はイメージがしづらく、苦手な受験者が多い分野です。本章を読むだけでなく、過去問で知識を定着させることを意識して学習しましょう。

1 企業活動

ストラテジ系

企業活動

出る度 ★★☆

企業は、ただ商品やサービスを売って利益を追求するだけの存在ではありません。社会の一員として、地域や環境に配慮した活動をすることが求められています。企業活動にまつわる知識を押さえておきましょう。

①経営理念（企業理念）

企業が活動していくためには、まず、**基本的な価値観や目的意識**を明確にすることが求められています。自社の存在意義や掲げる目標、社会的責任などをまとめたものが経営理念（企業理念）です。

企業は利益の追求を目的とするだけではなく、地域に対する貢献、環境への配慮をしたうえで運営していく必要があります。この考え方を社会的責任（CSR：Corporate Social Responsibility）といいます。

②企業活動

株式会社の場合、**株式を発行して株主である出資者から資金調達**を行い、株主総会で委任を受けた経営者が事業を行います。事業で得た利益は株主に配当します。株主総会は株主で構成され、決算内容（企業の経営成績や財務の状況）の承認、取締役の選任など、企業に関する基本事項の決定権限がある最高意思決定機関です。

③ディスクロージャ

ディスクロージャとは「開示」の意味で、**企業が投資家や取引先などに対し、自社の情報を公開すること**です。企業情報とは会計情報だけでなく、最近ではコンプライアンス（法令順守）や環境対応、企業の社会的責任（CSR）への取組みなども含まれます。情報を開示することで、企業は投資家からの信頼を得ることができ、投資対象としての魅力をアピールすることができます。

④グリーンIT

グリーンIT とは、**IT を有効活用することで業務の効率化を図り、エネルギー消費の削減や環境保全、地球温暖化対策につなげる取組み**です。ペーパーレス化や節電対策、IT 機器自体の省エネや発熱量の低減も含まれます。環境への配慮という社会的責任から、多くの企業がグリーン IT に取り組んでいます。

💡 図解でつかむ

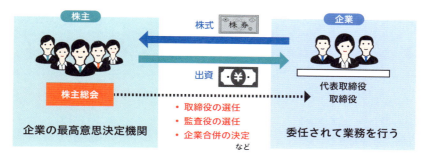

株式会社のしくみ

株主 — 株式 株券 — 企業

出資 ¥

株主総会 ········· 取締役 ·········→ 代表取締役 取締役

企業の最高意思決定機関
・ 取締役の選任
・ 監査役の選任
・ 企業合併の決定
など

委任されて業務を行う

経営理念や CSR は企業のサイトで公開されています。自分が勤めている会社や興味のある会社がどのような考えを元にどのような取組みをしているか確認してみるとよいでしょう。

🔍 問題にチャレンジ！

Q 小売業 A 社は、自社の流通センタ近隣の小学校において、食料品の一般的な流通プロセスを分かりやすく説明する活動を行っている。A 社のこの活動の背景にある考え方はどれか。

（平成 30 年秋・問8）

ア CSR
イ アライアンス
ウ コアコンピタンス
エ コーポレートガバナンス

解説

イ アライアンスは企業同士の連携を表す言葉です。企業合併や資本提携、販売提携など連携の強さもスタイルもさまざまなものがあります。 **ウ** コアコンピタンスは、長年の企業活動により蓄積された他社と差別化できる、競争力（コンピタンス）の中核（コア）となる企業独自のノウハウや技術のことです。「コンプライアンス（法令遵守）と間違えないようにしましょう。 **エ** コーポレートガバナンスは、経営者の規律や重要事項に対する透明性の確保、利害関係者の役割と権利の保護など、企業活動の健全性を維持する枠組みです。「企業統治」とも訳されます。

A ア

2 経営資源

ストラテジ系
企業活動
出る度 ★☆☆

経営資源とは、ヒト・モノ・カネ・情報のことです。効率的な企業経営のためには、利害関係者であるステークホルダ(顧客、株主、社員、地域社会など)の満足度を高めつつ、経営資源を有効にバランスよく活用する必要があります。

①コーポレートブランド

　企業の存在意義と価値観、ビジョンを象徴したもので、顧客や社員の意識の中に作られる企業の信用やイメージのことです。企業ブランドともいわれ、企業価値を向上させるための経営戦略のひとつです。

②ワークライフバランス

　直訳すると「仕事と生活の調和」です。やりがいや充実感のある仕事を持ちながら、健康で豊かな生活ができることを目指すことです。

③人材育成・管理

　人材育成・管理の手法として以下のような種類があります。

手法	概要
O J T（オージェーティー） (On the Job Training)	**現場で仕事をしながら、上司や先輩の指導のもと、実務を学ぶ。**知識を体系的に学べないデメリットもある
OFF-JT（オフジェーティー） (Off the Job Training)	**集合研修などで体系的に知識を学ぶ人材育成手法。**学んだ知識を実務へ応用する力や時間が必要
コーチング	指導という意味。ティーチング（知識や技能を教える）との違いは、**個性を尊重して能力を引き出し、自立性を高める指導方法**であること
メンタリング	**自発的・自立的な人材を育てる方法。**コーチングと違い、テーマが仕事や人生など範囲が広く長期的である。メンターと呼ばれる先輩社員が、新入社員などと定期的に交流し、対話や助言によって自発的な成長を支援する
C D P（シーディーピー）（Career Development Program）	**社員のキャリア開発のプログラム。**数年先の中長期的なキャリアに対して目標を設定し、必要な能力を開発していく
メンタルヘルス	心の健康状態のこと。社員のストレスの程度を把握するための取組みとして、ストレスチェックがある

💡 図解でつかむ

経営資源

ヒト

社員や従業員
企業理念のもとに活動し成果を出せるよう、人材育成を強化する

製品や設備
何が必要で何が不要なのかを確認し、有効に利用する

モノ

資金
ヒトやモノを調達する際に必要となる

カネ

経営資源

データや資料
情報を有効に活用する

情報

労働環境の改善に関する重要用語

働き方改革	長時間労働の是正、非正規雇用の処遇改善、賃金引上げと労働生産性向上など **柔軟な働き方がしやすい環境整備などへの取組み**のこと
テレワーク	情報通信技術（ICT）を活用した**時間と場所にとらわれない柔軟な働き方**。在宅ワーク（自宅）、サテライトオフィス勤務（本社以外の遠隔拠点）などのこと
ダイバーシティ	多様性の意味で、年齢や性別はもちろん学歴・職歴、国籍などで制限せずに、その個性に応じた多様な能力を発揮できるよう、**積極的に多様な人材を採用していく取組み**のこと

🔍 問題にチャレンジ！

Q 性別、年齢、国籍、経験などが個人ごとに異なるような多様性を示す言葉として、適切なものはどれか。

（平成30年春・問7）

ア グラスシーリング　　　　　　**イ** ダイバーシティ
ウ ホワイトカラーエグゼンプション　　**エ** ワークライフバランス

解説

ア グラスシーリング（ガラスの天井）は、本来は昇進に値する能力を有しながらも、性別や人種などを理由として組織内での昇進が阻まれている状態を示す言葉です。**ウ** ホワイトカラー労働者（スーツ・ネクタイ姿で仕事を行う頭脳労働者を総称する言葉）に対して労働時間ではなく成果に対する報酬支払とすることです。**エ** ワークライフバランスは、やりがいや充実感のある仕事を持ちながら、健康で豊かな生活ができることを目指すことです。　　　　　　　　　**A イ**

企業は、「経営理念を実現するために、具体的に何をすべきか」を「経営目標」として設定します。次に、その「経営目標」を達成するために「各部門において何を実行すべきか」という事業計画の策定を行います。

① BCP（Business Continuity Plan：事業継続計画）

事業継続計画とは、地震や台風などの自然災害や大規模なシステム障害、情報漏えいなどの非常事態が発生しても、被害を最小限に抑えて事業を継続するための計画のことです。BCP を周到に準備し、事業を継続・早期復旧を図ることでステークホルダ（顧客や株主、社員、地域社会など）からの信用を維持し、企業価値の向上にもつながります。

② BCM（Business Continuity Management：事業継続管理）

BCP の策定から運用（教育や訓練）、評価、改善までのプロセスを PDCA により継続的に実施します。BCP の策定時には、リスクアセスメントにより、企業におけるリスクの洗い出し、分析、対策の決定も行います。

③ 人事管理手法

経営目標を達成するために企業活動全般の管理・運営を行うのが、財務・資産・人事・情報管理です。ここでは人事管理手法を覚えておきましょう。

手法	概要
MBO （Management by Objectives：目標による管理）	人事、評価制度の手法で、組織の目標と個人の目標をリンクさせ、その達成度で評価を行う。組織の目標に対して、個人がどのように目標設定をするかを考えることで、意欲的な取組みが期待できる
HRM （Human Resource Management）	採用、育成、管理など人材に関する機能を管理する手法。経営目標の達成に向けて、人材のマネジメントを戦略的に行っていこうとする考え方
タレントマネジメント	HRM の業務中心の人材マネジメントから、個人の技能や才能中心の考え方で管理する手法。優秀な人材の維持や能力の開発を統合的、戦略的に進める取組み。適材適所への配属により、業務の効率化や個人の意欲向上、キャリアアップにもつながる

💡 図解でつかむ

BCM（事業継続管理）とBCP（事業継続計画）

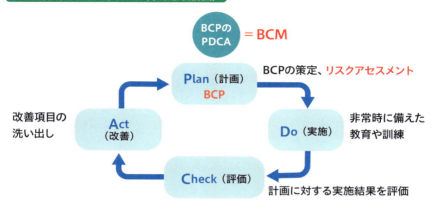

🔍 問題にチャレンジ！

Q 地震、洪水といった自然災害、テロ行為といった人為災害などによって企業の業務が停止した場合、顧客や取引先の業務にも重大な影響を与えることがある。こうした事象の発生を想定して、製造業のX社は次の対策を採ることにした。対策aとbに該当する用語の組合せはどれか。 （平成27年秋・問7）

〔対策〕

a　異なる地域の工場が相互の生産ラインをバックアップするプロセスを準備する。

b　準備したプロセスへの切換えがスムーズに行えるように、定期的にプロセスの試験運用と見直しを行う。

	a	b
ア	BCP	BCM
イ	BCP	SCM
ウ	BPR	BCM
エ	BPR	SCM

解説

BPRは、業務プロセスを抜本的に見直し、職務、業務フロー、管理機構、情報システムを再設計する手法です。SCMは、仕入れから販売まで物流の最適化を図る取組みです。BCPはPlan（計画）、BCMはManagement（管理）と覚えましょう。 **A ア**

4 経営組織

経営資源の効率的な活用や人材育成のために、それぞれの企業が目的に合った組織を選択しています。組織形態の名称とその特徴を確認しておきましょう。また、近年、日本企業においても CEO や CFO といった最高責任者の役員名が使われています。これらの意味も覚えておきましょう。

①組織形態

代表的な組織の形態として、以下のような種類があります。

形態の名称	概要
階層型組織	社長→部長→課長→一般社員のように、**命令や指示が上から下へとおりてくる構造**。小規模な企業向け
事業部制	**事業部単位での意思決定**を行い、自立した組織として、売上や業績に責任を持って取り組む
職能別組織 （機能別組織）	**開発、営業、人事などのように機能別に構成された組織**
マトリックス組織	職能別組織とプロジェクト組織のような**2つの異なる組織を組み合わせた構造**。組織を兼任するため、上司が2人など指揮系統が複雑になる
プロジェクト組織 （タスクフォース）	**特定の目的のためにさまざまな部門から社員が選出され、一時的に構成**される。市場動向の変化に適応できる反面、作業分担の調整など密なコミュニケーションが必要となる
ネットワーク組織	リーダや上司を作らず、**社員が平等な関係でチームとして仕事を行う。**上司がいないため指示系統が明確ではない
カンパニ制	**事業部制より独立性が高く、ヒトやカネの管理も行う。**会社自体を分ける**社外カンパニ**制度の場合、**持株会社**として作られることがある。○○ホールディングスなどは持株会社にあたる。**持株会社は他社の株式を保有し、事業の方向性などを決めるが、実際の経営は各カンパニが行う**

②企業の最高責任者

最高責任者の名称	意味
CEO（Chief Executive Officer）	最高経営責任者（経営、業務執行を統括）
CIO（Chief Information Officer）	最高情報責任者（情報戦略を統括）
CFO（Chief Financial Officer）	最高財務責任者（資金調達、運用を統括）
CTO（Chief Technology Officer）	最高技術責任者（技術関連業務を統括）
CISO（Chief Information Security Officer）	最高情報セキュリティ責任者（情報セキュリティ戦略を統括）

💡 図解でつかむ

最高責任者の名称は、正式名称の英単語と意味を結び付けて理解しましょう！

CEO の E は **E**xecutive（経営の実行）→経営上の責任者

CIO の I は **I**nformation（情報）→情報システムの責任者

CFO の F は **F**inancial（財務）→財務上の責任者

CTO の T は **T**echnology（技術）→技術分野の責任者

CISO の IS は **I**nformation **S**ecurity（情報セキュリティ）→情報セキュリティの責任者

🔍 問題にチャレンジ！

Q 次の特徴をもつ組織形態として、適切なものはどれか。　（平成 28 年春・問 34）

・組織の構成員が、お互い対等な関係にあり、自律性を有している。

・企業、部門の壁を乗り越えて編成されることもある。

ア アウトソーシング　　**イ** タスクフォース

ウ ネットワーク組織　　**エ** マトリックス組織

解説

ア アウトソーシングは、自社の業務の一部または業務のすべてを外部へ委託することです。**イ** タスクフォースは、ある任務や課題を達成するために横断的に編成された集団のことです。**エ** マトリックス組織は、従来の職能別組織にそれら各機能を横断するプロジェクトまたは製品別事業などを交差させた組織形態です。

A ウ

業務分析を行うためのツールとして、表やグラフがあります。分析の目的に合ったツールを使って現状を可視化することで、課題を見つけたり、自社の強みや弱みといった特徴を見つけることが可能になります。

① ABC 分析

あるデータ（値）に対して、割合の高い項目を割り出す手法です。パレート図（データの値が大きい順に並べた棒グラフとデータの累積を示した折れ線グラフ）でデータの構成比率を求め、ABC のランク付けを行います。たとえば、商品の売上累計の 70％までを占める商品群を A、70％から 90％以下を占める商品群を B、90％以上を占める商品群を C とします。すると、割合の高い商品群 A を重点的に販売することで効率的に売上向上が見込めることがわかります。ABC 分析を行うことで売上の高い商品やニーズの高い要望などが明確になり、どこに重点的な対応をすべきかが明確になります。

②散布図

2 つのデータをグラフの縦軸と横軸にプロット（点を打つこと）した図です。点のばらつき方により、2 つのデータの関係性（相関関係）の有無を調べます。プロットが右上がりの場合は「正の相関」、右下がりの場合は「負の相関」、まんべんなくばらついている場合は「相関なし」となります。気温と売上の関係性などの調査に利用されます。

③レーダーチャート

クモの巣のようなグラフで、複数の項目の大きさを比較し、項目間のバランスを表現した図です。全体のバランスがとれていると、より正多角形に近い形となり、突出した部分を強み、凹んだ部分を弱みとして分析できます。

④管理図

品質管理や製造工程での異常を確認するためのグラフです。中心線と上方と下方の限界値を設定し、品質や工程の状態をプロットします。限界値を超えたり、偏りがあるデータは異常と判断します。

🔍 問題にチャレンジ！

Q ABC 分析で使用する図として、適切なものはどれか。　　　　（平成 26 年春・問 14）

　ア　管理図　　イ　散布図　　ウ　特性要因図　　エ　パレート図

解説

上の説明より、エが正解です。

A エ

💡 図解でつかむ

ABC分析

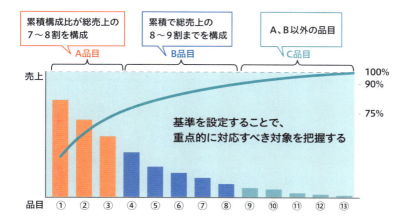

累積構成比が総売上の7〜8割を構成
A品目

累積で総売上の8〜9割までを構成
B品目

A、B以外の品目
C品目

売上

100%
90%
75%

基準を設定することで、重点的に対応すべき対象を把握する

品目 ① ② ③ ④ ⑤ ⑥ ⑦ ⑧ ⑨ ⑩ ⑪ ⑫ ⑬

散布図　データの関係性がわかる!

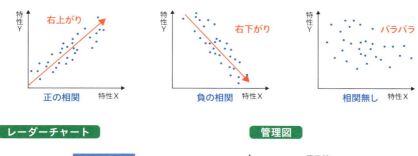

特性Y　右上がり
正の相関　特性X

特性Y　右下がり
負の相関　特性X

特性Y　バラバラ
相関無し　特性X

レーダーチャート

顧客満足度

●— 自社製品　●— A社製品　●— B社製品

機能
100
80
60
40
20
0

価格　性能

デザイン

項目間のバランスがわかる!

管理図

異常値
上方管理限界
中心線
下方管理限界

異常がないかを判定!

1 新技術

2 ネットワークとセキュリティ

3 システム開発

4 経営

5 コンピュータ

グラフにすることによって、数値を見ているだけではわからなかったデータの相関関係や規則性に気づくことができます。「どういう用途でどの種類のグラフを使うのが適しているか」は確認しておきましょう。

①ヒストグラム

　ばらつきがあるデータをいくつかの範囲で区切り、棒グラフにまとめたものです。横軸に範囲、縦軸に範囲内の個数をとって、データのばらつきの度合いを把握します。

　一般的なヒストグラムの形状は、中央が高く、中央から離れるに従って低くなります。不安定なデータがあると、ヒストグラムの形状が変化します。この形状を見ることで、工程の問題点や異常を発見することができ、品質管理などに利用されています。

②回帰分析

　相関関係や因果関係があると思われるデータとその結果のデータのペアを多数集め、将来的な値を予測するための予測式（回帰直線）を求めるための手法です。

　たとえば、キャンペーン活動を実施した後は売上が上がるという傾向があった場合、キャンペーン活動と売上の2つの数値の関係を定量的に分析します。どのくらいキャンペーン活動を行えばどのくらい売上が上がるかが事前にわかれば、キャンペーン活動後の売上を予測することができます。

③特性要因図（フィッシュボーンチャート）

　結果（特性）と原因（要因）の関係を整理するための図です。魚の骨のような形の図になることから、フィッシュボーンチャートとも呼ばれます。原因をカテゴリで分け、カテゴリごとに具体的な原因を書き込み、結果に対してどのような原因が関係しているのかをまとめます。

　結果がどのようにしてもたらされたかを図式化することで、そこに潜んでいる問題点が明確になり、不良品の発生や事故などの原因を特定する手段として利用されています。結果と原因の関係が整理できれば、原因から結果を予測することもできるため、不良品の発生時期や装置の寿命、交換時期などの予測にも利用されています。

図解でつかむ

ヒストグラム

データの分布がわかる！

回帰分析

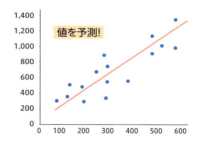

値を予測！

特性要因図（フィッシュボーンチャート）

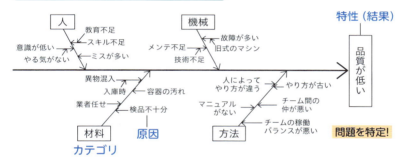

問題にチャレンジ！

Q 品質管理において、測定値の存在する範囲を幾つかの区間に分け、各区間に入るデータの度数を棒グラフで表したものはどれか。 （平成 28 年春・問 32）

ア　管理図　　イ　特性要因図　　ウ　パレート図　　エ　ヒストグラム

解説

ア　管理図は、作業工程や品質が安定した状態かどうかを判断するために用います。

イ　特性要因図は、特性（結果）とその要因（原因）の関係を体系的に表した図です。

ウ　パレート図は、値の大きい順に分析対象の項目を並べた棒グラフと、累積構成比を表す折れ線グラフを組み合わせた複合グラフで、主に複数の分析対象の中から、重要である要素を識別するために使用されます。

A エ

7 生産戦略

ストラテジ系

企業活動

出る度 ★☆☆

生産管理や在庫管理においても、企業の意思決定が求められます。商品を必要以上に生産すれば、余剰在庫が経営を圧迫します。逆に数が足りなければ販売機会の損失になります。在庫管理の指標や補充方法について確認しておきましょう。

①シミュレーション

「模擬実験」の意味です。変化が速く、不確定要素が多い時代においては、売上などの**過去データをもとにしたシミュレーション**が欠かせません。その**結果をもとに、意思決定を行います。**

②在庫管理

在庫管理の目的は、お金の流れである**キャッシュフローを明確に把握すること**と**在庫不足を回避すること**です。そのために在庫を適正に把握する必要があり、在庫管理はひとつの意思決定といえます。**在庫管理の指標**と**在庫の補充方式**には以下の種類があります。

▶在庫管理の指標

在庫回転期間	**在庫をすべて消費（販売）するためにかかる期間。**在庫回転期間が短いということは、「入荷後すぐに売れる＝在庫管理の効率がよい」といえる 計算式：**在庫回転期間＝平均在庫高÷売上高**
在庫回転率	**一定期間に在庫が何回入れ替わったか**を表し、在庫回転期間の逆数で表す。この値が高いほど、「商品が良く売れ、在庫管理の効率がよい」といえる 計算式：**在庫回転率＝売上高÷平均在庫高**
リードタイム	所要時間の意味で、**商品の発注や製造開始から納品にかかる時間。**この値が短いほど顧客満足度が向上するだけでなく、効率的な生産や在庫管理につながる

▶在庫の補充方式

定期発注方式	**決められた発注間隔**で必要な発注数量を計算して発注する
定量発注方式	**決められた数量より少なくなる**と必要数量を発注する

💡 図解でつかむ

在庫管理

在庫管理の指標

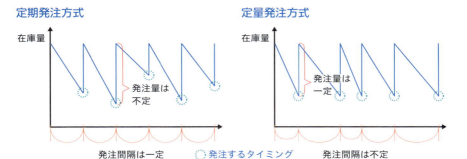

在庫回転期間

$$\frac{平均在庫高}{売上高}$$

短い＝効率がよい

在庫回転率

$$\frac{売上高}{平均在庫高}$$

高い＝効率がよい

リードタイム

発注 ➡ 納品

この時間

在庫の補充方式

定期発注方式

在庫量

発注量は不定

発注間隔は一定　　◯ 発注するタイミング

定量発注方式

在庫量

発注量は一定

発注間隔は不定

🔍 問題にチャレンジ！

Q 在庫回転率は資本の効率を分析する指標の一つであり、その数値が高いほど、商品の仕入れから実際の販売までの期間が短く、在庫管理が効率よく行われていることを示している。在庫回転率の算出式として、適切なものはどれか。

（平成 28 年秋・問 17）

ア　（期首在庫高 ＋ 期末在庫高）÷ 2　　　**イ**　売上高 ÷ 総資産
ウ　売上高 ÷ 平均在庫高　　　　　　　　　**エ**　平均在庫高 ÷ 売上高

解説
ア　平均在庫高の算出式です。　**イ**　総資産回転率の算出式です。　**エ**　在庫回転期間の算出式です。　　　　　　　　　　　　　　　　　　　　　　　**A** **ウ**

業務を改善するためには、現状の問題点の洗い出しや課題を特定し、その改善策を考えるための新しいアイディアが必要になります。ここでは、問題解決を効率的に行うための手法をみていきます。

①ブレーンストーミング

ブレーンストーミングはアイディアの発想法のひとつですが、結論を導き出したり、決定する場ではありません。**参加者が自由にアイディアを出し合って互いに刺激し合い、より豊かな発想を促していく手法**です。Brain「脳」を Storm「嵐」のように掻き回していくことから名付けられました。「ブレスト」と略されることもあります。多くの意見を引き出すことが目的で、以下のようなルールがあります。

- 意見の質より量を重視する
- 突拍子のない、奇抜、常識外れな意見も歓迎する
- ほかの参加者の意見を批判したり、否定してはいけない
- ほかの参加者の意見に便乗したり、自分の意見を組み合わせてもよい

②デシジョンテーブル

デシジョンテーブルは、**ある問題について、すべての条件とその際の行動を書き出したもので、「決定表」とも呼ばれます。**最初にすべての条件を洗い出し、それぞれの条件の組合せの行動を検討します。複数の条件の組合せがあるような複雑な問題でもモレのない対策を検討することができます。**課題解決やテストケースの作成にも利用**されています。

デシジョンテーブルでは、条件を満たす場合は「Y」、満たさない場合は「N」、行動について、行動する場合には「X」、行動しない場合には「-」で表します。

③親和図法

親和図法は、ブレーンストーミングなどで出た意見をまとめる手法です。**収集した意見をカードに書き出し、似たもの（問題の親和性があるもの）をグループにまとめていき、そのグループに名前をつけていくことで問題を整理していきます。**未来や未知の問題のような、**はっきりしていない問題の解決策**を導き出す際に利用されます。

💡 図解でつかむ

デシジョンテーブル 全ての条件と行動を書き出してモレなく対策する！

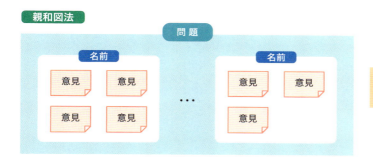

条件	会員種別	一般	Y	N	N	N
		シルバー	N	Y	N	N
		ゴールド	N	N	Y	N
		プラチナ	N	N	N	Y
行動	割引率	0%	X	–	–	–
		3%	–	X	–	–
		5%	–	–	X	–
		10%	–	–	–	X

Y/Nの組合せをすべて網羅

条件を満たした際の行動

親和図法

問題

名前

意見　意見
意見　意見

...

名前

意見　意見
意見

類似の意見をまとめて未知の問題を解決！

🔍 問題にチャレンジ！

Q ブレーンストーミングの進め方のうち、適切なものはどれか。

(平成 30 年春・問 20)

ア 自由奔放なアイディアは控え、実現可能なアイディアの提出を求める。

イ ほかのメンバの案に便乗した改善案が出ても、とがめずに進める。

ウ メンバから出される意見の中で、テーマに適したものを選択しながら進める。

エ 量よりも質の高いアイディアを追求するために、アイディアの批判を奨励する。

解説

ア 質より量のルールに則っていないため、不適切です。　**ウ** ただの雑談の場とならないように努める必要はありますが、議題の軸から派生した意見も歓迎するなど自由奔放な討議にする必要があります。　**エ** ブレーンストーミングではアイディアに対する批判は禁止されるので不適切です。　　**A イ**

9 会計・財務①

企業活動や経営管理において、会計と財務に関する基本的な知識は不可欠です。ここでは、まず企業の1年間の収益の構造をみていきます。売上と利益の関係や損益計算書(P/L)を学びます。

①売上と利益の関係

売上とは、商品やサービスを販売して得た収入のことです。利益とは、売上から費用を引いた儲けのことです。

費用とは、売上を得るためにかかったお金のことで、原価と販売管理費（販売費および一般管理費）に分けられます。

原価とは原材料・商品の仕入れやサービスを生み出すために直接かかるお金のことで、販売管理費（販売費および一般管理費）とは、オフィスの家賃や人件費、水道光熱費など商品やサービスの販売にかかるお金のことです。

以下の利益の名称と概要を覚えておきましょう。

科目	概要
①売上総利益（粗利）	売上から原価を引いたもの
②営業利益	売上総利益（粗利）から販売管理費を引いたもの
③経常利益	営業利益に本業以外で得た収益を加算し（預けたお金に対する利息の受取りなど）、本業以外での費用を減算（借りたお金に対する利息の支払い）したもの
④税引前当期純利益	経常利益に臨時的に発生した利益を加算し（土地を売ったときの利益など）、損益を減算した（土地を売ったときや災害による損失など）もの
⑤当期純利益	法人税などの納税後の利益。純利益ともいう

②損益計算書

損益計算書は1年間の企業活動でどれくらいの利益があったのかを示すもので、企業の経営の成績表のようなものです。P/L(Profit and Loss Statement)とも呼ばれます。

💡 図解でつかむ

損益計算書

単位：百万円

項目	金額	
売上高	2,000	①
売上原価	1,500	
販売費および一般管理費	300	②
営業外収益	30	③
営業外費用	20	
特別利益	15	④
特別損失	25	
法人税、住民税及び事業税	80	⑤

①**売上総利益(粗利)**
売上高 － 売上原価
2,000 － 1,500 = 500

②**営業利益**
売上総利益 － 販売費および一般管理費
500 － 300 = 200

③**経常利益**
営業利益 ＋ 営業外収益 － 営業外費用
200 ＋ 30 － 20 = 210

④**税引前当期純利益**
経常利益 ＋ 特別利益 － 特別損失
210 ＋ 15 － 25 = 200

⑤**当期純利益**
税引前当期純利益 － 法人税など
200 － 80 = 120

🔍 問題にチャレンジ！

Q 商品の販売数が 700 個のときの営業利益は表のとおりである。拡販のために販売単価を 20% 値下げしたところ、販売数が 20% 増加した。このときの営業利益は何円か。ここで、商品 1 個当たりの変動費は変わらないものとする。

（平成 31 年春・問 34）

単位　円

売上高	700,000
費用	
変動費	140,000
固定費	300,000
営業利益	260,000

ア 200,000　**イ** 204,000
ウ 260,000　**エ** 320,000

解説

商品 1 個当たりの販売単価は、700,000 円 ÷700 個 = 1,000 円
商品 1 個当たりの変動費は、140,000 円 ÷700 個 = 200 円
[販売単価]1,000 円 ×0.8 = 800 円　[販売個数]700 個 ×1.2 = 840 個
拡販後の売上高は、800 円 ×840 個 = 672,000 円
拡販後の変動費は、200 円 ×840 個 = 168,000 円
拡販後の営業利益は、672,000 円－（168,000 円＋ 300,000 円 ）= 204,000 円　**A イ**

10 会計・財務②

 どんなに売上高が大きくても、そのためにかかった費用が大きければ、利益は少なくなってしまいます。ここでは、売上高と費用が一致する指標である「損益分岐点」をみていきます。損益分岐点となる売上高の計算もできるようにしておきましょう。

●損益分岐点

企業活動において利益を出すためには、いくら売上が必要なのかを把握しておく必要があります。**損益分岐点**とは、**売上とかかった費用が一致する点で、儲けも損もない売上のこと**です。**損益分岐点より売上が多ければ黒字、少なければ赤字**になります。損益分岐点の算出では、費用を変動費と固定費に分けて考えます。

固定費とは、売上の増減に関わらず**固定的に必要な費用**のことで、オフィスの家賃や社員の給与などが該当します。

変動費とは、**売上の増減によって変化する費用**のことで、原材料費や配送費などが該当します。

損益分岐点における売上高は、以下の公式を使って求めることができます。

> 変動費率　　　　　　＝変動費÷売上高
> 損益分岐点の売上高＝固定費÷(1－変動費率)

変動費率とは**売上高に占める変動費の割合**です。損益分岐点の売上高は、固定費を限界利益率（1－変動費率）で割ったものです。

損益を改善するためには、「費用を減らす」「売上を増やす」という2つの方法があります。具体策としては、

> ・家賃や事務費の見直し、アウトソーシング化などによる固定費の削減
> ・工程や原材料の見直し、仕入れ先・外注先との価格交渉による変動費の削減
> ・単価引き上げ、新規顧客の獲得、リピーターの増加などによる売上の増加

などがあります。

💡 図解でつかむ

損益分岐点

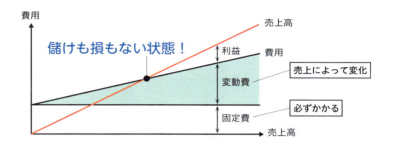

儲けも損もない状態！

損益分岐点売上高の求め方

単位：百万円

売上高	4,000
変動製造費	1,400
変動販売費	600
固定費	800

この表の損益分岐点の売上高は、
変動費率＝{1,400（変動製造費）
+600（変動販売費）}/4,000（売
上高）＝0.5
800（固定費）÷{1 − 0.5（変
動費率）}＝1,600（百万円）
となります。

🔍 問題にチャレンジ！

Q ある商品を表の条件で販売したとき、損益分岐点売上高は何円か。

（平成30年秋・問27）

販売価格	300 円／個
変動費	100 円／個
固定費	100,000 円

ア 150,000 **イ** 200,000 **ウ** 250,000 **エ** 300,000

解説

販売価格が300円／個、変動費が100円／個なので、変動費率は、100÷300 ＝ 1/3
固定費は100,000円なので、損益分岐点売上高は、
100,000÷(1 − 1/3) ＝ 100,000 ÷ (2/3) ＝ 150,000（円）

A ア

財務諸表は、企業が利害関係者に対して、一定期間の経営成績や企業の財務状態を明らかにするために作成する書類です。ここでは、ある時点における企業の資産と負債を明らかにした貸借対照表(B/S)を見ていきます。

●貸借対照表

ある時点での企業の財産状況を示したもので、**左側に「資産」、右側に「負債と純資産」**を記載します。左側（資産）と右側（負債と純資産の合計）の金額は必ず一致する（バランスがとれる）ことから、バランスシート（Balance Sheet：B/S）ともいわれます。

資産とは、所有しているもののことで、**現金や銀行の預金、土地・建物、設備**などです。

負債とは、返済しなければならないもののことで、**銀行からの借入金**などです。

純資産とは、自由に使えるお金のことで、**資産から負債を引いたもの**です。たとえば、1,000万円の資産に対して負債が600万円あった場合、純資産は400万円になります。

資産には、以下のような種類があります。

資産		概要
①純資産		**資本**のこと
②流動資産		**1年以内の短期間で現金化できる資産**のこと。現金や銀行の預金、売掛金、有価証券（株式・債券・手形・小切手）など
③固定資産		**長期間保有する資産**のこと
	有形資産	**目に見える固定資産。**土地、建物、機械、装置など
	無形資産	**目に見えない固定資産。**営業権、特許権、ソフトウェアなど
④繰延資産		**現金化できないもので、さらに流動資産でも固定資産でもないもの。**新株発行費、開業費など

負債には以下のような種類があります。

負債	概要
⑤流動負債	**1年以内の短期間で返済しなければならない負債。**買掛金、短期の借入金など
⑥固定負債	**長期間返済しなければならない負債。**長期の借入金・社債など

💡 図解でつかむ

貸借対照表の例

単位：百万円

資産の部		負債の部	
流動資産②	500	流動負債⑤	300
固定資産③	1,000	固定負債⑥	500
繰延資産④	100		
		純資産の部	
		資本金	800
（借方）合計	1,600	（貸方）合計	1,600

資産
現金や土地、設備など

負債
借入金など

純資産
資産−負債

金額が一致（＝バランス）

> 企業の財産状況がイメージしにくい場合は、自分の財産状況で置き換えてみましょう。10万円のPCをローンで購入し、3万円の返済が済んでいる場合、資産（PC）は10万円ですが、そのうち負債（ローン）が7万円（金利ゼロの場合）のため、純資産は3万円になります。

🔍 問題にチャレンジ！

Q 貸借対照表を説明したものはどれか。 （平成31年春・問18）

ア　一定期間におけるキャッシュフローの状況を活動区分別に表示したもの

イ　一定期間に発生した収益と費用によって会社の経営成績を表示したもの

ウ　会社の純資産の各項目の前期末残高、当期変動額、当期末残高を表示したもの

エ　決算日における会社の財務状態を資産・負債・純資産の区分で表示したもの

解説

ア　キャッシュフロー計算書の説明です。　イ　損益計算書の説明です。　ウ　株主資本等変動計算書の説明です。

A エ

キャッシュフロー（C/F）計算書は、文字通りキャッシュ（現金）のフロー（流れ）を記載した書類です。C/F計算書をみることで、企業にどれくらい支払能力があるのかがわかります。キャッシュフロー計算書の重要性とキャッシュフローの3つの区分について理解しておきましょう。

●キャッシュフロー計算書

　<u>ある一定期間のキャッシュフロー（Cash Flow：現金の流れ）を活動区分別に示したもの</u>です。企業の収入と支出の流れを把握し、**企業の支払い能力を確認**することができます。

　損益計算書上は売上があっても、それが売掛金（代金未回収の売上）ばかりで、その代金を回収できるのがずっと先だとしたら、手元には現金があまりないかもしれません。もし、手元に使えるお金がなくなってしまうと、目の前の借入金の返済や仕入れ代金の支払いができずに倒産に追い込まれる「黒字倒産」になるケースも出てきます。キャッシュフロー計算書からは「黒字倒産」の危険性を予測することができるのです。

　キャッシュフロー計算書には、現金の出入りを以下の3つの項目に分類して記載しています。

〈3つのキャッシュフロー〉

種類	説明
営業活動による キャッシュフロー	・**本業の活動**によってかかった現金の流れ ・商品販売による収入や、仕入れによる支払いなど
投資活動による キャッシュフロー	・**投資や資金運用**にかかった現金の流れ ・有価証券の売却で得た資金や設備投資への支払いなど
財務活動による キャッシュフロー	・**資金調達**などにかかった現金の流れ ・銀行からの借入や新株の発行、株主への配当金の支払いなど

　会社経営の安定性が高い企業は、本業の活動により増加した資金を投資や借入金の返済に充てることができます。

　そのため、一般的に営業活動によるキャッシュフローはプラス、投資活動によるキャッシュフローと財務活動によるキャッシュフローはマイナスになる傾向があります。

💡 図解でつかむ

キャッシュフロー計算書（直接法）の例

キャッシュフロー計算書 　　　　　単位：百万円

営業活動によるキャッシュフロー	
商品販売による収入	100
製品の仕入れによる支払い	-30
小計	70
投資活動によるキャッシュフロー	
固定資産の売却による収入	0
設備投資による支払い	-30
小計	-30
財務活動によるキャッシュフロー	
銀行からの借入れによる収入	0
銀行への返済による支払い	-10
小計	-10

キャッシュフローの増加・減少要因

増加要因

・**短期・長期の借入金**
借入金が増えると企業内の現金が増える
・**在庫の減少**
減少分の在庫が現金化されたと考える
・**減価償却費の増加**
実際の現金流出がないので増加要因となる

減少要因

・**受取手形・売掛金の増加**
売上対価が現金で入ってこないため
・**器具・備品の増加**
投資金額が増加すると現金が流出する
・**棚卸資産の増加**
現金化できていない在庫が増えるため

🔍 問題にチャレンジ！

Q キャッシュフロー計算書において、キャッシュフローの減少要因となるものはどれか。

（平成28年秋・問11）

　ア　売掛金の増加　　　　　イ　減価償却費の増加
　ウ　在庫の減少　　　　　　エ　短期借入金の増加

解説

　ア　正しい。売上債権の増加は、期首と比較してその増加分が現金として外部に流出してしまったと考えます。したがってキャッシュフローの減少要因となります。　**イ**　減価償却費は固定資産の取得にかかった費用を使用期間にわたり費用化する手続きで、資金の流出を伴わない費用です。キャッシュフロー計算のベースとなる税引前当期純利益はこの減価償却費が引かれている（マイナスの）状態なので、現金流出がないという実態に合わせるために、キャッシュフロー計算書では減価償却の金額を加算（プラス）し、キャッシュフローゼロとして扱います。したがってキャッシュフローの増加要因となります。　**ウ**　在庫の減少は、その減少分の在庫が現金化されたと考えます。したがってキャッシュフローの増加要因となります。　**エ**　短期借入金の増加は、企業内の現金が以前より多くなったと考えます。したがってキャッシュフローの増加要因となります。

A ア

13 財務指標を活用した分析

企業の経営状況を判断するために、収益性と安全性の2つの観点からみた指標が活用できます。財務諸表から読み取れる数字を、それぞれの指標を求める数式にあてはめると算出できます。「ROE」などの略称と内容をきちんと対応させて理解しましょう。

①収益性の指標～企業がどれだけの利益を得ているのか

指標	説明
総資産利益率 アールオーエー （ROA:Return on Assets）	Asset は「資産」の意味。総資産を使ってどれだけ利益を得ているか 当期純利益÷総資産（負債＋純資産）×100
自己資本利益率 アールオーイー （ROE:Return on Equity）	Equity は「株式」の意味。自己資本（株主による資金）を使ってどれだけ利益を得ているか 当期純利益÷自己資本×100
投下資本利益率（投資利益率） アールオーアイ （ROI:Return on Investment）	Investment は「投資」の意味。投資に対してどれだけ利益を得ているか 利益÷投下資本×100
売上高総利益率 （粗利益率）	売上高に対してどれだけ利益を得ているか 売上総利益÷売上高×100
売上原価率	売上高に対して原価がどのくらいを占めているか。この値が高いと利益が少ないため、低いほうが良好 売上原価÷売上高×100

②安全性の指標～企業にどれだけの支払能力があるのか

指標	説明
自己資本比率	総資本に対して自己資本（純資産）がどのくらいを占めているか。経営の安定度合いを示し、この値が高いほど良好 純資産÷総資本×100
負債比率	自己資本（純資産）に対して負債がどのくらいを占めているか。この値が低いほど良好 負債合計÷純資産×100

| 固定比率 | 自己資本（純資産）に対して固定資産がどのくらい占めているか。この値が低いほど良好
　　固定資産 ÷ 純資産 ×100 |
| 流動比率 | 短期間で返済すべき流動負債に対して、短期間で現金化できる流動資産がどの程度あるのか。この値が高いほど流動負債が占める割合が低くなるため、企業の短期支払い能力は高い
　　流動資産 ÷ 流動負債 ×100 |

収益性の指標は、似たような用語が多いので、違いを押さえましょう。

ROA　総資産利益率　→　A は Assets（資産）

　総資産に対する利益の割合なので、利益÷総資産

ROE　自己資本利益率　→　E は Equity（株式）

　自己資本に対する利益の割合なので、利益÷自己資本

ROI　投下資本利益率　→　I は Investment（投資）

　投資に対する利益の割合なので、利益÷投下資本

安全性の指標は、「何に対する比率なのか」をしっかり押さえましょう。

負債比率、固定比率…自己資本（純資産）に対する負債や固定資産の割合

流動比率…流動負債に対する流動資産の割合

🔍 問題にチャレンジ！

Q 企業の収益性分析を行う指標の一つに、"利益÷資本"で求められる資本利益率がある。資本利益率は、売上高利益率（利益÷売上高）と資本回転率（売上高÷資本）に分解して求め、それぞれの要素で分析することもできる。ここで、資本利益率が4％である企業の資本回転率が2.0回のとき、売上高利益率は何％か。

（平成 31 年春・問 25）

ア 0.08　　**イ** 0.5　　**ウ** 2.0　　**エ** 8.0

解説

「資本利益率は、売上高利益率（利益÷売上高）と資本回転率（売上高÷資本）に分解して求め、それぞれの要素で分析することもできる」から、次の式が成り立ちます。

資本利益率（利益÷資本）＝売上高利益率（利益÷売上高）×資本回転率（売上高÷資本）

4% ＝ 売上高利益率 × 2.0

売上高利益率 ＝ 2%

A ウ

知的財産権とは、発明やアイディアなど、人や企業が創造して生み出した無形のものについて財産権を保護する権利です。知的財産権は、大きく分けて著作権と産業財産権があります。

①著作権

音楽や映画、プログラムなどの知的創作物には**著作権**が発生します。**著作権法**には著作者等の権利が定められ、**無断コピーなどは違法行為**となります。**無断で他人の作品を公開する行為も違法行為**です。**著作権は創作者が持つ権利**であり、発注者（委託元）ではなく、**受注者（製作者、委託先）に権利があります。**

▶**著作権法の対象**

音楽、映画、コンピュータプログラム、OS、データベースなど

▶**著作権法の対象外**

アルゴリズム、プログラム言語、規約（コーディングのルール、プロトコル）など

②産業財産権

産業財産権は、特許庁に出願し登録されることによって、一定期間、独占的に使用でき、それぞれ**特許法、実用新案法、意匠法、商標法によって保護**されています。

種類	説明
特許権	**モノに使われている方法や技術の発明を保護。**期間は出願から **20 年間**。**ビジネスモデル特許**は、IT による**ビジネスモデルのしくみや装置についての特許。ビジネスモデルそのものは特許にならない。**たとえば、地図情報提供サービスの企業が生み出した、位置情報を利用した広告表示のしくみなど
実用新案権	**モノの構造や形状、組合せに関するアイディア**を保護。期間は出願から 10 年間
意匠権	**モノのデザインを保護。**期間は登録から 20 年間。外観に現れない構造的機能は保護の対象とはならない
商標権	**会社名や商品名のロゴデザイン等を保護。**期間は登録から 10 年間（更新あり）。文字や図形だけでなく、「動き」や「音」なども保護対象として認められている。**トレードマーク**は、**商品**につけられた商標で、**サービスマーク**は、**形のないサービス**（レストランやホテル、運送業など）につけられた商標

💡 図解でつかむ

著作権の対象

著作権法の対象
- 音楽
- 映画
- プログラム
- OS
- データベース　など

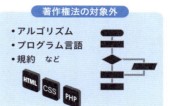

著作権法の対象外
- アルゴリズム
- プログラム言語
- 規約　など

> 「何が著作権法の対象か」「何が対象外か」を押さえておきましょう。特に取決めがない場合、著作権は発注者（委託元）ではなく、受注者（製作者、委託先）に権利があります。特許権などの産業財産権とは異なり、著作権は著作物を創作した時点で自動的に発生し、その取得のために申請・登録等の手続きを必要としません。

🔍 問題にチャレンジ！

Q 著作権法の保護対象として、適切なものはどれか。　　　　（平成31年春・問9）

ア　プログラム内の情報検索機能に関するアルゴリズム

イ　プログラムの処理内容を記述したプログラム仕様書

ウ　プログラムを作成するためのコーディングルール

エ　SFAプログラムをほかのシステムが使うためのインタフェース規約

解説

著作権法が保護対象とするのは、文芸、学術、音楽、美術などのように思想または感情を創作物に表現したものや、その創作者の権利です。ただし、プログラム関連の著作物のうち次の3つについては保護対象外であると規定されています（著作権法10条3項）。プログラム言語（プログラムを書くのに用いる言語および文法）、規約（インタフェースやプロトコル、コーディング規則など）、解法（アルゴリズム、論理手順など）。これに該当しなければ著作物として保護されます。プログラム関連でいえば、データベースやマニュアルおよび仕様書などのドキュメント類、OSを含むソフトウェア、ソースコードなどが保護対象となります。したがって、選択肢のうち著作権法の保護対象となるものは「イ」のプログラム仕様書だけです。

ア　アルゴリズムは著作権法の対象外です。　**ウ**　コーディングルールは著作権法の対象外です。　**エ**　インタフェース規約はプログラム規約にあたるため著作権法の対象外です。　　　　**A イ**

15 知的財産権②

著作権法や産業財産権関連法規以外の法律で守られている知的財産権もあります。どういう内容が法律で規制されているのか、どういう行為が違法行為にあたるのかを確認しておきましょう。

①営業秘密

知的財産には、**営業秘密**も含まれます。営業秘密とは**顧客情報や新製品の技術情報**などで、以下の3要件を満たすものをいいます。

- ・企業活動において有用な情報（**有用性**）
- ・秘密として管理されている（**秘密管理性**）
- ・公然と知られていないもの（**非公知性**）

②不正競争防止法

企業間で公正な競争が行われることを目的とした法律で、不正競争行為として以下の行為が規制されています。

- ・営業秘密を**不正に取得、利用、開示する**こと
- ・他社の商品の**形態を模倣した商品を販売**すること
- ・原産地などを**偽装表示して商品を販売**すること

③ソフトウェアライセンス

ソフトウェアライセンスとは、**ソフトウェアの利用者が順守すべき事項（利用できるPCの台数や期間など）をまとめた文書**です。ソフトウェアには著作権があり、利用時には**ライセンス契約（使用許諾契約）**を結びます。

ソフトウェアの種類	概要
オープンソースソフトウェア （OSS：Open Source Software）	ソフトウェアのソースコードを**自由に入手し、利用、改変し、販売ができる**。「オープンソースライセンス」という使用許諾契約に基づいて利用する必要がある
フリーソフトウェア	ソフトウェアのソースコードを**自由に入手し、利用、コピー、改変し、販売ができる**。利用、開発、配布についても制約を課してはならない

パブリックドメイン ソフトウェア	ドメインの意味は「範囲、領域」。**著作権が消滅または放棄された無料のソフトウェア**なので、制限なく使える

💡 図解でつかむ

ライセンス契約（使用許諾契約）

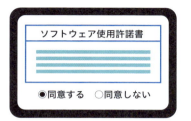

ソフトウェアをインストールする際に、ライセンス条件（使用許諾条件）が表示され、「同意する」ボタンをクリックすることで、ライセンス契約を結ぶという方法が一般的です。

🔍 問題にチャレンジ！

Q 不適切な行為に関する記述 a 〜 c のうち、不正競争防止法で規制されている行為だけを全て挙げたものはどれか。

（平成 30 年秋・問 32）

a. 営業秘密となっている他社の技術情報を、第三者から不正に入手した。

b. 会社がライセンス購入したソフトウェアパッケージを、不正に個人の PC にインストールした。

c. キャンペーン応募者の個人情報を、本人に無断で他の目的に利用した。

ア a   **イ** a、b   **ウ** a、b、c   **エ** b、c

解説

不正競争防止法は、事業者間の公正な競争と国際約束の的確な実施を確保するため、不正競争の防止を目的として設けられた法律です。営業秘密侵害や原産地偽装、コピー商品の販売などを規制しています。

a. 正しい。不正競争防止法で規制されている行為です。b. 誤り。著作権法で規制されている行為です。c. 誤り。個人情報保護法で規制されている行為です。

A ア

営業秘密とは「公然と知られていない、有用な情報で、秘密として管理されているもの」で、営業秘密の侵害は「不正競争防止法」で規制されています。よく出題されていますので必ず押さえておきましょう。

働き方改革によって、労働者がさまざまな労働条件を選択できるようになってきています。労働条件を整備するための労働関連法規について理解しておきましょう。雇用契約には派遣や請負などの種類があります。

①労働基準法

労働基準法は、**最低賃金や残業賃金、労働時間など労働条件の最低基準**などを定めた労働者を保護するための法律です。出勤、退勤する時刻を従業員本人が決める**フレックスタイム制**や労働時間が労働者の裁量にゆだねられる**裁量労働制**の採用についても定められています。

②労働契約法

労働契約法は、労働者の保護と個別の労働関係の安定を目的とした法律で、**使用者と労働者との労働契約についての基本的なルール**が定められています。

③労働者派遣法

労働者派遣法は、派遣労働者の保護と雇用の安定を目的とした法律で、人材派遣会社や派遣先企業が守るべき**就業条件や賃金、福利厚生などの規定を定めた法律**です。

④雇用契約の種類

他社の業務を遂行する契約には、以下のような種類があります。

種類	説明
労働者派遣契約	**派遣会社が雇用した労働者**を派遣し、**派遣先の会社で指揮命令を受けて労働する**
請負契約	**請負業者が業務を請け負い、請負業者が雇用している労働者に指揮命令を行う。請負契約では、発注業者から労働者に対して、直接、指揮命令を行うことはできない。「業務の完成」に責任を持つ。**委託した業務を再委託（別の委託先に業務を頼むこと）できる
委託契約	**委託者が受託者に対し業務の処理を委託する。**受託者は「業務の処理」に責任を持ち、委託者に対して業務報告の義務がある。受託者は原則として再委託ができない

💡 図解でつかむ

雇用契約の種類

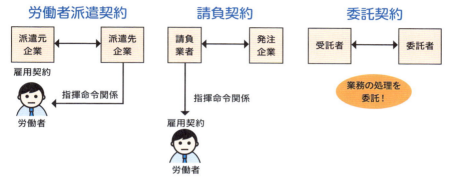

労働者派遣契約は頻出のテーマです。労働者派遣法で定められている以下の内容を押さえておきましょう！

・個人を特定して派遣を要請してはいけない
・労働者が派遣元を退職後に、派遣先に雇用されることを禁止してはいけない
・派遣契約受入れ期間は最長3年以内、専門性の高い特定業務は無制限
・派遣先は、派遣先責任者を選任しなければならない

🔍 問題にチャレンジ！

Q 派遣先の行為に関する記述 a ～ d のうち、適切なものだけを全て挙げたものはどれか。

(平成29年春・問13)

a. 派遣契約の種類を問わず、特定の個人を指名して派遣を要請した。
b. 派遣労働者が派遣元を退職した後に自社で雇用した。
c. 派遣労働者を仕事に従事させる際に、自社の従業員の中から派遣先責任者を決めた。
d. 派遣労働者を自社とは別の会社に派遣した。

ア a、c 　　イ a、d 　　ウ b、c 　　エ b、d

解説

a．誤り、b．正しい、c．正しい、d．誤り。派遣会社から受け入れた派遣労働者をさらに別の会社に派遣して指揮命令を受けているならば、二重派遣に該当し、職業安定法違反となります。　　**A ウ**

企業が利益の追求に走った結果、取引先や消費者の権利がないがしろにされることがあります。それを防ぐために、消費者や下請事業者（したうけ）を保護するための法律があります。それぞれの法律が保護する内容を確認しておきましょう。

企業との取引において、消費者や下請事業者を守るための法律には、以下のものがあります。

①下請法（下請代金支払遅延等防止法）

下請けとは、**親事業者が顧客や消費者から引き受けた業務の一部を、別の事業者が引き受けること**です。親事業者から業務を委託された事業者を**下請事業者**といいます。**下請法**は**下請取引の公正化と下請事業者の利益保護を目的**としています。親事業者に対して、下請事業者に対する不当な業務のやり直しや、あらかじめ定めた下請代金の減額を禁止することなどが定められています。

② ＰＬ法（製造物責任法）

ＰＬ（Product Liability）は、「製品責任」という意味で、**消費者の保護を目的としたルール**です。**消費者が製品の欠陥によって生命や身体または財産に被害を被った場合、製造会社などに対して損害賠償を求めることができます。**

ＰＬ法の対象となる製造物とは、不動産以外の形のあるもの（有形）で、**製造または加工されたもの**です。**サービスやソフトウェアは無形のため、ＰＬ法の対象外**です。ただし、**ソフトウェアを組み込んだ製造物による事故が発生した場合で、ソフトウェアの不具合が事故の原因だった場合は、製造物の製造業者に損害賠償責任が生じます。**

③特商法（特定商取引に関する法律）

事業者による違法や悪質な勧誘行為などを防止し、**消費者の利益を守ることを目的**とした法律です。具体的には、訪問販売や通信販売などを対象に、事業者が守るべきルールと**クーリング・オフ制度**などの消費者を守るルールを定めています。

クーリング・オフ制度とは、訪問販売や電話での勧誘、キャッチセールスなどで申込み、または契約の後、**一定期間内に事業者に申し出れば、無条件で契約を解除できる**という制度です。

💡 図解でつかむ

PL法

家電メーカー
商品販売

消費者

欠陥あり

被害を被った場合

損害賠償を求められる！

下請けとは

家電メーカー

工事依頼

業務の委託＝**下請け**

設備会社

下請業者

🔍 問題にチャレンジ！

Q PL法（製造物責任法）によって、製造者に顧客の損害に対する賠償責任が生じる要件はどれか。

(平成30年春・問35)

［事象A］損害の原因が、製造物の欠陥によるものと証明された。

［事象B］損害の原因である製造物の欠陥が、製造者の悪意によるものと証明された。

［事象C］損害の原因である製造物の欠陥が、製造者の管理不備によるものと証明された。

［事象D］損害の原因である製造物の欠陥が、製造プロセスの欠陥によるものと証明された。

ア 事象Aが必要であり、他の事象は必要ではない。

イ 事象Aと事象Bが必要であり、他の事象は必要ではない。

ウ 事象Aと事象Cが必要であり、他の事象は必要ではない。

エ 事象Aと事象Dが必要であり、他の事象は必要ではない。

解説

PL法の第3条では、製造物責任の要件として以下を定めています。

①製造業者等が製造し、引き渡した製造物によって損害が生じたこと、②製造物に欠陥が存在したこと、③欠陥と損害発生との間に因果関係が存在すること

そのため、事象Aのように損害と欠陥の因果関係が立証されたときに製造業者等に賠償責任が生じます。

A ア

18 その他の法律・ガイドライン

企業にとって、法令遵守は当然のことであり、近年はさらに公正・公平に業務を遂行することが社会から求められていることを理解しておきましょう。ここでは、法律や制度の対象が誰なのかも重要となります。

企業が守るべきルールとして、最近では以下のトピックスがあります。

①コンプライアンス

法令遵守という意味ですが、単に法令を遵守すればよいということではなく、**企業が公正・公平に業務を遂行すること**を求められていることを意味します。

コンプライアンス違反として、無許可の残業やソフトウェアの不正使用などがあげられます。コンプライアンス違反は、損害賠償や信用の失墜にもつながるため、コンプライアンスを推進することが企業の重要な課題になっています。

②コーポレートガバナンス

企業統治とも訳され、**規律や重要事項に対する透明性の確保や企業活動の健全性を維持する枠組み**です。投資家や株主、従業員などのステークホルダ全体にとって正当な企業活動が行われるよう、**違法行為や経営者による身勝手な経営を監視するしくみ**ともいえます。

③公益通報者保護法

食品の産地偽装や不正会計のように、**企業の不祥事をその企業の社員自らが外部の機関に知らせること**を内部告発（公益通報）といいます。公益通報者保護法は、通報した人の保護と企業不祥事による国民の被害拡大を防ぐことを目的としています。具体的には、通報した人に対する解雇の無効や不利益な取扱いの禁止などの規定があります。

④内部統制報告制度

上場している企業が年度ごとに提出している**「有価証券報告書」に虚偽や誤りがないことを外部へ報告するための制度**です。内部統制が実際に行われているかを確認するために内部統制の報告書を作り、有価証券報告書とあわせて内閣総理大臣に提出しなければなりません。

🔆 図解でつかむ

コーポレートガバナンス

株主総会　　監査人　　企業

ステークホルダ（株主や従業員など）のために経営者を監視！

取締役会

コーポレートガバナンスを強化するために行われるのが、この2つです。
・社外役員や専門の委員会の設置による企業経営の監視
・内部統制（財務報告の信頼性の確保、資産の保全、法令遵守、業務の効率性の確認など）の強化による不正の監視

🔍 問題にチャレンジ！

Q コーポレートガバナンスに基づく統制を評価する対象として、最も適切なものはどれか。

（平成30年秋・問10）

ア　執行役員の業務成績
イ　全社員の勤務時間
ウ　当該企業の法人株主である企業における財務の健全性
エ　取締役会の実効性

解説

コーポレートガバナンスには、経営者や取締役会による企業の経営について利害関係者が監視・規律することで「企業の収益力の強化」と「企業の不祥事を防ぐ」という2つのことを達成する目的があります。コーポレートガバナンスの規律・監視の対象は、経営を役割・責務とする経営者および取締役会です。したがって「エ」が適切です。日本取引所グループが公開し、日本におけるコーポレートガバナンスを先導する指針となっている「コーポレートガバナンス・コード」では、取締役会等の責務として「取締役会は、取締役会全体としての実効性に関する分析・評価を行うことなどにより、その機能の向上を図るべきである」としています。　　**A エ**

19 標準化

標準化とは、ものごとのルールを統一することです。ITの世界にはインターネットやWi-Fi、Bluetoothなど多くの国際標準規格があります。広く利用されているうちに事実上の標準規格となったものをデファクトスタンダードといいますが、PCのOSであるWindowsがその一例です。

①標準化団体

規格の標準化を行う主な団体として、以下のようなものがあります。

団体名	概要
アイエスオー ISO (International Organization for Standardization) 国際標準化機構	電気・通信および電子技術分野を除く**全産業分野に関する規格**を制定する機関。ISOが制定した規格をISO規格という
アイイーシー IEC (International Electrotechnical Commission) 国際電気標準会議	**電気および電子技術分野の国際規格を制定する機関。**一部の規格は国際標準化機構（ISO）と共同で開発している
アイトリプルイー IEEE (Institute of Electrical and Electronics Engineers)	**アメリカの電気電子学会**。コンピュータや通信などの電気・電子技術分野における規格を制定する機関。IEEE802.3（LANの規格であるイーサネット）やIEEE802.11（無線LANの標準規格）がある
ダブリュースリーシー W3C (World Wide Web Consortium)	**Web技術の国際的な標準規格化**の推進をめざす団体。HTMLやXML、CSSなどWeb関連の技術仕様がある
ジス JIS (Japanese Industrial Standards) 日本産業規格	**日本の産業標準化**の促進を目的とした任意の国家規格。2019年7月1日の法改正によって日本工業規格から**日本産業規格**へと名称が変更になった

②コードの規格

JANコード 	商品を識別するためのバーコード。POSシステムと連携し、売上や在庫を管理するために利用されている
QRコード 	縦横の二次元で情報を保持するため、バーコードより多くの情報を保持できる。QRコードとスマートフォンのカメラによりスマホ決済、連絡先の交換や施設の入場管理などにも利用されている

③ ISO 規格

ISO が制定した規格には、以下のようなものがあります。

規格	概要
ISO 9000 （品質マネジメントシステム）	製品やサービスの**品質**を管理し、顧客満足度を向上させるためのマネジメントシステム規格。対応する JIS として、**JIS Q 9000、JIS Q 9001、JIS Q 9004 ～ JIS Q 9006** がある
ISO 14000 （環境マネジメントシステム）	**環境**を保護し、環境に配慮した企業活動を促進するためのマネジメントシステム規格。対応する JIS として、**JIS Q 14001、JIS Q 14004** がある
ISO/IEC 27000 （情報セキュリティマネジメントシステム）	**情報資産**を守り、有効に活用するためのマネジメントシステム規格。対応する JIS として、**JIS Q 27000、JIS Q 27001、JIS Q 27002** がある

> ISO の規格は毎回出題されています。**ISO 9000：品質マネジメント、ISO 14000：環境マネジメント、ISO 27000：情報セキュリティマネジメント**は覚えましょう。

問題にチャレンジ！

Q1 情報処理の関連規格のうち、情報セキュリティマネジメントに関して定めたものはどれか。

（平成 30 年秋・問 33）

　ア　IEEE802.3　　イ　JIS Q 27001　　ウ　JPEG 2000　　エ　MPEG1

Q2 情報を縦横 2 次元の図形パターンに保存するコードはどれか。

（令和元年秋・問 4）

　ア　ASCII コード　　イ　G コード　　ウ　JAN コード　　エ　QR コード

解説 Q1

　ア　イーサネットなどについて定めている規格です。　イ　情報セキュリティマネジメントシステムの要求事項を規定した JIS 規格です。　ウ　静止画の圧縮フォーマットの名称です。　エ　動画フォーマットの名称です。　　　　　　　　**A イ**

解説 Q2

　ア　アルファベット、数字、特殊文字および制御文字を含む文字コードです。　イ　アナログテレビ放送において、チャンネルと放送時間を一意に指定するための最大 8 桁の文字列です。　ウ　日本で最も普及している商品識別コードおよびバーコード規格です。　　　　　　　　**A エ**

経営戦略を立てるには、まず、現時点における自社の状況分析が必須です。客観的に状況をつかむには、ビジネスツールが役立ちます。自社の強みや弱み、問題点や将来性を把握できれば、格段に精度の高い経営戦略が策定できます。それぞれの手法の概要を理解しておきましょう。

① SWOT 分析
（スウォット）

Strength（強み）、Weakness（弱み）、Opportunity（機会・チャンス）、Threat（脅威）の頭文字をとったものです。**市場や自社を取り巻く環境と自社の状況を分析し、ビジネス機会をできるだけ多く獲得するための戦略や計画に落としこむための手法**です。「強み」「弱み」は自社の人材や技術力など自社でコントロールできる要因のことで、これらを内部環境といいます。「機会」「脅威」は社会情勢や技術革新など自社の努力で変えられない要因のことで、外部環境といいます。

② PPM（Product Portfolio Management）
（ピーピーエム）

自社の経営資源（ヒト、モノ、カネ、情報）の配分や事業の組合せ（ポートフォリオ）を決める手法です。市場成長率、市場占有率を踏まえて、自社の製品やサービスを「花形」「金のなる木」「問題児」「負け犬」の４つに分類します。「花形」は市場成長率・占有率は共に高いですが、競合他社も多く、市場占有率を維持するためにはさらなる投資が必要です。「金のなる木」は、市場成長率は低いですが、占有率は高く、投資が少なくても安定した利益が得られ、投資用の資金源となります。「問題児」は、市場成長率は高いですが、占有率が低く、占有率を高めて花形にするために投資を行うか、負け犬になる前に撤退を検討する必要があります。「負け犬」は、市場成長率、占有率も低く、将来性が低いため市場からの撤退を検討する必要があります。

③ 3C 分析

市場における３つのC、Customer（顧客）、Competitor（競合）、Company（自社）の要素を使って自社が事業を行うビジネス環境を分析する手法で、事業計画や経営戦略を立てる際に使われます。

市場と競合の分析から、自社のビジネスが市場で成功するための要因を探り、自社の強みを生かす、もしくは競合他社を参考に弱みを強化するなど戦略を策定します。

💡 図解でつかむ

1 新技術
2 ネットワークとセキュリティ
3 システム開発
4 経営
5 コンピュータ

SWOT分析

内部環境	【強み】Strength 競合他社に負けない人材、 技術力、サービス、価格 など	【弱み】Weakness 自社の課題や弱点 など
外部環境	【機会】Opportunity 技術革新、規制緩和、 業界環境の変化 など	【脅威】Threat 経済状況の悪化、競合 他社の動向による外的脅威

SWOTを使った戦略

		内部環境	
		強み	弱み
外部環境	機会	強みを 活かす戦略	弱みを克服して 機会を活かす戦略
	脅威	縮小戦略	撤退を検討

PPM

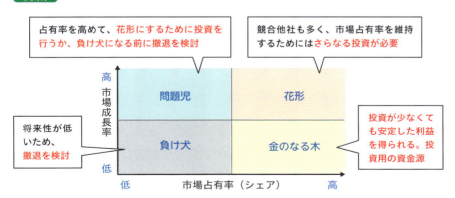

占有率を高めて、花形にするために投資を行うか、負け犬になる前に撤退を検討

競合他社も多く、市場占有率を維持するためにはさらなる投資が必要

将来性が低いため、撤退を検討

投資が少なくても安定した利益を得られる。投資用の資金源

	低　市場占有率（シェア）　高
高　市場成長率	問題児 ／ 花形
低	負け犬 ／ 金のなる木

💡 図解でつかむ

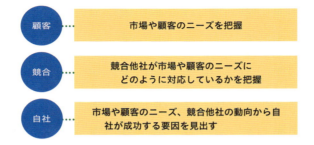

3C分析

顧客	市場や顧客のニーズを把握
競合	競合他社が市場や顧客のニーズにどのように対応しているかを把握
自社	市場や顧客のニーズ、競合他社の動向から自社が成功する要因を見出す

🔍 問題にチャレンジ！

Q1 マーケティングミックスの説明として、適切なものはどれか。

（平成24年秋・問15）

ア　機会、脅威、強み、弱みの各視点から自社環境を考察して戦略を立てる考え方
イ　顧客、競合他社、自社の実力を知ることによって戦略を立てる考え方
ウ　製品、流通、価格、販売促進の各要素を検討して戦略を立てる考え方
エ　製品を花形、金のなる木、問題児、負け犬に分類して戦略を立てる考え方

Q2 ある業界への新規参入を検討している企業が SWOT 分析を行った。分析結果のうち、機会に該当するものはどれか。
（平成30年春・問17）

ア　既存事業での成功体験　　　イ　業界の規制緩和
ウ　自社の商品開発力　　　　　エ　全国をカバーする自社の小売店舗網

解説 Q1

マーケティングミックスは、売り手側の視点である「4P理論」と買い手側の視点である「4C理論」が知られています。

ア　SWOT分析の説明です。　イ　3C分析の説明です。3Cとは、Customer（市場・顧客）・Competitor（競合）・Company（自社）の3つの言葉の頭文字です。
ウ　正しい。マーケティングミックスの説明です。　エ　PPM分析の説明です。　**A ウ**

解説 Q2

ア　内部環境のプラス要因なので強み（Strength）に分類されます。　ウ　内部環境のプラス要因なので強み（Strength）に分類されます。　エ　内部環境のプラス要因なので強み（Strength）に分類されます。　　　**A イ**

コンピュータの基礎理論③
データ構造〜リストとキュー

データ構造とは、プログラムの中で**データを効率的に格納しておくしくみ**のことです。

プログラムというと、**アルゴリズム**（目的を達成するための処理手順を表したもの）が注目されがちですが、目的によって効率的なデータの格納方法を選択することも重要です。データ構造には、リスト、キュー、スタックがあります。それぞれの違いとどのような場面で利用されるかをみていきましょう。

● リスト

複数のデータを順番に格納して保持するしくみです。例えば5教科のテストの成績を順番に格納して、合計や平均を求める場合などに利用されます。もしリストを使わなければ、バラバラに格納された5つのデータにアクセスするため処理の効率が悪くなります。リストを使うと複数のデータが順番に格納されるため、合計や平均を求める際にバラバラにアクセスせずに済むため、効率的に処理ができます。

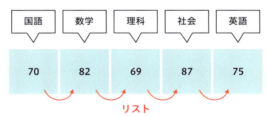

リスト
順番に格納されていて
効率がいい

● キュー

最初に格納したデータから取り出されるため、先入れ先出し法（FIFO：First-In First-Out）とも呼ばれます。取り出したデータはキューから削除されます。プリンタの印刷データの管理にはキューが利用されています。印刷の要求があったデータを順番にキューに格納し、格納した順に取り出して印刷します。

最初に入れたものが
最初に取り出される

キュー

ここからは、経営戦略に関する重要な用語についてみていきます。「アライアンス」「M&A」「MBO」「TOB」などの用語は、初めて目にする人もいるでしょう。キーワードとなる言葉に注目しましょう。

①経営戦略に関する用語

自社の強みを表す用語としては、以下のようなものがあります。

用語	概要
コアコンピタンス	コアは「核」、コンピタンスは「能力」という意味。コアコンピタンスは自社の強みや得意分野のこと
ニッチ戦略	ニッチは「隙間」という意味。ニッチ戦略は、他社が参入していない市場で、自社の強みを生かして地位を確立する戦略のこと

②企業間提携に関する用語

企業間の連携には様々な形態があります。

種類	概要
アライアンス	業務提携（企業提携）のこと。お互いの資金や技術、人材などを活用し、協力して事業を行い、新しい技術や製品を作り出すこと
エムアンドエー M&A（Mergers and Acquisitions）	Merge は「合併」、Acquisition は「買収」という意味。企業買収のこと。新規事業への進出や事業規模の拡大が目的
オーイーエム OEM（Original Equipment Manufacturer）	生産提携のことで、他社ブランドの製品を生産すること。「相手先ブランド名製造」とも訳される
ファブレス	Fab（工場）と Less（ない）の造語。製造業が自社で工場を持たず、生産を外部の企業に委託する経営方式
フランチャイズチェーン	本部が加盟店にノウハウやシステムを提供し、独占的な販売権を与える。本部は加盟店から加盟料などを徴収する
エムビーオー MBO（Management Buyout）	Buyout は「買収」という意味。経営陣による自社買収。企業経営者が株主から自社株式を買い取って経営権を取得すること。子会社を会社から切り離し独立させる際などに行われる
ティーオービー TOB（Take Over Bid）	直訳すると「入札の引継ぎ」で、株式公開買付けのこと。株式市場を通さず買付希望株数、期間、価格などを公開して、不特定多数の株主から一挙に株式を取得する方法のこと。M&A で対象企業の株式を買い付ける方法

🔆 図解でつかむ

アライアンス（業務提携/企業提携）

協力して新しい技術や製品を作る

M&A（企業買収）

買収

新規事業や規模拡大が目的

応用的な問題でも対応できるように、アライアンスと M&A の違いを押さえておくことが肝心です。

🔍 問題にチャレンジ！

Q 企業が、他の企業の経営資源を活用する手法として、企業買収や企業提携がある。企業買収と比較したときの企業提携の一般的なデメリットだけを全て挙げたものはどれか。

(平成 30 年秋・問 11)

　a. 相手企業の組織や業務プロセスの改革が必要となる。

　b. 経営資源の活用に関する相手企業の意思決定への関与が限定的である。

　c. 必要な投資が大きく、財務状況への影響が発生する。

ア a　　　**イ** a、b、c　　　**ウ** a、c　　　**エ** b

解説

a. 企業買収のデメリットです。企業提携では相手組織の改革は不要です。

b. 企業提携のデメリットです。企業提携は、各社が独立性を保ちながら協力する形態です。結び付きが限定的なので、相手側の経営資源の活用について口出しすることは困難です。

c. 企業買収のデメリットです。企業提携では、複数の企業が事業資金を提供するので企業買収に比べると財務リスクは小さくなります。

よって企業提携のデメリットは、b のみです。

A エ

22 経営戦略に関する用語②

ストラテジ系
経営戦略マネジメント
出る度 ★☆☆

経営戦略によって、買収・合併する相手の選び方が変わってきます。たとえば、「開発から製造・販売までのすべての工程を1社で行う」という戦略もあれば、「開発だけに特化して、製造や販売は外部に任せる」という戦略もあります。それぞれの戦略のねらいと概要をみておきましょう。

①事業の経済性に関する用語

経営戦略を効率的に実施するための観点には以下のものがあります。

用語	概要
範囲の経済性	同一企業が異なる複数の事業を経営することによって収益が拡大すること。たとえば、製造業の企業が、上流に当たる部品工場や下流に当たる小売店を買収し、事業範囲を拡大するなど。上流から下流の工程すべてを一社に統合することを垂直統合という
規模の経済性	製品の生産量を増やす（規模を大きくする）ことで、低コストを実現すること。たとえば、同一製品やサービスを提供する同業他社を一体化して、規模を拡大する。特定の工程を担う複数の企業を一社に統合することを水平統合という
密度の経済性	あるエリアに集中して事業を展開することで、物流や広告宣伝のコストの効率化を図ること。たとえば、あるエリアに集中して出店するなど
経験曲線	製造コストと累積生産量には、一定の相関関係があり、生産量が何倍になると、コストが何割下がる（経験則）などという関係を表すグラフを経験曲線という

②その他の用語

コモディティ化とベンチマーキングについても押さえておきましょう。

用語	概要
コモディティ化	コモディティは「日用品」の意味。商品が普及するにつれて市場参入時の価値が薄れ、一般的な商品になって、低価格化競争に陥る
ベンチマーキング	ベンチマークは「指標」の意味。業種を問わず優れた成果を出している企業を指標とし、自社のビジネスモデルと比較、分析し、改善すべき点を見出す手法

範囲の経済性は「複数事業の実施」、規模の経済性は「生産量の増大」、密度の経済性は「あるエリアに集中した事業展開」と覚えておきましょう。

💡 図解でつかむ

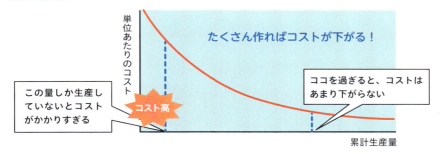

経験曲線

単位あたりのコスト

たくさん作ればコストが下がる！

この量しか生産していないとコストがかかりすぎる

コスト高

ココを過ぎると、コストはあまり下がらない

累計生産量

🔍 問題にチャレンジ！

Q 企業の商品戦略上留意すべき事象である"コモディティ化"の事例はどれか。

（平成27年春・問17）

ア 新商品を投入したところ、他社商品が追随して機能の差別化が失われ、最終的に低価格化競争に陥ってしまった。

イ 新商品を投入したところ、類似した機能をもつ既存の自社商品の売上が新商品に奪われてしまった。

ウ 新商品を投入したものの、広告宣伝の効果が薄く、知名度が上がらずに売上が伸びなかった。

エ 新商品を投入したものの、当初から頻繁に安売りしたことによって、めざしていた高級ブランドのイメージが損なわれてしまった。

解説

コモディティ化は、汎用品化とも呼ばれ、ある製品やカテゴリーについてメーカーや販売会社ごとの機能的・品質的な差異がごく僅かとなり、均一化していることをいいます。したがって「ア」が適切な記述です。ちなみに「イ」の現象は、カニバリゼーションといいます。

A ア

23 マーケティングの基礎①

マーケティング活動は、市場調査→販売・製品・仕入計画→販売促進→顧客満足度調査の流れで行います。ここでは、マーケティングの基本と、戦略を組み合わせて行われるマーケティングミックスをしっかり学びましょう。また、「4P」と「4C」の違いも押さえておきましょう。

●市場調査

市場調査は、以下の流れで行います。

①**3C分析**による環境の分析で自社の強みを生かせる市場を探す
②ニーズによって市場を細分化する（**セグメンテーション**）
③細分化した市場から自社の強みを生かせるニーズに絞り込む（**ターゲティング**）
④どの立場で他社と競争するか、自社製品の位置づけを行う（**ポジショニング**）
⑤さまざまな要因を組み合わせて戦略を立てる（**マーケティングミックス**）

マーケティングミックスでは、4P分析と4C分析が重要です。

手法	概要
4P分析	Product（製品）、Price（価格）、Place（販売ルート）、Promotion（販売促進）の頭文字をとったもの。4Pは**売り手の視点**に立ち、何を、いくらで、どこで、どのようにして、売るのかを決定する手法
4C分析	Customer Value（顧客にとっての価値）、Cost（価格）、Convenience（利便性）、Communication（伝達）の頭文字をとったもの。4Cは**買い手の視点**に立ち、どんな価値を、いくらで、どこで、どうやって知って、買ってもらうかを検討する手法

その他の代表的なマーケティング分析手法には、以下があります。

手法	概要
RFM分析	Recency（最終購買日）、Frequency（購買頻度）、Monetary（累計購買金額）の頭文字をとったもの。いつ、どのくらいの頻度で、いくら買ってくれているのか、**顧客の購買行動の分析を行う手法**
ワントゥワンマーケティング	**顧客のニーズや購買履歴に合わせて、個別に行われる手法**で、ショッピングサイトのレコメンド機能などが該当する。個々の顧客と良好な関係を築き、長期間にわたって自社製品を購入してもらうことに重点をおく手法
ダイレクトマーケティング	自社の製品やサービスに関心の高い顧客に対して、**個別に行われる手法。**通信販売やインターネット販売のこと

💡 図解でつかむ

マーケティング活動の流れ

市場調査 ➡ 販売・製品・仕入計画 ➡ 販売促進 ➡ 顧客満足度調査

市場調査の流れ

| 3C分析 | ➡ | セグメンテーション | ➡ | ターゲティング | ➡ | ポジショニング | ➡ | マーケティングミックス | ➡ | 具体策の実施 |

環境の分析　市場の細分化　絞り込み　位置づけ　要因の組み合わせ

マーケティングミックスの例

売り手（4P）	検討する内容	買い手（4C）
製品（Product）	製品やサービスの機能、デザイン、品質など	Customer Value（顧客にとっての価値）
価格（Price）	定価や割引率、お得感や高級感など	Cost（価格）
流通（Place）	店舗立地条件や販売経路、輸送	Convenience（利便性）
販売促進（Promotion）	宣伝や広告、イベント、キャンペーン	Communication（伝達）

🔍 問題にチャレンジ！

Q マーケティングミックスの検討に用いる考え方の一つであり、売り手側の視点を分類したものはどれか。

（平成 29 年春・問 2）

　ア　4C　　　イ　4P　　　ウ　PPM　　　エ　SWOT

解説

　ア　4C は、買い手側の視点から分類したフレームワークです。　**ウ**　Product Portfolio Management の略。縦軸に市場成長率、横軸に市場占有率をとったマトリックス図を 4 つの象限に区分し、市場における製品（または事業やサービス）の位置付けを 2 つの観点から分析して、今後の資源配分を検討する手法です。　**エ**　SWOT 分析は、企業の置かれている経営環境を、強み・弱み・機会・脅威に分類して分析する手法です。　**A　イ**

マーケティング活動というと、「市場調査」のイメージが強いかもしれませんが、それだけでなく販売計画、製品計画、仕入計画、販売促進、顧客満足度調査など一連の流れも含まれています。ここでもマーケティングに関する重要な用語を押さえておきましょう。

①販売・製品・仕入計画

販売計画では「誰に、何をどのように販売していくか」を決めます。製品計画では「製品をどのくらい製造するか」を決めます。仕入計画では「販売計画を達成するために、何を、どこから、どのような条件で仕入れるか」を決めます。

②販売促進

販売促進には以下のような種類があります。

種類	概要
オムニチャネル	オムニは「すべて」、チャネルは「接点」という意味。店舗やインターネットだけでなく、SNS、ディジタルサイネージ（電子看板）など、あらゆる接点を使って顧客とつながることで売上をアップする手法
クロスセリング	顧客が購入しようとしている商品に関連する商品やサービスを組み合わせて推奨し、売上を拡大するための手法。たとえば、飲食店での追加注文や、ショッピングサイトでの関連商品のレコメンドなど
アップセリング	顧客が購入しようとしているものよりランクの高い商品やサービスを推奨することで購入金額を上げさせるための手法。たとえば、雑誌の年間購読や飲食店での飲み物のサイズアップなど

③顧客満足度調査（CS調査）

アンケートやインタビューなどを行い、自社の製品やサービスについてどのくらい顧客が満足しているかを定量的に調べます。

④アンゾフの成長マトリクス

企業が成長途上でとるべき戦略を整理したものです。このマトリクスは「製品」と「市場」の2つの軸を設定し、それぞれの軸をさらに「既存」と「新規」に分け、企業がとるべき戦略として、「市場浸透」「製品開発」「市場開発」「多角化」を表しています。

⑤オピニオンリーダ

オピニオンリーダとは、**流行などにおいて、集団の意思決定に影響力を与える人物**のことです。マーケティングでは、流行に敏感で影響力があるオピニオンリーダが市場の動向を左右しているといわれています。SNS上で消費者に影響を与えるオピニオンリーダのことを**インフルエンサー**といいます。

🔆 図解でつかむ

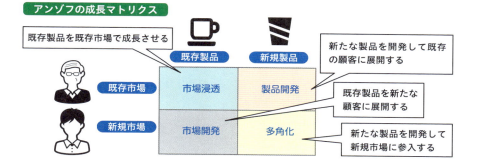

アンゾフの成長マトリクス

既存製品を既存市場で成長させる

	既存製品	新規製品
既存市場	市場浸透	製品開発
新規市場	市場開発	多角化

新たな製品を開発して既存の顧客に展開する

既存製品を新たな顧客に展開する

新たな製品を開発して新規市場に参入する

マーケティング用語は種類が多いので、混乱しないよう下線のキーワードで押さえておきましょう。アンゾフの成長マトリクスは、図を描いて覚えるのも一つの手ですね。

🔍 問題にチャレンジ！

Q 既存市場と新市場、既存製品と新製品でできるマトリックスの4つのセルに企業の成長戦略を表す市場開発戦略、市場浸透戦略、製品開発戦略、多角化戦略を位置付けるとき、市場浸透戦略が位置付けられるのはどのセルか。

(平成31年春・問5)

	既存製品	新製品
既存市場	A	B
新市場	C	D

ア A　　イ B　　ウ C　　エ D

解説

このページの上図参照。

A ア

ビジネス戦略を立案したあとは、戦略を達成するための行動が必要です。行動に落とし込む目標を設定し、その目標を達成できたかどうかを評価して改善につなげます。こうした評価の手法を押さえておきましょう。

① BSC（Balanced Scorecard：バランススコアカード）

バランススコアカードは、経営戦略を達成するために「財務」だけでなく、「顧客」「業務プロセス」「学習と成長」など、さまざまな視点からバランスよく目標を設定し、目標達成度合いによって業績評価を行う手法です。

財務の視点では、売上や業績が向上するためにはどのような行動をすべきかの目標を設定します。顧客の視点では、顧客のためにどのような行動をすべきかの目標を設定します。業務プロセスの視点では、業務プロセスを改善するためにどのような行動をすべきかの目標を設定します。学習と成長の視点では、企業や社員の能力向上のためにどのような行動をすべきかの目標を設定します。

目標達成のために最も重要となる活動や課題をCSF（Critical Success Factors：重要成功要因）といいます。目標達成に向けて、限られた経営資源を最も効率よく活用するためにCSFを設定し、CSFには優先的、集中的に資源が投下されます。

BSCでは、各視点の目標に対する具体的なKGI（Key Goal Indicator：重要目標達成指標）、KPI（Key Performance Indicator：重要業績評価指標）を定めます。

KGIは目標を達成するための最終的なゴールを定量的に示すもので、売上数などがあてはまります。KPIは最終目標であるKGIを達成するための中間的な指標です。たとえば、売上1億円を達成するためにECサイトの訪問数を10%UPさせるなどです。

BSCを活用することによって、業績評価のための目標が明確になり、戦略達成までの道のりを短くすることができます。

② バリューエンジニアリング

直訳をすると「価値工学」です。製品やサービスの機能を、製造や提供にかかるコストで割ったものを、その製品などの価値（value）とみなし、最少の資源コストで価値を実現するための手法です。

価値向上のためには同じ機能でコストを下げるか、同じコストで機能を上げるかなどの改善が必要となります。

💡 図解でつかむ

BSC（バランススコアカード）の例

財務だけではない観点を数値化することで統合的に業務評価ができる！

財務
CSF 売上の向上、収益性の向上など
KGI：売上高 1億円

顧客
CSF 満足度の向上、新規顧客の獲得など
KGI：受注件数 1,000件

バランスよく目標を設定

業務プロセス
CSF 業務の効率化、開発期間の短縮など
KGI：月200時間 工数削減

学習と成長
CSF スキルアップ、新技術の開発、提案など
KGI：年50時間 研修実施

CSF 目的達成のための最も重要な活動課題

KGI 最終的なゴールを数値で示す

🔍 問題にチャレンジ！

Q 部品製造会社 A では製造工程における不良品発生を減らすために、業績評価指標の一つとして歩留り率を設定した。バランススコアカードの四つの視点のうち、歩留り率を設定する視点として、最も適切なものはどれか。

〔平成 26 年春・問 23〕

ア 学習と成長 **イ** 業務プロセス **ウ** 顧客 **エ** 財務

解説

歩留り率（ぶどまりりつ）とは、製造工程において生じる不良品や目減りなどを除いて最終的に製品になる割合です。

原料が 100kg あり、90kg の製品が仕上がったとすると歩留り率は 90% になります。

歩留り率の向上は、製造工程の改善によって達成させるためバランススコアカードの視点の中では「業務プロセス」が適切となります。

A イ

さまざまな経営管理システムがあり、これらのシステムを活用することによって、効果的な企業経営が可能になります。ここでは、試験にも出題されている代表的なシステムを紹介しています。

① CRM（Customer Relationship Management：顧客関係管理）

CRM では、**顧客情報を全社的に一元管理**することによって、きめ細かい対応を行い、**顧客と長期的に良好な関係を築いて満足度を上げることを目的としています**。顧客情報を効果的に活用することによって、他社に比べて優先的に検討してもらえるというメリットもあります。

②バリューチェーンマネジメント

直訳すると「価値連鎖管理」という意味です。企業の活動を、調達、製造、販売などの業務に分割し、**それぞれの業務が生み出す価値を分析して、それを最大化するための戦略を検討する枠組み**です。バリューチェーンを分析した結果、価値をもっとも多く生み出す業務に注力し、**価値を生み出していない**業務は外部に委託する経営戦略を**コアコンピタンス（競争優位分野）戦略**といいます。

③ロジスティクス

商品の調達・製造・販売・輸送に至る、すべてのプロセスを一元管理することです。似た言葉に「物流」がありますが、物流は生産された商品を消費者に届けるまでの活動です。**ロジスティクスは製造と物流を一体化させ、スピーディで無駄のない物流プロセスを実現**し、品切れの防止や在庫の削減など**物流全体の最適化**を実現します。

④ SCM（Supply Chain Management：供給連鎖管理）

企業内で行われていたロジスティクスの範囲を広げ、**自社と関係のある取引先企業を一つの組織として捉え、グループ全体で情報を一元管理して業務の効率化を図る**ことが目的です。関係先企業である卸売企業・小売企業・輸送会社などと協働することで効率的な生産・販売計画が立てられ、業務コストを抑えられるというメリットがあります。ただし、関係企業でそれぞれの役割やルールを事前に取り決めておくことが大切です。

💡 図解でつかむ

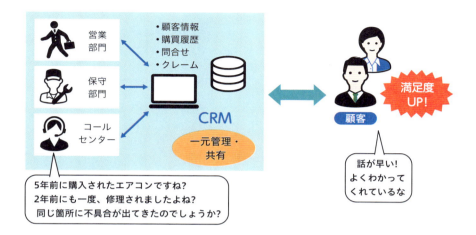

`CRM`

営業部門
保守部門
コールセンター

・顧客情報
・購買履歴
・問合せ
・クレーム

CRM

一元管理・共有

満足度UP!

顧客

話が早い！よくわかってくれているな

5年前に購入されたエアコンですね？
2年前にも一度、修理されましたよね？
同じ箇所に不具合が出てきたのでしょうか？

🔍 問題にチャレンジ！

Q SCM システムの説明として、適切なものはどれか。 （平成27年秋・問6）

- **ア** 企業内の個人がもつ営業に関する知識やノウハウを収集し、共有することによって効率的、効果的な営業活動を支援するシステム
- **イ** 経理や人事、生産、販売などの基幹業務と関連する情報を一元管理し経営資源を最適配分することによって、効率的な経営の実現を支援するシステム
- **ウ** 原材料の調達から生産、販売に関する情報を、企業内や企業間で共有・管理することで、ビジネスプロセスの全体最適をめざすための支援システム
- **エ** 個々の顧客に関する情報や対応履歴などを管理することによって、きめ細かい顧客対応を実施し、顧客満足度の向上を支援するシステム

解説

ア SFA（Sales Force Automation）システムの説明です。　**イ** ERP（Enterprise Resource Planning）システムの説明です。　**エ** CRM（Customer Relationship Management）システムの説明です。　　　　**A ウ**

27 経営管理システム②

ストラテジ系

経営戦略マネジメント

出る度 ★★★

経営管理システムには、品質管理や経営資源に関するものもあります。ERP（企業資源計画）は人事、経理、生産、販売など企業の基幹情報を一元管理して、経営資源を有効に活用するためのシステムです。様々な業界で採用されており、本試験でもよく出題されています。

① ERP （Enterprise Resource Planning：企業資源計画）パッケージ

ERP は、企業の経営資源（ヒト、モノ、カネ、情報など）を統合的に管理、配分し、業務の効率化や経営の全体最適化をめざす手法です。そのためのソフトウェアは ERP パッケージと呼ばれ、全社的に導入することで、部門間のスムーズな情報共有や連携が可能になります。

② TOC （Theory Of Constraints：制約理論）

生産管理や経営の全体最適化のための改善手法で、SCM に用いられています。制約とは、全体のパフォーマンスを低下させてしまう部分のことで、ボトルネックともいわれます。TOC はボトルネックの解消に取り組むことで、少ない労力で最大のパフォーマンスを発揮できるという理論のもと、ボトルネックを集中的に管理します。

③ TQC （Total Quality Control：全社的品質管理）
TQM （Total Quality Management：総合的品質管理）

かつては、成果物（製品）をチェックすることだけが品質管理でしたが、統計的な手法やプロセス（作業工程）の改善を取り入れたことで、製品の品質が格段に向上しました。この考え方が TQC （Total Quality Control：全社的品質管理）です。

TQC の考え方にさらに個人の能力向上や組織的な活動を加え、製造部門のみならず経営戦略としての取組みに発展させたものが TQM（Total Quality Management：総合的品質管理）です。

④シックスシグマ

シグマ（σ）は標準偏差のことで統計学上のばらつきを表します。シックスシグマは、業務プロセスを改善し、製品やサービスの品質のばらつきをおさえ、品質を一定に保つことで顧客満足度を高めるための経営管理の手法です。

💡 図解でつかむ

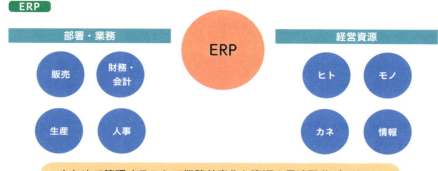

ERP

部署・業務	ERP	経営資源
販売　財務・会計　生産　人事		ヒト　モノ　カネ　情報

まとめて管理することで業務効率化と資源の最適配分ができる！

🔍 問題にチャレンジ！

Q1 一連のプロセスにおけるボトルネックの解消などによって、プロセス全体の最適化を図ることを目的とする考え方はどれか。　　　　　（平成29年春・問6）

　ア　CRM　　　イ　HRM　　　ウ　SFA　　　エ　TOC

Q2 購買、生産、販売、経理、人事などの企業の基幹業務の全体を把握し、関連する情報を一元的に管理することによって、企業全体の経営資源の最適化と経営効率の向上を図るためのシステムはどれか。　　　　　（平成31年春・問3）

　ア　ERP　　　イ　MRP　　　ウ　SCM　　　エ　SFA

解説 Q1

　ア　Customer Relationship Management の略。顧客に関するあらゆる情報を統合管理し、顧客との良好な関係を企業活動に有効活用する経営管理手法です。

　イ　Human Resource Management の略で、人事資源管理と訳されます。

　ウ　Sales Force Automation の略。営業活動に IT を活用して、営業の質と効率を高め売上や利益の増加につなげようとする考え方です。　　　　　**A エ**

解説 Q2

　イ　Material Requirements Planning の略。「資材所要量計画」と呼ばれます。

　ウ　Supply Chain Management の略。社外も含めて情報を一元管理し効率化を図ること。　エ　Sales Force Automation の略。営業支援システムです。　　**A ア**

技術開発戦略では、市場の動向を踏まえて、強化すべき開発分野を決定します。開発に必要な技術や人材の調達、投資額、期間などを決定するためには、ポートフォリオやロードマップを作成し、それに基づいた開発を進めていく必要があります。

① MOT（Management of Technology：技術経営）

MOT は、技術を理解する者が財務やマーケティングなど企業経営を学び、イノベーション（技術革新）とビジネスを結びつけようというものです。技術開発だけで終わらせず事業化につなげ、競争優位性や収益を維持し続けることを目指します。

② 技術ポートフォリオ

技術ポートフォリオは、自社が保有する技術力とその技術の成熟度の組合せで資源の配分を決定することです。たとえば、成長期にある技術で自社の優位性が高い技術には重点的に投資することなどです。

③ 技術ロードマップ

科学技術や工業技術の研究や開発に携わる専門家が、その技術の現在から将来のある時点までの展望をまとめたものです。業界団体や政府機関によって作成され、その業界における標準的な予測となっています。企業が自社の技術について作成することもありますが、技術を収益につなげるためには市場動向を知る必要もあり、技術者以外の経営戦略の視点が必要になります。

④ 特許戦略

ライセンス契約を結び、自社が所有している特許に対して他者の使用を許諾することで、実施許諾料（ロイヤリティ）を受け取ります。自社の発明と他者の技術を組み合わせて商品を開発する場合は、クロスライセンス契約を締結します。

⑤ プロセスイノベーション

既存の業務の進め方や工程（プロセス）を革新的なやり方に改良することで、コスト削減や品質、生産性を向上することです。

⑥ プロダクトイノベーション

画期的な製品（プロダクト）やサービスを作り出すことです。新規イノベーションから生まれる場合と、既存の製品やサービスの組合せで生まれる場合があります。

💡 図解でつかむ

技術ロードマップの例

海洋生分解性プラスチック開発・導入普及ロードマップの概要図

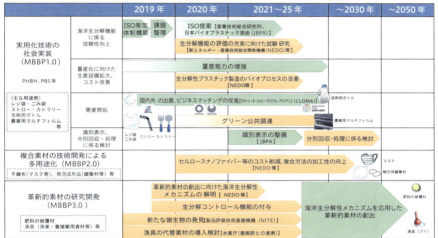

「海洋生分解性プラスチック開発・導入普及ロードマップの概要図（令和元年）」経済産業省

🔍 問題にチャレンジ！

Q MOT（Management of Technology）の目的として、適切なものはどれか。

（平成 27 年秋・問 12）

ア　企業経営や生産管理において数学や自然科学などを用いることで、生産性の向上を図る。

イ　技術革新を効果的に自社のビジネスに結び付けて企業の成長を図る。

ウ　従業員が製品の質の向上について組織的に努力することで、企業としての品質向上を図る。

エ　職場において上司などから実際の業務を通して必要な技術や知識を習得することで、業務処理能力の向上を図る。

解説

ア　インダストリアルエンジニアリング（IE：Industrial Engineering）の目的です。

ウ　TQC（Total Quality Control）の目的です。　エ　OJT（On the Job Training）の目的です。

A イ

スーパーやコンビニエンスストア、車や電車など、至るところで私たちの生活を便利にするためのシステムが動いています。あらためて、それらの正式名称としくみについてみておきましょう。

販売情報や位置情報を活用することで、新しいビジネスシステムが生まれています。

① POS（Point of Sales：販売時点情報管理）システム

POS は、顧客がレジで商品を購入した際、**商品の販売情報を記録し、売上情報の集計や在庫の管理、売れ筋商品の分析を行うシステム**のことをいいます。スーパーやコンビニエンスストアなどで多く見かけるシステムです。

② GIS（Geographic Information System：地理情報システム）

GIS は、**ディジタルの地図上に人や物の情報を重ねて表示し、その情報を管理、分析するシステム**です。GPS（**人工衛星からの電波を使って位置を測定するシステム**）と組み合わせて、カーナビやスマートフォンなどのルート案内で利用されたり、マーケティングツールとして出店エリアの分析や営業成績管理などに利用されています。

③ ETC（Electronic Toll Collection：自動料金収受）システム

ETC は、**高速道路の自動料金徴収システム**です。料金所の ETC レーンのアンテナと自動車に搭載されている IC カード（データを記憶できるカード）が無線でデータをやり取りし、自動計算された通行料金がクレジット機能によって決済されるしくみです。

④ RFID（IC タグ）

Radio Frequency Identification の略。RFID（IC タグ）は、バーコードに代わる技術で、IC チップ（無線機能を持った記憶媒体）に登録された情報を、無線電波によって接触することなく読み書きするしくみのことです。Suica や PASMO といった交通系 IC カードなどで利用されています。

RFID を商品に取り付けることで、**個体識別や所在管理、移動履歴の把握**（トレーサビリティ）などが可能になり、在庫管理や商品の追跡などさまざまな業界で導入されています。

💡 図解でつかむ

GPSとGIS

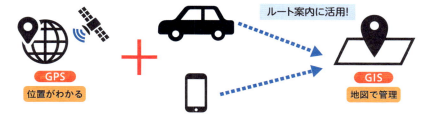

ルート案内に活用!

GPS
位置がわかる

GIS
地図で管理

ETCとRFID

ETC
自動で決済が
できる!

RFID
在庫や移動履歴が
わかる!

RFID は出題頻度が高いです。確実に覚えておきましょう。

🔍 問題にチャレンジ！

Q IC タグを使用した機能の事例として、適切なものはどれか。

（平成 29 年春・問 22）

ア　POS レジにおけるバーコードの読取り
イ　遠隔医療システムの画像配信
ウ　カーナビゲーションシステムにおける現在地の把握
エ　図書館の盗難防止ゲートでの持出しの監視

解説

ア　バーコードの読取りにはマークを識別してディジタルデータに変換する OMR（Optical Mark Reader）が使用されます。　イ　医療情報システムの活用例です。　ウ　GPS（Global Positioning System）の活用例です。　エ　書籍に付けられた IC タグにより、無断持ち出しを検出できます。

A エ

1 新技術

2 ネットワークとセキュリティ

3 システム開発

4 経営

5 コンピュータ

企業は業務を効率化し、競争力を高めるためにビジネスシステムを導入します。SFA（営業支援システム）もそのひとつで、これまで個人が抱え込んでいた情報を共有することで、生産性は格段に高まりました。業務が効率化できれば、企業はさらなる付加価値の創造を追求できます。

①営業支援システム（SFA：Sales Force Automation）

SFA は、**企業の営業活動を支援し、業務効率化や売上アップにつなげるシステム**です。SFA によって案件情報、顧客情報、日報が共有されることで、業務の可視化や属人化の防止が進み、組織として効率的に営業業務を進めることができます。

②スマートグリッド、スマートメータ

グリッドは「送電網」という意味で、**スマートグリッド**は**次世代送電網**とも呼ばれています。従来は発電所から家庭や企業への一方向の電力供給でしたが、**スマートグリッドは双方向の電力供給ができ、余った電力を不足している箇所に供給できます。**家庭の**電力計に、センサーや通信機能を内蔵し、送配電網や建物内のシステムと通信し、自動検針などができるようにしたもの**を**スマートメータ**といいます。スマートメータにはIoT の技術が使われています。

③CDN（Content Delivery Network）

画像や動画などの Web コンテンツを効率よく配信するためのネットワークです。CDN では世界中にコンテンツ配信用の CDN サーバを配置し、**Web サイトにアクセスしたユーザに最も近いサーバから効率的かつ高速に Web コンテンツを配信**します。CDN サーバには Web サイトから配信されるコンテンツの複製（キャッシュ）が保存され、CDN サーバがこの複製を配信することで Web サイトの負荷を軽減できます。

④クラウドファンディング

クラウドファンディングは、クラウド（群衆）とファンディング（資金調達）を合わせた造語で、**個人や企業、団体がインターネット上で不特定多数の人から資金を調達するしくみ**です。クラウドファンディングによって融資や寄付、出資を広く募ることができるようになり、今までは実現が難しかったプロジェクトを実現できる可能性が広がっています。

💡 図解でつかむ

スマートグリッド、スマートメータ

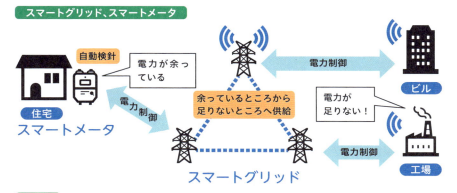

CDN

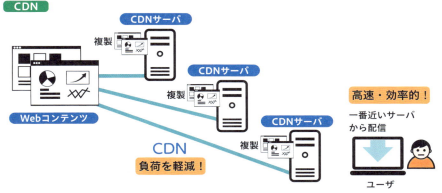

🔍 問題にチャレンジ！

Q SFA の目的に関する記述として、適切なものはどれか。　（平成27年春・問13）

ア　営業活動で入手した市場ニーズに対応して、製品の改良を図る。

イ　他の優れた企業の業績や組織の分析を通じて、自社の営業組織の見直しを図る。

ウ　蓄積された知識やノウハウを組織全体で共有し、営業活動の効率と管理水準の向上を図る。

エ　販売情報を基に、資材の調達から生産、流通、販売までの一連のプロセスを改善して全体の在庫の最適化を図る。

解説

ア　SFA の目的は営業活動の効率化です。　**イ**　ベンチマーキングの説明です。

エ　SCM システムや POS システムの目的です。　　　　　　　　　　**A ウ**

エンジニアリングシステム

エンジニアリングとは、科学技術を応用してモノを作る技術のことです。エンジニアリングシステムの普及にはメリットがたくさんあります。大量の製品を製造するのに適した生産方式や、多品種を少量製造するための生産方式など、それぞれの特徴を確認しておきましょう。

① CAD（Computer Aided Design）

コンピュータを使って機械や構造物の設計、製図を行うこと、または、その機能を組み込んだコンピューターシステムやソフトウェアを指します。

② コンカレントエンジニアリング

コンカレントとは「同時発生の」という意味です。主に**製造業で使われる開発手法**で、製品開発の設計、製造、品質管理など**複数の工程を同時並行で進め、各部門間での情報共有や共同作業を行う**ことで、**開発期間の短縮やコストの削減を図る手法**です。

③ 生産方式の種類

種類	概要
ライン生産方式	**1種類の製品を大量に作るための生産方式。**ベルトコンベアなどにより流れてくる部品を各自がひとつの工程のみを担当し組み立てていく。生産する品目の変更はラインを変更する必要があり、大がかりになる
セル生産方式	**1人～少数の作業員が製品の組立工程を完成まで受け持つ生産方式。**部品や工具をU字型などに配置したセル（作業台）で作業を行う。一人で担当する作業が増えるというデメリットはあるが、**多品種を少量生産できる**
JIT（Just In Time）	ジャストインタイム。**必要なものを、必要なだけ、必要なときに作る方式**で、**トヨタ生産方式**の代表的な考え方
かんばん方式	JITの考え方に基づいた、**在庫をできるだけ持たない**生産管理方式。「**かんばん」と呼ばれる作業指示書**を使って生産工程のやりとりを行う
リーン生産方式	「リーン」とは「ぜい肉がなくやせた」という意味。トヨタ自動車の生産方式をベースにした、**無駄のない効率的な生産管理方式**
FMS（Flexible Manufacturing System）	フレキシブル生産システム。**多品種少量生産にも対応できる**自動生産システム。消費者のニーズの多様化にともない、一つの生産システムで多様な作業を処理できるよう考えられた

④ MRP（エムアールピー）（Material Requirements Planning：資材所要量計画）

　ある一定期間に**生産する予定の製品品種から、発注すべき資材（部品や原材料）の量と時期を決定する方式**です。MRPを導入することで、部品の不足や余剰在庫を削減することができます。

💡 図解でつかむ

ライン生産方式

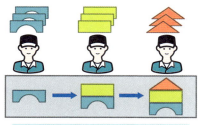

1つの部品を担当・大量生産
効率的だが品目の変更に弱い

セル生産方式

1人で担当・多品種少量生産
作業は増えるが品目が変更しやすい

🔍 問題にチャレンジ！

Q コンカレントエンジニアリングの説明として、適切なものはどれか。

（平成29年秋・問17）

ア　既存の製品を分解し、構造を解明することによって、技術を獲得する手法

イ　仕事の流れや方法を根本的に見直すことによって、望ましい業務の姿に変革する手法

ウ　条件を適切に設定することによって、なるべく少ない回数で効率的に実験を実施する手法

エ　製品の企画、設計、生産などの各工程をできるだけ並行して進めることによって、全体の期間を短縮する手法

解説

ア　リバースエンジニアリングの説明です。　**イ**　BPR（Business Process Reengineering）の説明です。　**ウ**　実験計画法の説明です。　　　　　　　　　　**A エ**

エンジニアリングシステムの問題は、作業時間や部品の在庫数を求める計算問題も出題されます。計算ミスをしないよう過去問で慣れておきましょう。

32 e-ビジネス①

 EC（Electronic Commerce：電子商取引）とは、インターネットを通じて行われる商取引（モノやサービスを売買する）で、ネットショッピングのことです。通常の商取引と異なり、時間や場所に縛られずに相手と直接取引できるという特徴があります。

① EC（電子商取引）の分類

種類	概要
BtoB（ビートゥービー） Business to Business	**企業間取引**。部品調達や文具などのオフィス製品の購入などで利用されている。受発注業務を EC 化することで業務の効率化を図ることが目的。 BtoB の取引を行うシステムの **EDI**（イーディーアイ）（Electronic Data Interchange：電子データ交換）は、受発注書など企業間の取引をすべてデータ化し、インターネットなどを通じて連携することで運用管理コストを削減するしくみ
BtoC（ビートゥーシー） Business to Consumer	**企業対個人取引**。企業と消費者との商取引のことで、**商品やサービスの購入**などで利用されている。電子出版や音楽／動画配信、オンラインゲーム分野での利用が伸びている
CtoC（シートゥーシー） Consumer to Consumer	**個人対個人取引**。消費者間の商取引のことで、オークション形式によって最終的な販売価格が決まる「ネットオークション」と、売り手が販売したい価格を設定し、購入者がその価格で購入すれば取引成立となる「**フリマアプリ**」がある。個人間でモノを共有する「**シェアリングエコノミー**」も C to C。消費者間取引のトラブル対策として、支払いや商品の発送などの**安全性を保証する仲介サービス**（**エスクロー**）もある

② OtoO（オートゥーオー）（Online to Offline）

EC サイト（オンライン）の利用者を実店舗（オフライン）に誘導するマーケティングの施策です。店頭で使えるクーポンなどを配信し、新規顧客に実店舗に来店してもらうことが目的です。似た言葉の**オムニチャネル**は、どこでも商品やサービスを購入できる利便性によって顧客を増やし、売上を増加させることが目的です。

③ロングテール

EC サイトにおいて、**たまにしか売れない商品群の売上が積もり積もって大きな割合を占めるという現象**のことです。スペースに限りのある実店舗と違い、EC サイトでは陳列スペースを気にせずに数多くの商品を扱えます。そのため、このような販売戦略も可能となります。

💡 図解でつかむ

BtoBとOtoO

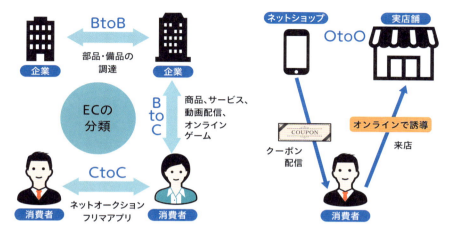

ロングテール

🔍 問題にチャレンジ！

Q 受発注や決済などの業務で、ネットワークを利用して企業間でデータをやり取りするものはどれか。

(平成30年春・問22)

　ア　BtoC　　　イ　CDN　　　ウ　EDI　　　エ　SNS

解説

　ア　企業と個人の間の電子商取引を表す用語です。　イ　Content Delivery Network の略。主に Web システムにおけるコンテンツ配信を高速化するために、最適化された配信環境のことです。　エ　Social Networking Service の略。社会的なネットワークをインターネット上で構築するサービスの総称です。　　　　　　　　　　　　**A** ウ

ストラテジ系
ビジネスインダストリ
出る度 ★☆☆

インターネットバンキングやインターネットトレーディングは、私たちの身近な存在になりました。インターネットは広告・宣伝活動にも利用されており、効率的に集客するための様々な手法があります。

①電子マーケットプレイス

e マーケットプレイスとも呼ばれ、**売り手と買い手を結びつけるインターネット上の取引市場**のことです。Amazon マーケットプレイスや楽天市場のような消費者向けの電子商店が集まった**電子モール（オンラインモール）**や、個人間（C to C）で商品を売買するオンラインオークションやフリマアプリも含みます。

②インターネットバンキング

インターネットバンキングは、預金の残高照会、入出金照会、口座振込といった銀行などの**金融機関のサービスをインターネット経由で利用すること**です。

③インターネットトレーディング

インターネットトレーディングは、電子商取引のひとつで、**インターネットを通じて株式や投資信託の売買を行うシステム**です。**オンライントレード**とも呼ばれます。

④インターネット広告の種類

SEO（Search Engine Optimization）	**検索エンジン最適化**。アクセス数の増加を狙う施策で、Google などの検索結果ページの上位に表示されるように工夫すること
リスティング広告	検索結果ページに表示する広告で、料金を払えばすぐに掲載順位を上げることができる
アフィリエイト	ブログやメールマガジンなどのリンクを経由して、申込みや購入などの成果があれば報酬が出る**成果報酬型広告**のこと
オプトインメール広告	オプトインは「同意」という意味で、**事前にメールの受信に同意をした相手に広告メールを配信する手法。**一方的に送り付けるスパムメールとは区別されるため、開封率が高く、広告効果が高い
バナー広告	サイト内に広告画像を貼り付け、リンクを経由して**広告主のサイトに誘導**するしくみ
レコメンデーション	購入履歴などから**興味関心を推測し、おすすめ商品を紹介する**
ディジタルサイネージ	液晶ディスプレイを使った**電子看板**。駅やショッピングセンターなどの案内表示や広告表示システムのこと

💡 図解でつかむ

オプトイン方式

> メール受信に同意した相手には送信可能

事前に同意

送信者 → 送信可能 → 受信者

オプトアウト方式

> メール受信を拒否した相手には送信禁止

受信を拒否

送信者 → 送信禁止 → 受信者

🔍 問題にチャレンジ！

Q 電子商取引のうち、オークションサイトでの取引など、消費者がメーカーや小売店以外の個人から商品を購入する形態はどれか。 （平成 24 年春・問 23）

ア　B to B　　イ　B to C　　ウ　B to G　　エ　C to C

解説

e-ビジネスにおける「● to □」に使用されるアルファベットは 4 種類あり、それぞれ次のような意味を持っています。

G（Government）＝政府・行政　　　　B（Business）＝企業
C（Citizen または Consumer）＝個人　　E（Employee）＝従業員

インターネットオークションサイトは個人と個人で取引する形態の e ビジネスですから、C to C（Consumer to Consumer）が適切です。　ア　Business to Business の略。企業間での電子商取引です。　イ　Business to Consumer の略。バーチャルモールなどの企業と個人の間の電子商取引です。　ウ　Business to Government の略。自治体（行政）が企業に部品や資材を発注するなどの行政と企業の電子商取引です。

A エ

> YouTube をはじめとした動画共有サイトなどで、目的の動画を再生する前に数秒から数十秒間表示される動画広告（視聴型広告）もインターネット広告のひとつです。

コンピュータの基礎理論④
データ構造〜スタック

前回のコラムではリストとキューについてみてきました。もう一つ代表的なデータ構造であるスタックについてみていきます。

● スタック

Stack は「積み重ね」という意味で、例えばコップを重ねて収納するようなイメージです。データを順番に重ねて格納し、<u>最後に格納したデータが最初に取り出されるしくみです。</u>

<u>最後に格納したデータが最初に取り出されるため、後入れ先出し法（LIFO：Last-In First-Out）とも呼ばれます。</u>取り出したデータはスタックから削除されます。スタックは PC やスマートフォンでの起動中のアプリケーションの切り替えをイメージするとわかりやすいです。音楽の再生中に電話がかかってきた場合を例にすると、スタックには再生中の音楽アプリが格納されています。着信があると音楽アプリは中断され、スタックには通話アプリが格納されて通話アプリに切り替わります。通話が終わるとスタックから通話アプリが取り出され、音楽アプリの中断されたところから再生されます。（あくまでイメージです）

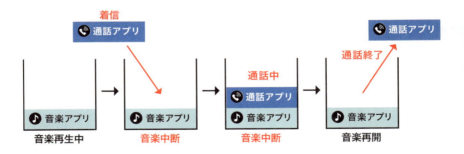

第 **5** 章

コンピュータ

本章のポイント

ハードウェア、ソフトウェア、システムの性能、オフィスツールの基本機能やデータベースのしくみなど、IT を正しく効率的に活用するための知識を学習します。コンピュータやシステムの構成を理解し、ツールやデータを活用することは業務にも必要なスキルです。試験対策としてはもちろんですが、業務を効率的に行うための基礎知識としても有用です。

コンピュータは、入力されたデータを命令に従って処理し、その結果を出力する機械です。この章では、情報システムを構成するコンピュータの種類とハードウェアの構成について理解します。

①コンピュータの種類

種類	概要
PC	**パーソナルコンピュータ**の略で、**個人で使用する**のが一般的。PC本体とディスプレイが独立したデスクトップ型、PC本体とディスプレイが一体化したノート型、ディスプレイがタッチパネルになっている**タブレット**型などがある
サーバ	**特定のサービスを提供するためのコンピュータ。**Web通信を行うためのWebサーバ、メールの送受信を管理するメールサーバなど
汎用 コンピュータ	**企業の経理や販売管理などの重要な基幹業務に使用されている**コンピュータ。「メインフレーム」とも呼ばれる
スマートデバイス	情報を処理する機能に加えて、**通信機能、カメラ、マイクなどを搭載している。**スマートフォンやタブレット端末など
ウェアラブルデバイス	時計型やメガネ型など、**身につけて使用する端末**。本来の機能にプラスして、**メールの受信や電話の着信、心拍数の表示など**ができる

②コンピュータの構成

コンピュータは、ハードウェアとソフトウェアで構成されています。

③ハードウェアの構成

ハードウェアは、データの入出力や記憶、演算などを行う複数の装置から構成されています。

装置	概要
入力装置	コンピュータの外部から**内部にデータを取り込む**装置 **キーボード、マウス、タッチパネル、スキャナ、カメラ**など
出力装置	コンピュータの内部のデータを**外部に送り出す**装置 **ディスプレイ、プリンタ、プロジェクタ**など
記憶装置	プログラムやデータを**保存する**装置 **メインメモリ（主記憶装置）、ハードディスク（HDD）、USBメモリ**など
演算装置	**計算処理を行う**装置：**CPU**
制御装置	記憶装置に保存されているプログラムやデータを読み出し、**各装置を制御する**装置：**CPU**

💡 図解でつかむ

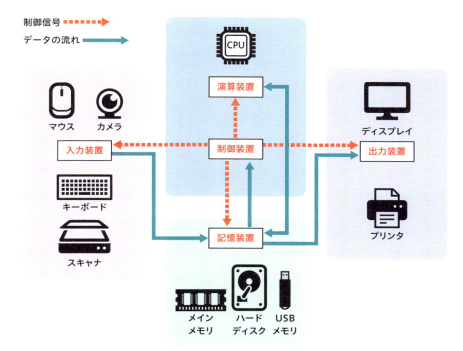

制御信号 ▶▶▶▶▶▶
データの流れ ▶

マウス　カメラ

入力装置

キーボード

スキャナ

CPU

演算装置

制御装置

記憶装置

ディスプレイ

出力装置

プリンタ

メインメモリ　ハードディスク　USBメモリ

🔍 問題にチャレンジ！

Q コンピュータを構成する一部の機能の説明として、適切なものはどれか。

（平成 21 年秋・問 72）

ア　演算機能は制御機能からの指示で演算処理を行う。

イ　演算機能は制御機能、入力機能及び出力機能とデータの受渡しを行う。

ウ　記憶機能は演算機能に対して演算を依頼して結果を保持する。

エ　記憶機能は出力機能に対して記憶機能のデータを出力するように依頼を出す。

解説

イ 演算機能が入力機能および出力機能とのデータをやり取りする際は、記憶機能を介して行います。　**ウ** 記憶機能が演算を依頼することはありません。記憶機能内の命令を制御機能が取り出して、その命令を演算機能が実行します。　**エ** 出力の依頼は制御機能の仕事です。　　　　　　　　　　　　　　**A ア**

2 CPU

CPU（Central Processing Unit）はコンピュータの中枢となる装置で、プロセッサとも呼ばれます。記憶装置からプログラムやデータを読み出し、各装置を制御し、プログラムに書かれている命令を実行します。CPU は、制御装置、演算装置、レジスタから構成されています。

コンピュータの頭脳であり、司令塔ともいえる CPU について見ていきましょう。

①レジスタ

CPU の内部にある記憶領域で、**データや命令を一時的に格納**します。メインメモリと比べると**容量は小さい**ですが、メモリの中で**最も高速に動作**します。

CPU が一度に処理できるビット数は、レジスタのサイズによって決まり、**ビット数が大きいほうが一度に多くのデータを処理**できます。32 ビット CPU、64 ビット CPU がありますが、現在は **64 ビット CPU が主流**です。

②クロック周波数

クロックとは、効率的に各装置を制御するために、**装置間で動作するタイミングを合わせるための信号**のことです。**クロック周波数**とは、**1秒間に発生するクロック信号の数**のことで、単位は **Hz（ヘルツ）** で表します。同じ 64 ビットの CPU でも、**クロック周波数が大きいほど、高速に命令を実行**できます。たとえば、1秒間に 10 億回のクロック信号が発生する場合には、クロック周波数は 1 GHz（ギガヘルツ）になります。

③マルチコアプロセッサ

コア（CPU の核となる**演算・制御装置**）を複数持っている CPU が**マルチコアプロセッサ**です。コアは別々のプログラムを**並行して実行**できるので、**コア数が多いほうが処理能力は高い**です。コアが **2つ**のものを**デュアルコアプロセッサ**、コアが **4つ**のものを**クアッドコアプロセッサ**といいます。

④ GPU（Graphics Processing Unit）

GPU は、**画像処理に特化した演算装置**です。3D グラフィックの画像処理を CPU より短時間で行えるため、**ゲームなどのリアルな映像表現**に利用されています。最近では、**気象状況や地震のシミュレーション**などでの利用が増えています。

💡 図解でつかむ

クロック周波数

1GHz=1秒間に10億回の信号

クロック信号

1秒間に2倍の信号！
＝
高速に命令を実行できる

2GHz=1秒間に20億回の信号

> 覚えておこう！　①CPU のビット数：同じクロック周波数では、ビット数の大きいほうが高速、②クロック周波数：大きいほど高速、③マルチコアプロセッサ：デュアルコアプロセッサよりクアッドコアプロセッサのほうが高速

🔍 問題にチャレンジ！

Q PC の CPU に関する記述のうち、適切なものはどれか。　（平成31年春・問97）

　ア　1GHzCPU の "1GHz" は、その CPU が処理のタイミングを合わせるための信号を1秒間に10億回発生させて動作することを示す。

　イ　32 ビット CPU や 64 ビット CPU の "32" や "64" は、CPU の処理速度を示す。

　ウ　一次キャッシュや二次キャッシュの "一次" や "二次" は、CPU がもつキャッシュメモリ容量の大きさの順位を示す。

　エ　デュアルコア CPU やクアッドコア CPU の "デュアル" や "クアッド" は、CPU の消費電力を 1/2、1/4 の省エネモードに切り替えることができることを示す。

解説

　イ　CPU のビット数は、その CPU が一度に演算できるビット数を示します。　**ウ**　キャッシュメモリの次数は、複数のキャッシュメモリを搭載している場合に、そのキャッシュメモリと CPU との論理的な近さを示します。一次キャッシュメモリが、より高速でより小容量です。　**エ**　"デュアル" や "クアッド" は、マルチコア CPU において1つのプロセッサ内に搭載されているコア数を示します。　**A ア**

3 記憶装置（メモリ）

テクノロジ系
コンピュータ構成要素
出る度 ★★★

メモリは、コンピュータが処理をするために必要なデータやプログラムを記憶する装置です。メモリには、プログラムが処理をしている間に使うデータなどを一時的に格納するメインメモリ（主記憶装置）とデータを恒久的に保存する補助記憶装置（HDD や DVD、USB メモリなど）があります。

①半導体メモリ（IC メモリ）

半導体メモリ（IC メモリ）とは、**半導体の回路で構成されたメモリ**で、回路を**電気的に制御することでデータを記憶**します。ハードディスク（HDD）などの磁気ディスク装置や DVD、Blu-ray のような光ディスク装置に比べ、**データの読み書きが高速で、消費電力が少なく、振動に強い**というメリットがあります。半導体メモリには、RAM（ラム）（Random Access Memory）と ROM（ロム）（Read Only Memory）の 2 種類があります。

種類	概要
RAM	電源を切断すると記憶内容が失われる**揮発性メモリ**
	DRAM（ディーラム）（Dynamic RAM） / **処理速度は遅いが記憶容量は大きい。**メインメモリに利用されている
	SRAM（エスラム）(Static RAM) / **処理速度は高速だが記憶容量は小さい。**キャッシュメモリに利用されている
ROM	電源を切断しても記憶内容が消去されない**不揮発性メモリ**。電気を使ってデータの消去や読み書きを行うものを**フラッシュメモリ**といい、SSD や USB メモリ、SD カードなどに利用されている

②メモリの種類

装置	種類	概要
メインメモリ	半導体メモリ（DRAM）	プログラムが処理をしている間に使う**データなどを一時的に格納しておく装置**。電源を切断すると記憶内容が失われる（**揮発性**）。**キャッシュメモリの次に高速**
キャッシュメモリ	半導体メモリ（SRAM）	**CPU とメインメモリと速度の違いを吸収して、処理を高速化するための揮発性メモリ**。メインメモリから読み出したデータをキャッシュメモリに貯めておき、同じデータにアクセスする時は、キャッシュメモリから読み出す。**メインメモリより高速**。複数のキャッシュメモリを搭載した場合、CPU に近い方から、**一次キャッシュメモリ、二次キャッシュメモリ**と呼ばれ、**一次キャッシュメモリのほうがより高速で小容量**
ハードディスク（HDD）	磁気ディスク	**磁気を利用**してデータの読み書きを行う、**一般的な補助記憶装置**。記憶容量は、数十 GB ～数 TB

ＳＳＤ （Solid State Drive）	半導体メモリ （フラッシュメモリ）	ハードディスクに代わる補助記憶装置。ハードディスクに比べ高速、省電力、衝撃や振動に強い。電源を切断しても記憶内容が消去されない（不揮発性）。記憶容量は、数十GB〜数TB。メインメモリの次に高速
CD	光ディスク	レーザ光を利用してデータの読み書きを行う補助記憶装置。記憶容量は、**650MB**と**700MB**がある
DVD		CDの後継となる補助記憶装置。記憶容量は、片面1層4.7GB、片面2層8.5GB
Blu-ray		DVDの後継となる補助記憶装置。記憶容量は、片面1層25GB、片面2層50GB
USB メモリ	半導体メモリ （フラッシュメモリ）	USBコネクタとメモリ本体が一体化した補助記憶装置。記憶容量は、数十MB〜数百GB
SD カード		コンパクトでデジタルカメラ、携帯電話などで広く利用されている補助記憶装置。記憶容量は数十MB〜数百GB

💡 図解でつかむ

キャッシュメモリのしくみ

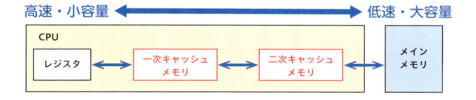

高速・小容量 ⬅➡ 低速・大容量

🔍 問題にチャレンジ！

Q メモリに関する説明のうち、適切なものはどれか。 （平成30年春・問76）

ア DRAMは、定期的に再書込みを行う必要があり、主に主記憶に使われる。

イ ROMは、アクセス速度が速いので、キャッシュメモリなどに使われる。

ウ SRAMは、不揮発性メモリであり、USBメモリとして使われる。

エ フラッシュメモリは、製造時にプログラムやデータが書き込まれ、利用者が内容を変更することはできない。

解説

イ ROMは読み取り専用です。 ウ SRAMは揮発性メモリです。 エ フラッシュメモリは、書き換え可能メモリです。 **A ア**

4 入出力デバイス

PCと周辺機器(キーボードやマウス、プリンタなど)を接続してデータをやりとりするために、さまざまな専用の規格(入出力インタフェース)があります。各メーカーは、これらの規格に沿って機器を製造しているため、他社製品であっても接続することができます。

①入出力インタフェース

装置		概要
USB		Universal Serial Bus の略。**コンピュータとキーボード、マウス、プリンタなどを**接続するためのデータ伝送路の標準規格の一つ。**データの転送速度は USB2.0 では 480Mbps、USB3.2 では 20Gbps**。接続する機器によってコネクタの形状が異なる
	Type-A	**パソコン**に接続するための標準的なコネクタ
	Type-B	**プリンタやスキャナ**など
	Type-C	**USB 3.1 で制定された上下左右対称のコネクタ**。MacBook やノートパソコン、Android スマートフォンなど
HDMI エイチディーエムアイ		High-Definition Multimedia Interface の略。**音声データと映像データを 1 本のケーブルで転送する規格。テレビとハードディスクレコーダーやゲーム機、パソコンとモニタやプロジェクタ**を接続する際など
Bluetooth® ブルートゥース		**10 〜 100 メートル前後の近距離無線通信の規格。スマートフォンとワイヤレスイヤホン**を接続する際など
IrDA アイアールディーエイ		Infrared Data Association の略。**赤外線を利用した近距離データ通信の規格。携帯電話同士のアドレス交換**やデジタルカメラとプリンタ間でのデータ転送など
NFC エヌエフシー		Near Field Communication の略。**最長十数 cm 程度までの至近距離無線通信の世界標準規格。**非接触型 IC カードなどに採用されている **RFID**（アールエフアイディー）（IC タグ）と専用の読み取り装置間の通信に利用されている。**FeliCa**（フェリカ） は NFC 規格の 1 つで **Suica や PASMO などの交通系 IC カードでも使われている**

②周辺装置を制御するしくみ

PC で周辺装置を制御するためのソフトウェアを**デバイスドライバ（ドライバ）**といいます。デバイスドライバを PC にインストールすることで、周辺装置が利用できるようになります。周辺機器を**接続した際に、自動的に OS が認識してデバイスドライバのインストールと設定をしてくれる機能**を**プラグアンドプレイ**といいます。

💡 図解でつかむ

プラグアンドプレイのしくみ

USBマウスを
PCに接続

自動で認識してドライバを
インストール。すぐ使える！

🔍 問題にチャレンジ！

Q1 NFC に準拠した無線通信方式を利用したものはどれか。 （平成 31 年春・問 93）

　ア　ETC 車載器との無線通信　　　イ　エアコンのリモートコントロール
　ウ　カーナビの位置計測　　　　　　エ　交通系の IC 乗車券による改札

Q2 PC と周辺機器の接続に関する次の記述中の a、b に入れる字句の適切な組合せはどれか。 （平成 28 年秋・問 93）

PC に新しい周辺機器を接続して使うためには　a　が必要になるが、　b　機能に対応している周辺機器は、接続すると自動的に　a　がインストールされて使えるようになる。

	a	b
ア	デバイスドライバ	プラグアンドプレイ
イ	デバイスドライバ	プラグイン
ウ	マルウェア	プラグアンドプレイ
エ	マルウェア	プラグイン

解説 Q1

　ア　ETC 車載器との無線通信は、車両の無線通信に特化した DSRC（Dedicated Short Range Communications）を利用しています。　イ　エアコンのリモコンは、赤外線を利用しています。　ウ　カーナビの位置計測は、GPS を利用しています。　　　　　**A エ**

解説 Q2

　コンピュータが周辺機器を扱うには対応するデバイスドライバが必要です。以前は、付属の CD-ROM などを用いて機種に応じてインストールを行っていました。現在では、プラグアンドプレイによるインストールが一般化しており、煩雑さが軽減されています。
　　　　　A ア

5 システムの構成①

システムは、どのように処理を行うのか（処理形態）、どのように利用されるか（利用形態）によって分類できます。また、「デュアルシステム」と「デュプレックスシステム」は混同しがちなので、特徴を押さえておきましょう。

①処理形態による分類

システムがどのように処理を行っているのか、その処理形態によって分類できます。

形態	概要
集中処理	メインとなる**1台のコンピュータ**に複数のコンピュータを接続して、メインのコンピュータがすべての処理を行う形態。**メインコンピュータが故障すると、システム全体が停止**する
分散処理	**複数のコンピュータ**を接続して、それぞれのコンピュータが**処理を分担**して行う形態。1台のコンピュータが故障してもシステム全体は停止しないが、複数のコンピュータで処理を分散しているため、運用管理が複雑
並列処理	一連の処理を**複数の処理装置で同時に並行して行う**形態。**処理を高速化するため**の手法のひとつ
レプリケーション	"複製"の意味で、**データをリアルタイムにコピー**する技術のこと。デュプレックスシステムで採用されている。バックアップとの違いはリアルタイムに更新が反映される点

②利用形態による分類

システムがどのように利用されているのか、その利用形態によって分類できます。

形態	概要
対話型処理	**コンピュータと利用者が対話をするように、相互に処理を行う**
リアルタイム処理	**データの入力があった時点ですぐに処理を行う**形態。インターネットショッピングでの決済など
バッチ処理	**データをある程度ためておいてから、一括で処理する**形態。月末の請求書の集計処理など
仮想化（サーバの仮想化）	**1台のコンピュータ上で複数のサーバを仮想的に動作させる**技術。各仮想サーバでは、**別々のOSやアプリケーションを動作**させることが可能。仮想化によってサーバの運用・保守費用が削減できる

💡 図解でつかむ

サーバの仮想化

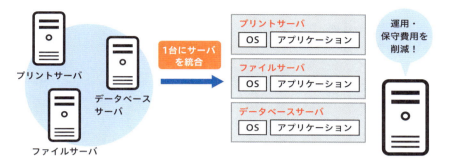

ハードウェアなどを物理的な構成にとらわれずに柔軟に割り当てる技術が「仮想化」です。「サーバの仮想化」だけではなく、DaaS（Desktop as a Service）のような「デスクトップの仮想化」や、Google ドライブや Dropbox のような「ストレージ（外部記憶装置）の仮想化」、ルータなどのネットワーク機器の機能をソフトウェアで実現する「ネットワークの仮想化」もあります。ネットワークの仮想化には、経路選択をソフトウェアで行う SDN（Software-Defined Networking）の技術が利用されています。

🔍 問題にチャレンジ！

Q 1 台のコンピュータを論理的に分割し、それぞれで独立した OS とアプリケーションソフトを実行させ、あたかも複数のコンピュータが同時に稼働しているかのように見せる技術として、最も適切なものはどれか。 （平成 30 年春・問 62）

　ア　NAS　　　イ　拡張現実　　　ウ　仮想化　　　エ　マルチブート

解説

　ア　NAS は Network Attached Storage の略。TCP/IP のコンピュータネットワークに直接接続して使用するファイルサーバのことです。　イ　拡張現実（AR）は、現実世界の情報にディジタル合成などによって作られた情報を重ねて、人間から見た現実世界を拡張する技術です。　エ　マルチブートとは、1 つのコンピュータに複数の OS をインストールし、OS を選択して起動できる環境のことです。

A ウ

③デュアルシステム

　同じシステムを2組用意して、**並行して同じ処理を行い、結果を照合**します。結果を照合するため、高い信頼性が担保できます。片方のシステムが故障した場合、**故障したシステムを切り離して処理を継続**できるので、24時間365日稼働するような、可用性や高い信頼性が求められるシステムで利用されています。

④デュプレックスシステム

　同じシステムを2組用意して、**一方をメイン**で使います。**もう一方は予備機**として、メインのシステムが故障した際に切り替えて処理を継続させます。いつでも切替可能なように予備機を起動しておく方式を**ホットスタンバイ**といい、切替時に予備機の起動から行う方式を**コールドスタンバイ**といいます。

⑤クライアントサーバシステム

　サービスを要求するPC「クライアント（依頼人）」と、サービスを提供する「サーバ（提供者）」で構成された形態です。クライアントとサーバが**処理を分担**することで、サーバの負荷が軽減でき、効率的に処理できます。メールを送受信する際には、クライアントのメールソフトとメールサーバのソフトウェアが連携して処理を行っています。

⑥ Webシステム

　PCなどにソフトウェアをインストールせずに、Webブラウザを利用します。サーバのソフトウェアで処理を行い、その結果は端末のWebブラウザを使用して表示されます。

⑦ピアツーピア（P2P）

　クライアントやサーバの区別なく**端末同士が直接データをやりとりする形態**です。**Skype や LINE の無料通話、ビットコイン（仮想通貨）の送金**などに利用されています。

🔍 問題にチャレンジ！

Q 通常使用される主系と、その主系の故障に備えて待機しつつ他の処理を実行している従系の2つから構成されるコンピュータシステムはどれか。

（平成29年秋・問87）

　　ア　クライアントサーバシステム　　　イ　デュアルシステム
　　ウ　デュプレックスシステム　　　　　エ　ピアツーピアシステム

解説

　ア　システムの機能を「サービスを要求するクライアント側」と「サービスを処理するサーバ側」に垂直機能分散させた形態です。**イ**　同じ処理を2組のコンピュータシステムで行い、その結果を照合機でチェックしながら処理を進行していくシステム構成です。**エ**　ピアツーピアは、クライアントサーバシステムのようにサービスを要求する側・提供する側という端末ごとの区別がなく、どの端末もサーバにもなればクライアントにもなるという特徴を持つシステムの形態です。　　**A ウ**

💡 図解でつかむ

デュアルシステムとデュプレックスシステム

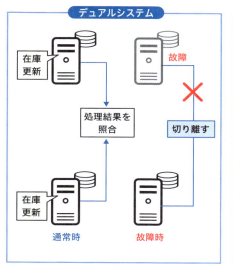

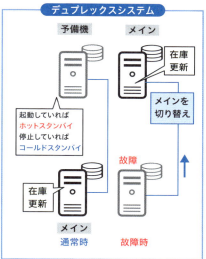

クライアントサーバシステムとWebシステム

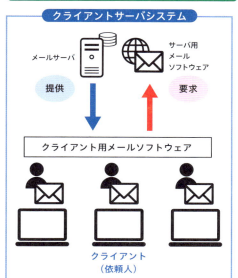

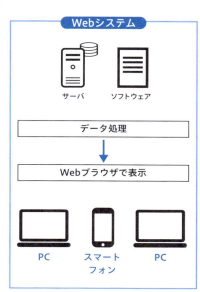

障害に強いシステムを構築するためには、さまざまな方法や技術があります。ここでは耐障害性のあるシステム構成としてクラスタ、RAID、NAS、シンクライアントの特徴を覚えておきましょう。

①クラスタ

「群れ」「集団」という意味で、**複数のコンピュータを連携して、全体を1台の高性能なコンピュータのように利用する**形態です。どれか1台に障害が発生しても正常なコンピュータに切り替えて稼働するため**可用性が向上**します。また複数のコンピュータに処理を分散することで、全体の**処理能力も向上**します。

② RAID
（レイド）

複数のハードディスクをまとめて1台のハードディスクとして認識させ、**処理速度や可用性を向上させる**技術です。RAIDには次のような種類があります。

種類	機能
RAID0	**ストライピング機能** ・データを決まった長さで分割し、複数のディスクに縞模様（ストライプ）を書くように**データを分散して記録** ・同時に複数のディスクにアクセスできるため、**処理速度が向上** ・1台に故障が発生すると、すべてのデータにアクセスできない
RAID1	**ミラーリング機能** ・**複数のディスク**に鏡のように**同じデータを同時に記録** ・1台に故障が発生しても、もう1台のディスクで処理が継続できるので、**可用性が向上**
RAID5	**分散パリティ付きストライピング機能** ・データのほかに、障害発生時の**復旧用データ（パリティ）を複数のディスクに分散して記録** ・1台に故障が発生した場合、正常なデータとパリティを使って故障したディスクのデータを復旧できるため、**処理速度、可用性が向上** ・パリティのために1台分の容量が必要

③ NAS
（ナス）

Network Attached Storageの略で、**ネットワークに直接接続して使用するハード**

ディスクです。企業や家庭内の **LAN で共有ディスクやファイルサーバとして利用**されています。OS や通信機能が内蔵され、異なる種類の PC やサーバ間で利用できます。

④シンクライアント

利用者の端末（クライアント）にソフトウェアやデータを持たせずにサーバで一括管理する形態です。**サーバ側で処理された結果は、クライアントに転送**されます。ソフトウェアやデータの管理がしやすく、PC の盗難、紛失などによる**情報漏えいのリスクも回避できる**というメリットがあります。

💡 図解でつかむ

RAID の種類

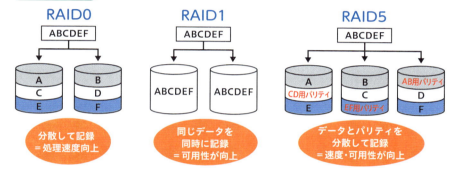

🔍 問題にチャレンジ！

Q 複数のハードディスクを論理的に一つのものとして取り扱うための方式①〜③のうち、構成するハードディスクが 1 台故障してもデータ復旧が可能なものだけを全て挙げたものはどれか。

（平成 31 年春・問 62）

① RAID5　②ストライピング　③ミラーリング

ア ①、②　　**イ** ①、②、③　　**ウ** ①、③　　**エ** ②、③

解説

①復旧できる。RAID5 は、1 台が故障しても、ほかのディスクに残ったパリティビットを用いて、故障したディスクのデータを復旧できるようになっています。②復旧できない。ストライピングは、分散して書き込むだけでデータの冗長化をしないため、データ復旧はできません。③復旧できる。ミラーリングでは同じデータが複数のディスクに保存されているので、1 台が故障しても正常なディスクのデータを用いて復旧できます。

A ウ

7 システムの評価指標〜性能

システムを評価する際の観点は3つあります。それは、①性能(処理の速さ)、②信頼性(正常に稼働するか)、③経済性(費用対効果など)です。ここでは、これらの観点から、システムの性能を評価するための指標についてみていきましょう。

①レスポンスタイム(応答時間)

利用者が処理を要求してから、結果が返ってくるまでにかかる時間がレスポンスタイムです。

たとえば、利用者が画面のボタンをクリックしたときに、その処理の要求がネットワークを経由してサーバに届き、処理した結果がクライアントに返され画面に表示されるまでの時間をいいます。レスポンスタイムは短いほど、より性能が良いといえます。

システムをつくるときには一般的に「画面遷移は2秒以内」といった利用者と合意した目標値が設定されます。しかし、完成したシステムのレスポンスタイムが目標の数値を超えてしまう場合はシステムの改善を行う必要があります。

月末の集計作業などのバッチ処理(データをある程度貯めておいてから、一括で処理する形態)では、集計結果を印刷する場合があります。こうした集計結果の印刷のように、時間がかかる処理の場合、処理を要求してから最後の1ページの印刷が完了するまでの時間のことをターンアラウンドタイムといい、レスポンスタイムとは区別します。

②スループット(処理能力)

システムが単位時間当たり、どのくらいの処理を実行できるかを表す指標です。スループットは多いほど性能が良いです。一般的には「アクセスのピーク時でも1時間で10万件を処理する」といった利用者と合意した目標値が設定され、できあがったシステムが目標のスループットに満たない場合は、システムの改善を行う必要があります。

③ベンチマーク

「基準」という意味で、コンピュータの性能を評価するための指標です。システムの性能を比較する場合、実際にプログラムを動作させて実行時間を計測して評価します。この評価方法をベンチマークテストといいます。

💡 図解でつかむ

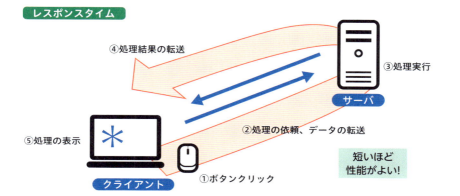

レスポンスタイム

④処理結果の転送

③処理実行

サーバ

⑤処理の表示

②処理の依頼、データの転送

**短いほど
性能がよい!**

クライアント

①ボタンクリック

レスポンスタイムやスループットなどの性能に関する指標は、要件定義の際に目標値が設定され、テスト工程で目標値を満たしているかを実際のシステムで計測します。

🔍 問題にチャレンジ!

Q ベンチマークテストに関する記述として、適切なものはどれか。

(平成29年春・問77)

ア システム内部の処理構造とは無関係に、入力と出力だけに着目して、様々な入力条件に対して仕様どおりの出力結果が得られるかどうかを試験する。

イ システム内部の処理構造に着目して、分岐条件や反復条件などを網羅したテストケースを設定して、処理が意図したとおりに動作するかどうかを試験する。

ウ システムを設計する前に、作成するシステムの動作を数学的なモデルにし、擬似プログラムを用いて動作を模擬することで性能を予測する。

エ 標準的な処理を設定して実際にコンピュータ上で動作させて、処理に掛かった時間などの情報を取得して性能を評価する。

解説

ア ブラックボックステストの説明です。 **イ** ホワイトボックステストの説明です。

ウ シミュレーションの説明です。

A エ

システムの 評価指標～信頼性①

システムの信頼性を評価する指標が「稼働率（システムが正常に稼働している割合）」です。稼働率には、「運用時間における稼働率」と「システム構成における稼働率」があります。まずは「運用時間における稼働率」をみていきましょう。

①運用時間における稼働率

システムが正常に稼働している割合を表す稼働率は、以下の計算式で求められます。

$$\text{稼働率} = \frac{\text{MTBF（平均故障間隔時間）}}{\text{MTBF（平均故障間隔時間）} + \text{MTTR（平均修復時間）}}$$

② MTBF（平均故障間隔時間）

MTBF とは、Mean Time Between Failures の略で、システムに生じる故障と故障の時間間隔の平均です。つまり、**システムが連続して正常に稼働している時間の平均値**のことです。

③ MTTR（平均修復時間）

MTTR とは、Mean Time To Repair の略で、システムが故障してから**修復するまでにかかった時間の平均値**です。

④故障率

システムが障害などで**正常に稼働していない割合**を表します。これは、1 から稼働率を引いた値になります。

$$\text{故障率} = 1 - \text{稼働率}$$

計算問題を苦手とする人は多いですが、公式を理解できれば確実に正解できる問題になります。公式は暗記ではなく、理由を理解しましょう。

💡 図解でつかむ

信頼性の求め方〈例〉

あるシステムで 5,000 時間の運用において、故障回数は 20 回、合計故障時間は 2,000 時間であった場合の MTTR、MTBF、稼働率、故障率は以下のように求めます。

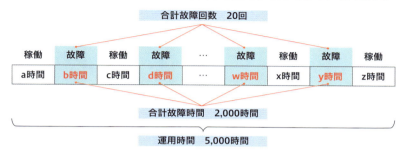

MTTR（平均修復時間） = 2,000 時間（合計故障時間）÷ 20 回（故障回数）
= **100 時間**

MTBF（平均故障間隔時間）

合計稼働時間 = 5,000 時間（運用時間） − 2,000 時間（合計故障時間）
= 3,000 時間

MTBF = 合計稼働時間 ÷ 故障回数 = 3,000 時間 ÷ 20 回 = **150 時間**

稼働率 $= \dfrac{\text{MTBF}}{(\text{MTBF}+\text{MTTR})} = \dfrac{150}{(150+100)} = 0.6 = $ **60%**

故障率 = 1 − 稼働率 = 1 − 0.6 = 0.4 = **40%**

🔍 問題にチャレンジ！

Q あるコンピュータシステムの故障を修復してから 60,000 時間運用した。その間に 100 回故障し、最後の修復が完了した時点が 60,000 時間目であった。MTTR を 60 時間とすると、この期間でのシステムの MTBF は何時間となるか。

（平成 26 年春・問 69）

ア 480　　**イ** 540　　**ウ** 599.4　　**エ** 600

解説

合計稼働時間 = 60,000 時間 − 全修復時間（100 回 × 60 時間）= 54,000 時間
MTBF は平均故障間隔時間なので、54,000 時間 ÷ 100 回 = 540 時間／回
よって、平均故障間隔時間（MTBF）は 540 時間です。

A イ

システムを構成する装置の接続の方法によっても、システム全体の稼働率は変わってきます。「直列接続」と「並列接続」、それぞれの稼働率の求め方を理解しておきましょう。

①直列接続の稼働率

直列接続の場合には、**1台でも故障している装置があれば、システム全体が稼働できません。**

直列接続のときの稼働率は、以下の計算式で求められます。

稼働率 = 装置 A の稼働率 × 装置 B の稼働率

 装置 A、B ともに稼働率が 90% の場合、

稼働率 = 0.9 × 0.9
= 0.81 = 81%

②並列接続の稼働率

並列接続の場合には、**いずれか一方の装置が稼働していれば、システムは停止せずに、稼動し続けられます。**

並列接続のときの稼働率は、以下の計算式で求められます。

稼働率 = 1 −（1 −装置 A の稼働率）×（1 −装置 B の稼働率）

 装置 A、B ともに稼働率が 90% の場合、

稼働率 = 1 −（1 − 0.9）×（1 − 0.9）
= 1 −（0.1 × 0.1）
= 1 − 0.01
= 0.99 = 99%

並列接続は装置の二重化や冗長構成と呼ばれ、Web サーバや DB サーバの障害対策としてよく使われているしくみです。

💡 図解でつかむ

システムの稼働率

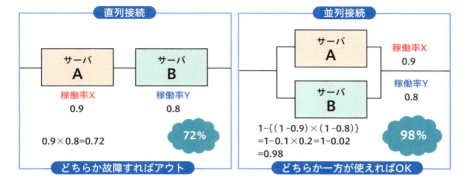

直列接続

サーバ **A**

サーバ **B**

稼働率X
0.9

稼働率Y
0.8

0.9×0.8=0.72

72%

どちらか故障すればアウト

並列接続

サーバ **A**

サーバ **B**

稼働率X
0.9

稼働率Y
0.8

1−{(1−0.9)×(1−0.8)}
=1−0.1×0.2=1−0.02
=0.98

98%

どちらか一方が使えればOK

直列接続の稼働率は、装置単体の稼働率より下がります！
並列接続の稼働率は、装置単体の稼働率より上がります！

🔍 問題にチャレンジ！

Q 稼働率 0.9 の装置を 2 台直列に接続したシステムに、同じ装置をもう 1 台追加して 3 台直列のシステムにしたとき、システム全体の稼働率は 2 台直列のときを基準にすると、どのようになるか。

(平成 30 年春・問 80)

ア 10% 上がる　　**イ** 変わらない　　**ウ** 10% 下がる　　**エ** 30% 下がる

解説

稼働率が 0.9 の装置を 2 台直列接続した場合の稼働率は、0.9 × 0.9 = 0.81 です。

稼働率が 0.9 の装置を 3 台直列接続した場合の稼働率は、0.9 × 0.9 × 0.9 = 0.729 です。

2 台のときの稼働率は 81% でしたが、3 台のときの稼働率は約 73% になり、3 台直列のシステムにすることで、10% 近く下がります。

A ウ

システムの評価をする際に、経済性すなわち費用対効果という観点も重要です。構築に莫大な費用をかけたのに、その効果はごくわずかでは困ります。システムの導入から運用にかかる費用について押さえておきましょう。

システム構築にかかる費用には以下の3つがあります。

①初期コスト

初期コストは、システムの**導入時にかかる費用**で、**イニシャルコスト**ともいいます。具体的には以下のようなものがあります。

・サーバやネットワーク機器の購入費用
・システムの開発費用
・利用者の教育費用

システムを**クラウドで構築した場合、サーバの購入やシステム開発が不要**となり、**初期コストを抑える**ことができます。

②運用コスト

運用コストとは、システムの**運用を開始してからかかる費用**で、ランニングコストともいいます。具体的には以下のようなものがあります。

・サーバやネットワーク機器などの電気代
・サーバやネットワーク機器などの老朽化による移行費用
・システムの管理、保守をするための人件費

システムを**クラウドで構築した場合、システムの管理、保守は事業者が行うため、人件費と移行費用を削減**できます。その代わり、**サービスの月額利用料が必要**になります。

③ TCO（Total Cost of Ownership）

Ownership は「所有権」という意味で、TCO はシステムを所有するためにかかるコストの総額という意味です。つまり、TCO はシステムの導入から運用までの総コストのことで、**初期コストと運用コストを含めた全体の費用**です。

システムの経済性の評価は、TCO で判断します。

図解でつかむ

TCO

```
初期コスト
=
導入時の費用        ・機器の購入費用
                 ・開発費用
                 ・教育費用など
                                        TCO      クラウドなら
                                         =      TCOを削減できる!
運用コスト                                全体の費用
=                ・機器の電気代
運用して           ・移行費用
からの費用         ・人件費など
```

> ストラテジ系の「TOC（Theory Of Constraints：制約理論）」と混同しないようにしましょう。TOC は制約（全体のパフォーマンスを低下させてしまう部分）を集中的に管理、改善する生産管理や経営管理の改善手法です。

問題にチャレンジ！

Q 販売管理システムに関する記述のうち、TCO に含まれる費用だけを全て挙げたものはどれか。 (令和元年秋・問 96)

①販売管理システムで扱う商品の仕入高
②販売管理システムで扱う商品の配送費
③販売管理システムのソフトウェア保守費
④販売管理システムのハードウェア保守費

ア ①、②　　イ ①、④　　ウ ②、③　　エ ③、④

解説

TCO（Total Cost of Ownership）は、ある設備・システムなどに関する、取得から廃棄までの費用の総額を表します。TCO は、初期投資額であるイニシャルコストと、維持管理費用であるランニングコストに大別できます。

イニシャルコストの例

ハードウェア購入・設置費用、パッケージソフトの購入費用・開発費、初期教育費など

ランニングコストの例

保守・サポート契約費、ライセンス料、運用人件費、消耗品費など

①と②は、業務で発生するコストのため誤りです。③と④は、運用コストにあたるので正しいです。TCO はシステムの導入から運用までを含んだ総コストのことです。

A エ

11 信頼性を確保するしくみ

システム障害を発生させずに、いかにシステムを正常に稼働し続けられるかを表すのが「信頼性」です。24時間365日稼働するシステムと平日の業務時間内のみ稼働するシステムでは、確保しなければならない信頼性のレベルが異なります。その信頼性を確保するしくみを知っておきましょう。

●信頼性を確保するためのしくみ

信頼性を確保するためのしくみには、以下のような種類があります。

しくみの名称	概要
フェールセーフ	Fail は「失敗、故障」、Safe は「安全」という意味。システムで故障や誤動作が発生した場合、**システムを継続して稼働させるよりも、安全を優先**するしくみ。たとえば、地震発生時に、エレベーターを最寄りの階で自動停止させるなど
フェールソフト	Soft は「やわらかい、柔軟」という意味。システムで故障や誤動作が発生した場合、**故障した機能を切り離し、機能を縮小してシステムを稼働する**しくみ。たとえば、事故発生時に電車の路線の一部区間の運転を取り止め、運転区間を縮小して運転を継続するなど
フォールトトレラント	Fault は「欠点、過失」、Tolerant は「耐性のある」という意味。システムで故障や誤動作が発生した場合、**予備の装置に切り替えて、機能を縮小せずにシステムを継続して稼働する**しくみ。24時間365日稼働するシステムで採用されている
フォールトアボイダンス	Avoidance は「回避、逃避」という意味。**信頼性の高い機器を使用して障害を起こさないようにする**という考え方
フールプルーフ	Fool は「ばかな」、Proof は「品質など試す試験」という意味。**誤った操作をしても、システムや装置が故障や誤動作しない**しくみ。たとえば、洗濯機や電子レンジで、扉を閉めないと操作ボタンが押せないしくみなど

信頼性を向上させるためには、当然コストもかかるため、どのしくみを採用するかはシステムの特徴や要件によって決定することになります。

Point!

フェールソフト	⇒故障を柔軟に。機能を縮小する
フェールセーフ	⇒故障を安全に。安全な状態にする
フォールトトレラント	⇒機器の多重化、切替えによって、障害に耐えて正常稼働を継続する
フォールトアボイダンス	⇒障害を回避する
フールプルーフ	⇒誤った操作をしても故障しない

似たような用語が多いので、単語の意味をキーワードにして覚えましょう！

問題にチャレンジ！

Q フールプルーフの考え方として、適切なものはどれか。　（平成21年秋・問67）

ア　故障などでシステムに障害が発生した際に、被害を最小限にとどめるようにシステムを安全な状態にする。

イ　システム障害は必ず発生するという思想の下、故障の影響を最低限に抑えるために、機器の多重化などの仕組みを作る。

ウ　システムに故障が発生する確率を限りなくゼロに近づけていく。

エ　人間がシステムの操作を誤ってもシステムの安全性と信頼性を保持する。

解説

フールプルーフ（Fool Proof）は、不特定多数の人が操作するシステムに、入力データのチェックやエラーメッセージの表示などの機能を加えることで、人為的ミスによるシステムの誤動作を防ぐように設計する考え方です。例としては、データ送信のときの確認メッセージの表示や入力値のチェック、手順や整合性のチェックなどのしくみが挙げられます。また、わかりやすいユーザインタフェース設計もフールプルーフを実現するための一要素になるでしょう。

ア　フェールセーフの考え方です。　イ　フォールトトレラントの考え方です。　ウ　信頼性の高い機器を使用して障害を起こさないようにする、フォールトアボイダンスの考え方です。

A エ

12 OS（オペレーティングシステム）

ソフトウェアはコンピュータに実行させる処理の集まりで、大きく分けると OS とアプリケーションソフトウェアがあります。OS はコンピュータを動かすための基本となるソフトウェアで、ハードウェアとアプリケーションソフトウェアの制御や利用者とのやり取りを行います。

① O S

OS は Operating System の略で、代表的な OS には以下の種類があります。

OS の種類	説明
ウインドウズ Windows	マイクロソフト社が開発した OS。32 ビット OS または 64 ビット OS がある。PC の OS としては世界最大シェア
マックオーエス MacOS	アップル社が開発した OS。UNIX をベースとしているため、ソフトウェアの開発にも向いている
ユニックス UNIX	AT&T 社のベル研究所で開発された OS。Linux の基となる OS
リナックス Linux	UNIX を改良して開発された OS。プログラムコードが公開されているオープンソースソフトウェア
アイオーエス i O S	アップル社が開発したスマートデバイス向け OS。iPhone や iPad などで採用されている
アンドロイド Android	Google 社が開発した、スマートデバイス向け OS。現在、スマートデバイス向け OS としては世界最大シェア

② BIOS（Basic Input/Output System）

パソコンの起動時に **OS より先に動作**し、**接続された装置・機器に対する制御などを行うプログラム**です。コンピュータの起動時にあらかじめ設定されたパスワードを入力しなければ OS が起動しないようにする機能を **BIOS パスワード**といい、PC の盗難や紛失時の**セキュリティ対策**として利用されています。

③ マルチブート

1 台の PC に複数の OS をインストールし、コンピュータの起動時にどの OS を起動するかを選ぶことができます。仮想化とは違い、起動できる OS は 1 つです。

🔆 図解でつかむ

ハードウェア・ソフトウェアの関係

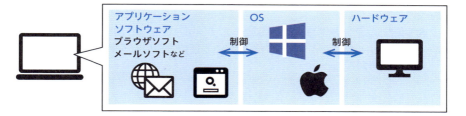

BIOSパスワード画面

Enter Password

パスワードを設定しておくと、正しいパスワードを入れないとOSが起動しません。パソコン盗難時の情報漏えいや第三者による不正使用を防ぐためのセキュリティ対策です。

最近では、Windows と Android を切り替えて使用できるデュアルブート（デュアル OS）のタブレットが増えています。Excel や Word を利用する場合は Windows、スマートフォンアプリを起動する場合は Android というように目的に応じて OS を切り替えられます。

🔍 問題にチャレンジ！

Q 利用者が PC の電源を入れてから、その PC が使える状態になるまでを 4 つの段階に分けたとき、最初に実行される段階はどれか。 （平成 28 年春・問 85）

ア　BIOS の読込み

イ　OS の読込み

ウ　ウイルス対策ソフトなどの常駐アプリケーションソフトの読込み

エ　デバイスドライバの読込み

解説

実行される順番は、次の通り。

① BIOS の読み込み、② OS の読み込み、③ウイルス対策ソフトなどの常駐アプリケーションソフトの読込み、④デバイスドライバの読み込み

デバイスドライバは、OS に標準で組み込まれているものや、利用者によって後からインストールされるものなどがあるため、OS とアプリケーションソフトの中間になります。

A　ア

利用者が PC やスマートフォンを安全で効率よく簡単に操作するために、OS には様々な機能があります。複数のアプリケーションを同時に実行したり、プリンタやイヤホンといった周辺装置との接続が簡単にできるのは、こうした OS の機能があるからです。

●OSの機能

OS には以下のような機能があります。

OS の機能	説明
ユーザ管理	コンピュータに**利用者を追加（削除）**したり、**利用者情報の設定**を変更する。具体的には、利用者の**アカウント**（コンピュータやネットワークなどを利用するために必要な権利）を作成し、**プロファイル**（利用者ごとの設定情報や個別のデータなどをまとめたもの）を管理する
ファイル管理	ハードディスクなどの記憶媒体に**ファイルの書き込みや読み込み**を行う
入出力管理	マウスやプリンタ、イヤホンなどの**周辺機器の制御や管理**を行う
資源管理	各タスクに対し、CPU やメモリ、ハードディスクなどの**資源を効率的に割り当てる**
タスク管理	**実行中のアプリケーションを管理**する。タスクとは、OS から見たアプリケーションの実行単位のこと。たとえば、メールソフトで文章を入力しながら、インターネットを利用してファイルをダウンロードするなどの**複数のタスクを並行して実行すること**を**マルチタスク**という
メモリ管理	**アプリケーションが動作する際に必要となるメモリ領域を管理**する。アプリケーションは、ハードディスク→メインメモリ→キャッシュメモリ→レジスタの順でメモリに読み込まれて実行される

OS のマルチタスク機能により、私たちは複数のアプリケーションを同時に使えます。これは OS が各アプリケーションのタスクを切り替えながら効率的に CPU に処理しているためです。見かけは同時に使っている感覚ですが、実際は交互に各アプリケーションのタスクが実行されています。

💡 図解でつかむ

OSの機能の例（Windows10の場合）

ユーザ管理画面

デバイス管理画面

資源管理画面

🔍 問題にチャレンジ！

Q Webサイトからファイルをダウンロードしながら、その間に表計算ソフトでデータ処理を行うというように、1台のPCで、複数のアプリケーションプログラムを少しずつ互い違いに並行して実行するOSの機能を何と呼ぶか。

(平成29年春・問73)

ア　仮想現実　　　　　イ　デュアルコア
ウ　デュアルシステム　エ　マルチタスク

解説

ア　仮想現実（VR:Virtual Reality）は、コンピュータなどによって作り出した世界をコンピュータグラフィックスなどを利用して、ユーザに知覚させる技術です。
イ　デュアルコアは、1つのプロセッサパッケージの中に2つのCPUコアを搭載したマルチコアプロセッサの一形態です。　ウ　デュアルシステムは、同じ処理を2組のコンピュータシステムで行い、その結果を照合機でチェックしながら処理をしていく信頼化設計の一形態です。　　　　　**A　エ**

ファイル管理の基本的なしくみとファイルへのアクセス方法を学びます。ファイル管理は本試験ではよく出題され、出題形式としては階層構造の図を使った問題が多く出題されています。カレントディレクトリ、ルートディレクトリ、絶対パス、相対パスの意味はしっかり理解しておきましょう。

①ディレクトリ

ディレクトリとは、Windows のフォルダと同じで、ファイルを分類して階層的に管理します。階層の最上位のディレクトリをルートディレクトリといい、現在アクセスしているディレクトリをカレントディレクトリといいます。

②絶対パス

絶対パスは、ルートディレクトリから目的のファイルまでの経路のことです。ディレクトリとディレクトリ、ディレクトリとファイルの間には区切り文字を使用します。区切り文字は Linux では「/」、Windows では「￥」を使用します。

③相対パス

相対パスは、カレントディレクトリから目的のファイルまでの経路のことです。1階層上のディレクトリは「..」、カレントディレクトリは「.」を使って表します。

④ファイル拡張子

拡張子とは、ファイルの種類を判別するためにファイル名の末尾に付けられる文字列のことで、以下のような種類があります。

拡張子	説明
.exe	プログラムなどの実行ファイル
.zip	複数のファイルを圧縮してデータ量を縮小したもの。圧縮ファイル
.gif	256 色以下の比較的色数の少ない静止画像ファイル
.jpeg ／ .jpg	デジタルカメラなどのフルカラー対応の画像ファイル
.mpeg ／ .mpg	動画圧縮のフォーマットで、MPEG-1、MPEG-2、MPEG-4、MPEG-7 などの規格がある
.avi	マイクロソフトが開発した動画用ファイル形式。再生するには適切なコーデック（データを小さく圧縮したり、元に戻すことができるソフト）が必要

💡 図解でつかむ

ファイルパス

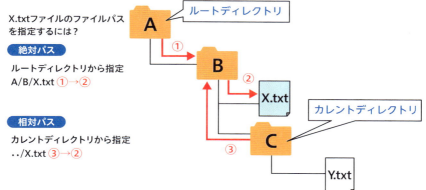

X.txtファイルのファイルパスを指定するには？

絶対パス
ルートディレクトリから指定
A/B/X.txt ①→②

相対パス
カレントディレクトリから指定
../X.txt ③→②

🔍 問題にチャレンジ！

Q Web サーバ上において、図のようにディレクトリ d1 および d2 が配置されているとき、ディレクトリ d1（カレントディレクトリ）にある Web ページファイル f1.html の中から、別のディレクトリ d2 にある Web ページファイル f2.html の参照を指定する記述はどれか。ここで、ファイルの指定方法は次のとおりである。

（平成 31 年春・問 96）

〔指定方法〕
（1）ファイルは、"ディレクトリ名 /…/ ディレクトリ名 / ファイル名"のように、経路上のディレクトリを順に" / "で区切って並べた後に" / "とファイル名を指定する。
（2）カレントディレクトリは" . "で表す。
（3）1 階層上のディレクトリは" .. "で表す。
（4）始まりが" / "のときは、左端のルートディレクトリが省略されているものとする。

ア ./d2/f2.html　　イ ./f2.html
ウ ../d2/f2.html　　エ d2/../f2.html

解説

ア d1 配下の d2 に存在する f2.html を参照するパスです。※図中には存在しません。
イ d1 配下の f2.html を参照するパスです。※図中には存在しません。 エ このパスでは、どのファイルも参照できません。

A ウ

テクノロジ系

ソフトウェア

出る度 ★☆☆

バックアップとは、システムの誤操作や障害によるファイルの破損に備えて、別の装置などにデータを複製（コピー）し、予備として取っておくことです。障害発生時にバックアップしたデータを使ってファイルを元の状態に戻すことを復元（リストア）といいます。

①バックアップの種類

単にすべてのデータをコピーするだけでなく、差分や増分を取得する方法があります。

種類	方法
フルバックアップ	・バックアップ対象の**すべてのデータを複製** ・バックアップ、復元にかかる時間は長い ・データを復元する際は、**フルバックアップのデータ**を装置に複製するだけでよい
差分バックアップ	・フルバックアップの取得以降に、**追加や更新されたデータを複製** ・バックアップにかかる時間は、**追加や更新が多ければ長い** ・データを復元する際は、**フルバックアップと差分バックアップのデータ**を装置に複製する
増分バックアップ	・**前回のバックアップ**（フルバックアップまたは増分バックアップ）取得**以降に追加、更新されたデータ**のみを複製 ・バックアップにかかる時間は**短い** ・データを復元する際は、**フルバックアップと増分バックアップのデータ**を装置に複製する

②バックアップ要件

システムの要件や扱うデータの性質によってバックアップの要件は異なります。

要件	例
タイミング	・毎日 ・毎週末　など
保存先	・別のハードディスク ・DVDなどのメディア　など
方法	・日曜日はフルバックアップで、それ以外は増分バックアップを取得するなど
世代管理	・最新のバックアップだけでなく、過去の状態を復元できるしくみ（たとえば、毎週フルバックアップを取得し、3世代分を保存している場合は、3週間前のデータに復元することができる）

図解でつかむ

バックアップの種類

フルバックアップ

	1日目	2日目	3日目
データ	あいう	あいうえお	あいうえおかき
バックアップ	あいう	あいうえお	あいうえおかき
	フル	フル	フル

毎回全データをコピー

差分バックアップ

	1日目	2日目	3日目
データ	あいう	あいうえお	あいうえおかき
バックアップ	あいう	えお	えおかき
	フル	差分	差分

フルバックアップとの差分をコピー

増分バックアップ

	1日目	2日目	3日目
データ	あいう	あいうえお	あいうえおかき
バックアップ	あいう	えお	かき
	フル	増分	増分

前回のバックアップ以降の変更をコピー

問題にチャレンジ！

Q 毎週日曜日の業務終了後にフルバックアップファイルを取得し、月曜日～土曜日の業務終了後には増分バックアップファイルを取得しているシステムがある。水曜日の業務中に故障が発生したので、バックアップファイルを使って火曜日の業務終了時点の状態にデータを復元することにした。データ復元に必要なバックアップファイルを全て挙げたものはどれか。ここで、増分バックアップファイルとは、前回のバックアップファイル（フルバックアップファイルまたは増分バックアップファイル）の取得以降に変更されたデータだけのバックアップファイルを意味する。

(平成28年春・問92)

ア　日曜日のフルバックアップファイル、月曜日と火曜日の増分バックアップファイル
イ　日曜日のフルバックアップファイル、火曜日の増分バックアップファイル
ウ　月曜日と火曜日の増分バックアップファイル
エ　火曜日の増分バックアップファイル

解説

データを復元する手順は、次の通りです。①日曜日のフルバックアップを使用し、日曜日の業務終了時の状態にデータを復元する。②月曜日の増分バックアップを使用し、月曜日の業務終了時の状態にデータを復元する。③火曜日の増分バックアップを使用し、火曜日の業務終了時の状態にデータを復元する。よって、この3つのファイルを含んだ選択肢「ア」が正解となります。

A ア

16 オフィスツール①

オフィスツールとは、文書作成や表計算、Web ブラウザなど、ビジネスで利用されるソフトウェアのことです。中でも表計算ソフトは、データのコピーや集計、抽出をスピーディかつ正確に行うことができ、業務効率アップにつながります。ここでは試験に出る機能を中心にみていきます。

①表計算ソフトで使う「セル」

1 つひとつのマス目が**セル**です。A 列 1 行目の位置（**セル番地**）を「A1」と表します。複数のセルの集まり（**セル範囲**）の場合は、たとえば「左上端のセル番地が B1 で、右下端のセル番地が C2」のセル範囲であれば「B1：C2」と表します（右ページ参照）。

②セルの複写（コピー）

セルを複写する際に、元のセルに**セル番地を含む式が入力されている場合は注意が必要**です。セル番地が相対参照か絶対参照かによって複写の内容が異なります。文章だけでは理解が難しいので、実際に表計算ソフトに入力して確かめてみましょう。

参照方法	説明
相対参照	複写元と複写先のセルの番地の差を維持するために、式の中の**セル番地が変化する参照方法** ［例］セル A6 に「A1 + 5」（A6 セルと同じ列の 5 行上のセルの値に 5 を加算）という式が入力されているとき、このセルを B8 に複写すると、「B3 + 5」（B8 セルと同じ列の 5 行上のセルの値に 5 を加算）という式が入る
絶対参照	**複写元のセル番地の列番号と行番号の両方または片方を固定する参照方法。**絶対参照を適用する列番号と行番号の両方または片方の直前に「$」をつける ［例］セル B1 に「$A$1 + $A2 + A$5」（列 A 行 1 のセルの値と、列 A で B1 のセルから見て 1 行下のセルの値と、B1 のセルから見て一つ左の列で行 5 のセルの値を加算）という式が入力されているとき、このセルを C4 に複写すると、「A1 + $A5 + B$5」（列 A 行 1 のセルの値と、列 A で C4 セルから見て 1 行下のセルの値と、C4 セルから見て一つ左の列で行 5 のセルの値を加算）が入る。A5 は列、行ともに固定。$A2 は列のみ固定、行は相対的に変化。A$5 は行のみ固定、列は相対的に変化

IT パスポート試験では、「表計算仕様」というボタンをクリックすると、演算子や関数の説明が記載された画面が表示されます。表計算ソフトの問題を解くときには、その仕様を確認しながら解いてくださいね！

💡 図解でつかむ

セルとセル範囲

セル番地
A1

	A	B	C
1			
2			
3		それぞれのマス目を「セル」という	

セル範囲
B1:C2

🔍 問題にチャレンジ！

Q 表計算ソフトを用いて、天気に応じた売行きを予測する。表は、予測する日の天気（晴れ・曇り・雨）の確率、商品ごとの天気別の売上予測額を記入したワークシートである。セル E4 に商品 A の当日の売上予測額を計算する式を入力し、それをセル E5 ～ E6 に複写して使う。このとき、セル E4 に入力する適切な式はどれか。ここで、各商品の当日の売上予測額は、天気の確率と天気別の売上予測額の積を求めた後、合算した値とする。

（平成 29 年春・問 91）

	A	B	C	D	E
1	天気	晴れ	曇り	雨	
2	天気の確率	0.5	0.3	0.2	
3	商品名	晴れの日の売上予測額	曇りの日の売上予測額	雨の日の売上予測額	当日の売上予測額
4	商品 A	300,000	100,000	80,000	
5	商品 B	250,000	280,000	300,000	
6	商品 C	100,000	250,000	350,000	

ア　B2 ＊ B4 + C2 ＊ C4 + D2 ＊ D4　　イ　B$2 ＊ B4 + C$2 ＊ C4 + D$2 ＊ D4

ウ　$B2 ＊ $B4 + $C2 ＊ $C4 + $D2 ＊ $D4

エ　B2 ＊ B4 + C2 ＊ C4 + D2 ＊ D4

解説

商品 A の当日の売上予想額：（晴れの日の予測額×晴れの確率）＋（曇りの日の予測額×曇りの確率）＋（雨の日の予測額×雨の確率）＝ B2 ＊ B4 + C2 ＊ C4 + D2 ＊ D4 となります。複写の際に各商品の予測額のセル番地（B4、C4、D4）は相対参照で行番号が変更されます。各天気の確率のセル番地は、列と行または行のみは固定でなくてはいけません。したがって、この 3 つの項については行番号だけを絶対参照にします。**A イ**

17 オフィスツール②

この章では、表計算ソフトの基本機能のうち、関数について理解します。関数は、業務における定型の計算処理などで利用されています。ITパスポート試験でよく出題される関数を中心に押さえましょう。

●関数

関数とは与えられた値（引数）を元に、何らかの計算や処理を行い、結果を返すプログラムのことです。

種類	説明
合計（セル範囲）	セル範囲に含まれる**数値の合計**を返す ［例］合計（A1:B5）はセルA1からB5の数値の合計を返す
平均（セル範囲）	セル範囲に含まれる**数値の平均**を返す
最大（セル範囲）	セル範囲に含まれる**数値の最大**を返す
最小（セル範囲）	セル範囲に含まれる**数値の最小**を返す
IF（論理式, 式1, 式2）	論理式の結果が**true（論理式が成り立つ）のときは式1の値を、false（論理式が成り立たない）のときは式2の値**を返す ［例］IF（B3 > A4, '北海道',C4）はセルB3がA4より大きいとき、"北海道"を、それ以外の場合はC4の値を返す
個数（セル範囲）	セル範囲に含まれるセルのうち、**空白でないセルの個数**を返す
整数部（算術式）	算術式の値以下で**最大の整数**を返す ［例1］整数部（3.9）は3を返す ［例2］整数部（-3.9）は-4を返す
論理積 （論理式1, 論理式2,…）	論理式1, 論理式2,…の値が**すべてtrue**（すべての論理式が成り立つ）のとき、trueを返す
論理和 （論理式1, 論理式2,…）	論理式1, 論理式2,…の値のうち、**少なくとも1つがtrue**（論理式のどれか1つでも成り立つ）のとき、trueを返す
否定（論理式）	論理式の値が**trueのときfalseを、falseのときtrueを返す**
切上げ（算術式, 桁位置） **四捨五入**（算術式, 桁位置） **切捨て**（算術式, 桁位置）	算術式の値を指定した桁位置で、**関数"切上げ"は切り上げた値を、関数"四捨五入"は四捨五入した値を、関数"切捨て"は切り捨てた値**を返す。ここで、桁位置は小数第1位の桁を0とし、右方向を正として数えたときの位置とする ［例1］切上げ（-314.059,2）は-314.06を返す ［例2］切上げ（314.059, -2）は400を返す ［例3］切上げ（314.059,0）は315を返す

💡 図解でつかむ

関数の例

2つの科目 X、Y の成績を評価して合否を判定します。それぞれの点数はセル A2、B2 に入力します。合計点が 120 点以上であり、かつ、2 科目とも 50 点以上であればセル C2 に"合格"、それ以外は"不合格"と表示したい場合、

	A	B	C
1	科目 X	科目 Y	合否
2	50	80	合格

セル C2 には次のような計算式を入力します。

IF(論理積（（A2 + B2）>= 120, A2 >= 50, B2 >= 50),' 合格 ',' 不合格 ')

上記のように IF の論理式が関数の場合、内側の関数から先に評価を行います。内側の関数は論理積のため、A2 と B2 の合計が 120 以上、A2 が 50 以上、B2 が 50 以上のすべての論理式が成り立つ場合、true が、それ以外の場合は false が返ります。その結果をもとに IF の評価を行います。

🔍 問題にチャレンジ！

Q セル B2 ～ C7 に学生の成績が科目ごとに入力されている。セル D2 に計算式 "IF(B2 ≧ 50, ' 合格 ', IF(C2 ≧ 50, ' 合格 ', ' 不合格 '))" を入力し、それをセル D3 ～ D7 に複写した。セル D2 ～ D7 において"合格"と表示されたセルの数は幾つか。

(平成 28 年秋・問 82 改)

	A	B	C	D
1	氏名	数学	英語	評価
2	山田太郎	50	80	
3	鈴木花子	45	30	
4	佐藤次郎	35	85	
5	田中梅子	55	70	
6	山本克也	60	45	
7	伊藤幸子	30	45	

ア 2
イ 3
ウ 4
エ 5

解説

セル D2 の式は、数学が 50 点以上の場合は「合格」、50 点未満の場合 IF 関数で英語の点数を評価します。英語が 50 点以上の場合は「合格」、50 点未満の場合は「不合格」となります。数学か英語のどちらかが 50 点以上のセルの個数は 4 つです。 **A ウ**

OSS（オープンソースソフトウェア）とは、通常の商用ソフトウェアとはライセンス上の取扱いが異なります。無償でソースコードが公開されていて、誰でも改良ができ、それを再配布することが認められているソフトウェアです。

① OSS のライセンスの条件

OSS は、**ソースコードが無償で公開**され、誰に対しても**改良や再配布を行うことが認められている**ソフトウェアですが、「オープンソースライセンス」という使用許諾契約に基づいて利用する必要があります。OSS のライセンスは「The Open Source Initiative（OSI）」という非営利団体が管理しており、以下のような条件を満たす必要があります。

- ・自由に再配布できる
- ・派生ソフトウェアの配布を許可する
- ・使用分野に対する差別をしない
- ・ほかのソフトウェアを制限しない
- ・無償でソースコードを配布する
- ・個人やグループに対する差別をしない
- ・特定の製品に依存しない
- ・ライセンスは技術的に中立である

② OSS ライセンスの種類

OSS のライセンスは、制約条件の違いにより以下のように分かれています。

ライセンスの種類	説明
GNU　GPL（GNU General Public License）	もっとも**制限の強い**ライセンス。GPL のコードを含むソフトウェアは配布の際には**ソースコードの公開が必須**
LGPL	**GPL の制約を緩めた**ライセンス。LGPL ライセンスのソフトウェアを利用してソフトウェアを開発しても、独自開発部分の**ソースコードの公開を強制しない**
BSD	もっとも**制限の弱い**ライセンス。改変したソフトウェアの**ソースコードを公開する必要はない**
MPL（Mozilla Public License）	改変したソフトウェアのソースコードは公開する必要があるが、**独自開発したソフトウェア**については、**別のライセンスを適用**することが可能

③ OSS の種類

ソフトウェアの分類	ソフトウェアの名称
OS	Linux、Android
Web ブラウザ	Firefox、Chromium
オフィスツール	LibreOffice、OpenOffice
メールクライアント	Thunderbird
データベース管理システム	MySQL、PostgreSQL、SQLite
Web サーバ	Apache

OSS の種類については、ソフトウェアの分類と名称の組合せは必ず覚えておきましょう。OSS は、利用者の環境に合わせてソースコードを改変できるというメリットがありますが、ライセンス条件には禁止事項もあります。ライセンス条件をきちんと確認して、適切に使用しましょう。

🔍 問題にチャレンジ！

Q OSS (Open Source Software) に関する記述のうち、適切なものだけを全て挙げたものはどれか。

(令和元年秋・問89)

① Web サーバとして広く用いられている Apache HTTP Server は OSS である。
② Web ブラウザである Internet Explorer は OSS である。
③ ワープロソフトや表計算ソフト、プレゼンテーションソフトなどを含むビジネス統合パッケージは開発されていない。

ア ①　　**イ** ①、②　　**ウ** ②、③　　**エ** ③

解説

① 正しい。Apache は OSS の Web サーバです。② 誤り。Internet Explorer は Web ブラウザですが、OSS ではありません。③誤り。ワープロソフトや表計算ソフト、プレゼンテーションソフトなどを含む OSS のオフィスツールとして LibreOffice、OpenOffice があります。よって、正しいものは①のみ。選択肢の「ア」が正解です。

A ア

19 データベース方式

データベースは、業務で利用する多様なデータを意味や一定のルールに沿って整理し、格納したものです。システムや部署間での情報の共有やデータの集中管理を行うことができ、業務の効率化につながります。

①データベース管理システム

DBMS（Database Management System）は、**データベースを運用、管理するためのソフトウェア**で、以下のような機能を持っています。

機能	概要
データ操作	データの**検索、追加、更新、削除**を行う機能
アクセス制御	利用者に**データベースの利用権限を設定**し、アクセス権のない利用者がデータベースにアクセスできないようにする機能
同時実行制御（排他制御）	**同時に複数の利用者がデータベースを操作**しても、データの**矛盾が生じない**ようにする機能
障害回復	データベースに障害が発生した場合に、**障害が発生する前の状態にデータを復旧**する機能

②データベースの種類

データベースはデータの管理方法によって以下の種類があります。

種類	概要
リレーショナル（関係）データベース	**最も普及しているデータベース**で、データを**表形式**で表す。データの操作に **SQL** という言語を利用する
ツリー型（階層型）データベース	データが**ツリー（木）のような構造**をしている。親データに対して複数の子データが存在する
ネットワーク型データベース	データ同士が**網の目のような構造**をしている。子データに対して複数の親データが存在できる
NoSQL	Not Only SQL の略で、SQL を使わずリレーショナル型データベース以外のものをまとめて呼ぶ。**自由なデータ方式**が特徴で画像や音声など色々なデータを大量に保存でき、ビッグデータを蓄える技術としても利用されている

💡 図解でつかむ

データベースの種類

リレーショナルデータベース

社員情報

社員番号	社員氏名	部署番号
2001	伊藤一郎	101
2002	佐々木次郎	102
2003	田中三郎	101
2004	山本和子	104

部署情報

部署番号	部署名
101	総務部
102	経理部
103	営業部
104	開発部

ツリー(階層)型データベース

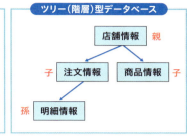

ネットワーク型データベース

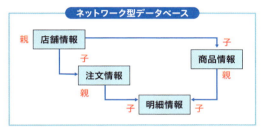

🔍 問題にチャレンジ！

Q 次の a ～ d のうち、DBMS に備わる機能として、適切なものだけを全て挙げたものはどれか。 (平成 28 年秋・問 77)

a. ウイルスチェック

b. データ検索・更新

c. テーブルの正規化

d. 同時実行制御

ア　a、b、c　　　イ　a、c　　　ウ　b、c、d　　　エ　b、d

解説

a. 誤り。ウイルスチェック機能は持ちません。b. 正しい。DBMS はデータベースに対して検索・挿入・削除・更新などの処理を要求します。関係データベースでは SQL の発行を行うことでデータベースを操作します。c. 誤り。テーブルの正規化はデータベース設計者が行います。d. 正しい。複数のトランザクションを並行実行してもデータの矛盾が生じないようにトランザクションのスケジューリングを行います。

A エ

20 データベース設計

テクノロジ系
ソフトウェア
出る度 ★★★

データベースの設計とは、業務で使用するデータやデータ同士の関連性を整理して、どのように格納するかを決定することです。ここでは、最も普及しているリレーショナルデータベースの設計に関わる用語について理解しておきましょう。

①データベースの構造

データベースは以下のような構造になっています。

用語	概要
テーブル（表）	データを**2次元で管理する表**のこと
レコード（行）	テーブル内の**1件分のデータ**のこと
フィールド（列）	テーブル内の**項目**のこと
主キー	テーブル内のレコードを**一意に識別する**ためのフィールド。1つのテーブルに主キーの値が同じレコードは複数存在できない。これを**一意性制約**という
外部キー	ほかの**テーブルの主キーを参照**しているフィールド。外部キーの値は重複してもよいが、**参照するテーブルの主キーの値と同じ**でなければならない。これを**参照整合性制約**という
インデックス	データの**検索速度を向上させるために**に、どのレコードがどこにあるかを示したもの。**本の索引**のようなもの

②データの正規化

データベースでは、関連する情報ごとにテーブルを分割してデータを管理します。**データの正規化**とは、**データの重複がないようにテーブルを適切に分割し、データの更新時に不整合を防ぐためのしくみ**です。もし商品の単価が複数のテーブルに存在していたら、単価が変更されたときに複数のテーブルを変更する必要があり、修正漏れなどによりデータの不整合が発生する可能性があります。

このようなことを防ぐために、データベースの設計では正規化を行い、どこのテーブルにどのデータを持たせるべきかを決定していきます。分割した**テーブルとテーブルの関係**は **E-R 図**で表現します。テーブルが実体（Entity）、テーブルの関係が関連（Relationship）になります。

💡 図解でつかむ

テーブルの構造

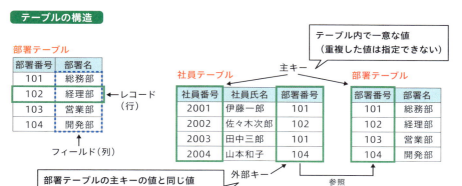

部署テーブル

部署番号	部署名
101	総務部
102	経理部
103	営業部
104	開発部

←レコード（行）

フィールド（列）

テーブル内で一意な値（重複した値は指定できない）

社員テーブル　主キー　部署テーブル

社員番号	社員氏名	部署番号
2001	伊藤一郎	101
2002	佐々木次郎	102
2003	田中三郎	101
2004	山本和子	104

部署番号	部署名
101	総務部
102	経理部
103	営業部
104	開発部

外部キー　参照

部署テーブルの主キーの値と同じ値（存在しない部署番号の指定はできない）

E‐R図

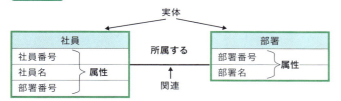

実体

社員
社員番号
社員名
部署番号

属性

所属する

関連

部署
部署番号
部署名

属性

🔍 問題にチャレンジ！

Q 売上伝票のデータを関係データベースの表で管理することを考える。売上伝票の表を設計するときに、表を構成するフィールドの関連性を分析し、データの重複及び不整合が発生しないように、複数の表に分ける作業はどれか。

（令和元年秋・問87）

ア　結合　　イ　射影　　ウ　正規化　　エ　排他制御

解説

ア　結合は、複数のテーブルを同じ内容のフィールドを使って連結することです。
イ　射影は、目的のテーブルからフィールドを選択することです。　エ　排他制御は、同時に複数の利用者がデータベースを操作しても、データの矛盾が生じないようにするデータベース管理システム（DBMS）の機能です。　　**A ウ**

21 データ操作

データベースでは、必要なデータを抽出したり、新たなデータを追加したり、既存のデータを削除するだけでなく、複数のテーブルを結合して新たな結果を生み出すこともできます。それぞれの操作について、概要を理解しておきましょう。

●データ操作

リレーショナルデータベースを操作するための言語を SQL（Structured Query Language）といいますが、データ操作には以下の種類があります。

操作	概要
選択	目的とするテーブルから、**指定された条件のレコードだけを取り出す**
射影	目的とするテーブルから、**指定されたフィールドだけを取り出す**
挿入	目的のテーブルに、**新たにレコードを追加する**
更新	目的のテーブルの**指定された条件のレコードの値を更新する**
削除	目的のテーブルから**指定された条件のレコードを削除する**
結合	複数のテーブルに対して、**共通のフィールドを使ってテーブルを連結し、新たな結果を取り出す**

データの正規化によりデータベースのデータは複数のテーブルに分割されて格納されています。必要な情報を取り出すためには、「複数のテーブルを結合してから取り出す」操作が必要になります。

💡 図解でつかむ

データ操作のイメージ

選択

部署番号が101のレコードを取り出す

社員テーブル

社員番号	社員氏名	部署番号
2001	伊藤一郎	101
2002	佐々木次郎	102
2003	田中三郎	101
2004	山本和子	104

結果

社員番号	社員氏名	部署番号
2001	伊藤一郎	101
2003	田中三郎	101

射影

社員氏名のフィールドを取り出す

社員テーブル

社員番号	社員氏名	部署番号
2001	伊藤一郎	101
2002	佐々木次郎	102
2003	田中三郎	101
2004	山本和子	104

結果

社員氏名
伊藤一郎
佐々木次郎
田中三郎
山本和子

挿入

社員テーブルに1レコードを追加する

社員テーブル

社員番号	社員氏名	部署番号
2001	伊藤一郎	101
2002	佐々木次郎	102
2003	田中三郎	101
2004	山本和子	104

結果

社員番号	社員氏名	部署番号
2001	伊藤一郎	101
2002	佐々木次郎	102
2003	田中三郎	101
2004	山本和子	104
2005	加藤　恵	103

更新

社員番号が2004のレコードの部署番号を103に更新する

社員テーブル

社員番号	社員氏名	部署番号
2001	伊藤一郎	101
2002	佐々木次郎	102
2003	田中三郎	101
2004	山本和子	104

結果

社員番号	社員氏名	部署番号
2001	伊藤一郎	101
2002	佐々木次郎	102
2003	田中三郎	101
2004	山本和子	103

削除

社員番号が2005のレコードを削除する

社員テーブル

社員番号	社員氏名	部署番号
2001	伊藤一郎	101
2002	佐々木次郎	102
2003	田中三郎	101
2004	山本和子	104
2005	加藤　恵	103

結果

社員番号	社員氏名	部署番号
2001	伊藤一郎	101
2002	佐々木次郎	102
2003	田中三郎	101
2004	山本和子	104

結合

社員テーブルと部署テーブルを部署番号で結合する

社員テーブル

社員番号	社員氏名	部署番号
2001	伊藤一郎	101
2002	佐々木次郎	102
2003	田中三郎	101
2004	山本和子	104

部署テーブル

部署番号	部署名
101	総務部
102	経理部
103	営業部
104	開発部

社員番号	社員氏名	部署番号	部署名
2001	伊藤一郎	101	総務部
2002	佐々木次郎	102	経理部
2003	田中三郎	101	総務部
2004	山本和子	104	開発部

🔍 問題にチャレンジ！

Q 関係データベースの操作 a ～ c と、関係演算の適切な組合せはどれか。

（平成 30 年春・問 65）

a. 指定したフィールド（列）を抽出する。

b. 指定したレコード（行）を抽出する。

c. 複数の表を一つの表にする。

	a	b	c
ア	結合	射影	選択
イ	射影	結合	選択
ウ	射影	選択	結合
エ	選択	射影	結合

解説

a. 指定したフィールド（列）を抽出する操作は、射影です。

b. 指定したレコード（行）を抽出する操作は、選択です。

c. 複数の表を 1 つの表にする操作は、結合です。

A ウ

22 トランザクション処理

テクノロジ系
ソフトウェア
出る度 ★★☆

たとえば、「注文処理」では、注文を確定するに際は、注文テーブルに注文情報を挿入する操作と在庫テーブルから在庫数を更新する操作が必要です。このように関連のある複数のデータ操作をひとつにまとめたものが「トランザクション」です。

●トランザクション処理

リレーショナルデータベースでは、通常、同時に複数の利用者による処理（トランザクション）が実行されています。そのため、**データベースの一貫性を保つしくみ**が用意されています。

用語	概要
コミット	トランザクション内の**すべての操作を確定する**こと。たとえば、注文処理のときに、在庫テーブルの在庫数の更新操作と注文テーブルの挿入操作の両方が成功した場合、データベースへの操作を確定する
ロールバック	トランザクション内の**すべての操作を取り消す**こと。トランザクションが注文処理のときに、在庫テーブルの在庫数の更新操作か注文テーブルの挿入操作のどちらかが失敗した場合、データベースへの操作を取り消す
排他制御 （はいたせいぎょ）	**同一のデータに対して、複数のトランザクションが同時に書き込むことを防止するしくみ**のこと。操作中のデータに**ロック**をかけ、**ほかのトランザクションから操作させないようにする**ことで、**データの上書き**などが起きないようにする。操作の完了後、ロックを外して（アンロック）、**ほかのトランザクションの操作を可能にする。** 2つ以上のトランザクションがお互いにロックをかけ合い、**ロックの解除待ちになってしまう**状態をデッドロックという。デッドロックが起きると性能が落ちるため、トランザクション内の処理の順番を決めるなどの回避策が必要となる

トランザクション処理や排他制御は、インターネットショッピングをはじめとするWebシステムでは欠かせない機能です。試験対策としてだけでなく、データの整合性を保つしくみとして理解しておいて欲しい知識です。

💡 図解でつかむ

トランザクションの例（注文処理）

トランザクション開始前

注文テーブル

注文番号	商品番号	個数
1001	910	100
1002	872	20
1003	283	40

在庫テーブル

商品番号	在庫数
001	1200
⋮	⋮
511	100
512	40

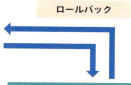

ロールバック

トランザクション実施（全ての操作が成功）

注文テーブル

注文番号	商品番号	個数
1001	910	100
1002	872	20
1003	283	40
1004	511	30

在庫テーブル

商品番号	在庫数
001	1200
⋮	⋮
511	70
512	40

↑②挿入（成功）　①更新（成功）
③コミット（操作を確定）

トランザクション実施（いずれかの操作が失敗）

注文テーブル

注文番号	商品番号	個数
1001	910	100
1002	872	20
1003	283	40
1004	511	30

在庫テーブル

商品番号	在庫数
001	1200
⋮	⋮
511	70
512	40

✕ ②挿入（失敗）　①更新（成功）
③ロールバック（操作を取り消す）

失敗したので
操作を取り消す！

トランザクション終了（コミット）

注文テーブル

注文番号	商品番号	個数
1001	910	100
1002	872	20
1003	283	40
1004	511	30

在庫テーブル

商品番号	在庫数
001	1200
⋮	⋮
511	70
512	40

└─ 更新される！ ─┘

🔍 問題にチャレンジ！

Q トランザクション処理におけるロールバックの説明として、適切なものはどれか。

（平成30年秋・問63）

ア　あるトランザクションが共有データを更新しようとしたとき、そのデータに対する他のトランザクションからの更新を禁止すること

イ　トランザクションが正常に処理されたときに、データベースへの更新を確定させること

ウ　何らかの理由で、トランザクションが正常に処理されなかったときに、データベースをトランザクション開始前の状態にすること

エ　複数の表を、互いに関係付ける列をキーとして、一つの表にすること

解説

ア　排他制御の説明です。　イ　コミットの説明です。　エ　結合演算の説明です。

A ウ

column 7 コンピュータの基礎理論⑤ アルゴリズム

アルゴリズムとは、目的を達成するための**処理の手順**を表したものです。日本産業規格（JIS）ではアルゴリズムのことを「問題を解くためのものであって、明確に定義され、順序付けられた有限個の規則から成る集合」と定義しています。処理手順を**図式化したもの**を**フローチャート**といいます。

ソフトウェアの開発では、プログラム言語を使用してアルゴリズムを記述することで、コンピュータに目的の処理を行わせます。

本試験では、以下の問題が出題されています。最初に具体例を使って「目的」とそれを達成するための「手順」が説明されます。そのうえで、指定された値で同じアルゴリズムを実施すると結果はいくつになるかという問題です。

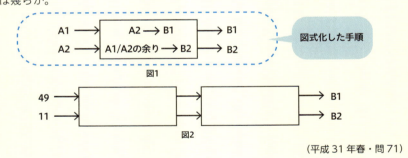

図1のように二つの正の整数 A1、A2 を入力すると、二つの数値 B1、B2 を出力するボックスがある。B1 は A2 と同じ値であり、B2 は A1 を A2 で割った余りである。図2のように，このボックスを 2 個つないだ構成において、左側のボックスの A1 として 49、A2 として 11 を入力したとき、右側のボックスから出力される B2 の値は幾らか。

（平成 31 年春・問71）

[解き方]
① B1 = A2、② B2 =（A1 ／ A2 の余り）のルールを図2に当てはめてみます。

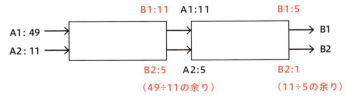

すると、B2 の値は 1 となります。指定された値と手順で解ける問題です。

第 **6** 章

過去問道場®

試験時間　120分

. . . .

ITパスポート試験は100問出題され、1,000点満点で採点されます。

合格基準は

① ストラテジ系、マネジメント系、テクノロジ系で各30%となる300点以上あること

② 合計得点が60%以上となる600点以上あること

となります。本番では各問題によって配点が異なりますが、本書でもおおむねこれらの基準で採点するとよいでしょう。間違えた問題については、解説ページやITパスポート試験ドットコムの用語集で確認して知識の定着を図りましょう。

過去問道場® 解答用紙

問 1	問 2	問 3	問 4	問 5	問 6	問 7	問 8	問 9	問 10

問 11	問 12	問 13	問 14	問 15	問 16	問 17	問 18	問 19	問 20

問 21	問 22	問 23	問 24	問 25	問 26	問 27	問 28	問 29	問 30

問 31	問 32	問 33	問 34	問 35	問 36	問 37	問 38	問 39	問 40

問 41	問 42	問 43	問 44	問 45	問 46	問 47	問 48	問 49	問 50

問 51	問 52	問 53	問 54	問 55	問 56	問 57	問 58	問 59	問 60

問 61	問 62	問 63	問 64	問 65	問 66	問 67	問 68	問 69	問 70

問 71	問 72	問 73	問 74	問 75	問 76	問 77	問 78	問 79	問 80

問 81	問 82	問 83	問 84	問 85	問 86	問 87	問 88	問 89	問 90

問 91	問 92	問 93	問 94	問 95	問 96	問 97	問 98	問 99	問 100

問1　特定の目的の達成や課題の解決をテーマとして、ソフトウェアの開発者や企画者などが短期集中的にアイディアを出し合い、ソフトウェアの開発などの共同作業を行い、成果を競い合うイベントはどれか。

　　ア　コンベンション　イ　トレードフェア　ウ　ハッカソン　エ　レセプション

問2　銀行などの預金者の資産を、AI が自動的に運用するサービスを提供するなど、金融業において IT 技術を活用して、これまでにない革新的なサービスを開拓する取組を示す用語はどれか。

　　ア　FA　　イ　FinTech　　ウ　OA　　エ　シェアリングエコノミー

問3　ディープラーニングに関する記述として、最も適切なものはどれか。

　　ア　営業、マーケティング、アフタサービスなどの顧客に関わる部門間で情報や業務の流れを統合する仕組み
　　イ　コンピュータなどのディジタル機器、通信ネットワークを利用して実施される教育、学習、研修の形態
　　ウ　組織内の各個人がもつ知識やノウハウを組織全体で共有し、有効活用する仕組み
　　エ　大量のデータを人間の脳神経回路を模したモデルで解析することによって、コンピュータ自体がデータの特徴を抽出、学習する技術

問4　シェアリングエコノミーの説明はどれか。

　　ア　IT の活用によって経済全体の生産性が高まり、更に SCM の進展によって需給ギャップが解消されるので、インフレなき成長が持続するという概念である。
　　イ　IT を用いて、再生可能エネルギーや都市基盤の効率的な管理・運営を行い、人々の生活の質を高め、継続的な経済発展を実現するという概念である。
　　ウ　商取引において、実店舗販売とインターネット販売を組み合わせ、それぞれの長所を生かして連携させることによって、全体の売上を拡大する仕組みである。
　　エ　ソーシャルメディアのコミュニティ機能などを活用して、主に個人同士で、個人が保有している遊休資産を共有したり、貸し借りしたりするしくみである。

問5　取得した個人情報の管理に関する行為 a ～ c のうち、個人情報保護法において、本人に通知または公表が必要となるものだけを全て挙げたものはどれか。

a. 個人情報の入力業務の委託先の変更
b. 個人情報の利用目的の合理的な範囲での変更
c. 利用しなくなった個人情報の削除

ア　a　　イ　a, b　　ウ　b　　エ　b, c

問6　我が国における、社会インフラとなっている情報システムや情報通信ネットワークへの脅威に対する防御施策を、効果的に推進するための政府組織の設置などを定めた法律はどれか。

ア　サイバーセキュリティ基本法　　　　イ　特定秘密保護法
ウ　不正競争防止法　　　　　　　　　　エ　マイナンバー法

問7　特定電子メールとは、広告や宣伝といった営利目的に送信される電子メールのことである。特定電子メールの送信者の義務となっている事項だけを全て挙げたものはどれか。

a. 電子メールの送信拒否を連絡する宛先のメールアドレスなどを明示する。
b. 電子メールの送信同意の記録を保管する。
c. 電子メールの送信を外部委託せずに自ら行う。

ア　a, b　　イ　a, b, c　　ウ　a, c　　エ　b, c

問8　A 氏は、インターネット掲示板に投稿された情報が自身のプライバシを侵害したと判断したので、プロバイダ責任制限法に基づき、その掲示板を運営する X 社に対して、投稿者である B 氏の発信者情報の開示を請求した。このとき、X 社がプロバイダ責任制限法に基づいて行う対応として、適切なものはどれか。ここで、X 社は A 氏、B 氏双方と連絡が取れるものとする。

ア　A 氏、B 氏を交えた話合いの場を設けた上で開示しなければならない。
イ　A 氏との間で秘密保持契約を締結して開示しなければならない。
ウ　開示するかどうか、B 氏に意見を聴かなければならない。
エ　無条件で直ちに A 氏に開示しなければならない。

問 9　BPM（Business Process Management）の説明として、適切なものはどれか。

ア　地震、火災、IT 障害および疫病の流行などのリスクを洗い出し、それが発生したときにも業務プロセスが停止しないように、あらかじめ対処方法を考えておくこと

イ　製品の供給者から消費者までをつなぐ一連の業務プロセスの最適化や効率の向上を図り、顧客のニーズに応えるとともにコストの低減などを実現すること

ウ　組織、職務、業務フロー、管理体制、情報システムなどを抜本的に見直して、業務プロセスを再構築すること

エ　組織の業務プロセスの効率的、効果的な手順を考え、その実行状況を監視して問題点を発見、改善するサイクルを継続的に繰り返すこと

問 10　"クラウドコンピューティング"に関する記述として、適切なものはどれか。

ア　インターネットの通信プロトコル

イ　コンピュータ資源の提供に関するサービスモデル

ウ　仕様変更に柔軟に対応できるソフトウェア開発の手法

エ　電子商取引などに使われる電子データ交換の規格

問 11　SaaS の説明として、最も適切なものはどれか。

ア　インターネットへの接続サービスを提供する。

イ　システムの稼働に必要な規模のハードウェア機能を、サービスとしてネットワーク経由で提供する。

ウ　ハードウェア機能に加えて、OS やデータベースソフトウェアなど、アプリケーションソフトウェアの稼働に必要な基盤をネットワーク経由で提供する。

エ　利用者に対して、アプリケーションソフトウェアの必要な機能だけを必要なときに、ネットワーク経由で提供する。

問 12　自然災害などによるシステム障害に備えるため、自社のコンピュータセンタとは別の地域に自社のバックアップサーバを設置したい。このとき利用する外部業者のサービスとして、適切なものはどれか。

ア　ASP　　イ　BPO　　ウ　SaaS　　エ　ハウジング

問 13 意思決定に役立つ知見を得ることなどが期待されており、大量かつ多種多様な形式でリアルタイム性を有する情報などの意味で用いられる言葉として、最も適切なものはどれか。

　　ア　ビッグデータ　　　　　イ　ダイバーシティ
　　ウ　コアコンピタンス　　　エ　クラウドファンディング

問 14 システムのライフサイクルプロセスの一つに位置付けられる、要件定義プロセスで定義するシステム化の要件には、業務要件を実現するために必要なシステム機能を明らかにする機能要件と、それ以外の技術要件や運用要件などを明らかにする非機能要件がある。非機能要件だけを全て挙げたものはどれか。

a. 業務機能間のデータの流れ
b. システム監視のサイクル
c. 障害発生時の許容復旧時間

　　ア　a, c　　　イ　b　　　ウ　b, c　　　エ　c

問 15 システム導入を検討している企業や官公庁などが RFI を実施する目的として、最も適切なものはどれか。

　　ア　ベンダ企業からシステムの詳細な見積金額を入手し、契約金額を確定する。
　　イ　ベンダ企業から情報収集を行い、システムの技術的な課題や実現性を把握する。
　　ウ　ベンダ企業との認識のずれをなくし、取引を適正化する。
　　エ　ベンダ企業に提案書の提出を求め、発注先を決定する。

問 16 工程間の仕掛品や在庫を削減するために、必要なものを必要なときに必要な数量だけ後工程に供給することを目的として、全ての工程が後工程からの指示や要求に従って生産する方式はどれか。

　　ア　ジャストインタイム生産方式　　　イ　セル生産方式
　　ウ　見込生産方式　　　　　　　　　　エ　ロット生産方式

問 17　あるメーカの当期損益の見込みは表のとおりであったが、その後広告宣伝費が5億円、保有株式の受取配当金が3億円増加した。このとき、最終的な営業利益と経常利益はそれぞれ何億円になるか。ここで、広告宣伝費、保有株式の受取配当金以外は全て見込みどおりであったものとする。

単位　億円

項目	金額
売上高	1,000
売上原価	780
販売費および一般管理費	130
営業外収益	20
営業外費用	16
特別利益	2
特別損失	1
法人税、住民税および事業税	50

	営業利益	経常利益
ア	85	92
イ	85	93
ウ	220	92
エ	220	93

問 18　ある商品の1年間の売上高が400万円、利益が50万円、固定費が150万円であるとき、この商品の損益分岐点での売上高は何万円か。

ア　240　　イ　300　　ウ　320　　エ　350

問19　企業の財務状況を明らかにするための貸借対照表の記載形式として、適切なものはどれか。

ア

借方	貸方
資産の部	負債の部
	純資産の部

イ

借方	貸方
資本金の部	負債の部
	資産の部

ウ

借方	貸方
純資産の部	利益の部
	資本金の部

エ

借方	貸方
資産の部	負債の部
	利益の部

問20　貸借対照表から求められる、自己資本比率は何 % か。

単位　百万円

資産の部		負債の部	
流動資産合計	100	流動負債合計	160
固定資産合計	500	固定負債合計	200
		純資産の部	
		株主資本	240

ア　40　　イ　80　　ウ　125　　エ　150

問21　意匠権による保護の対象として、適切なものはどれか。

ア　幾何学的で複雑なパターンが造形美術のような、プリント基板の回路そのもの

イ　業務用車両に目立つように描かれた、企業が提供するサービスの名称

ウ　工芸家がデザインし職人が量産できる、可愛らしい姿の土産物の張子の虎

エ　魚のうろこのような形の重なりが美しい、山の斜面に作られた棚田の景観

問22　営業秘密の要件に関する記述 a ～ d のうち、不正競争防止法に照らして適切なものだけを全て挙げたものはどれか。

a.　公然と知られていないこと

b.　利用したいときに利用できること

c.　事業活動に有用であること

d.　秘密として管理されていること

ア　a, b　　イ　a, c, d　　ウ　b, c, d　　エ　c, d

問 23　ソフトウェアの開発において基本設計からシステムテストまでを一括で委託するとき、請負契約の締結に関する留意事項のうち、適切なものはどれか。

ア　請負業務着手後は、仕様変更による工数の増加が起こりやすいので、詳細設計が完了するまで契約の締結を待たなければならない。

イ　開発したプログラムの著作権は、特段の定めがない限り委託者側に帰属するので、受託者の著作権を認める場合、その旨を契約で決めておかなければならない。

ウ　受託者は原則として再委託することができるので、委託者が再委託を制限するためには、契約で再委託の条件を決めておかなければならない。

エ　ソフトウェア開発委託費は開発規模によって変動するので、契約書では定めず、開発完了時に委託者と受託者双方で協議して取り決めなければならない。

問 24　大手システム開発会社 A 社からプログラムの作成を受託している B 社が下請代金支払遅延等防止法（以下、下請法）の対象会社であるとき、下請法に基づく代金の支払いに関する記述のうち、適切なものはどれか。

ア　A 社はプログラムの受領日から起算して 60 日以内に、検査の終了にかかわらず代金を支払う義務がある。

イ　A 社はプログラムの受領日から起算して 60 日を超えても、検査が終了していなければ代金を支払う義務はない。

ウ　B 社は確実な代金支払いを受けるために、プログラム納品日から起算して 60 日間は A 社による検査を受ける義務がある。

エ　B 社は代金受領日から起算して 60 日後に、納品したプログラムに対する A 社の検査を受ける義務がある。

問 25　次の記述 a ～ c のうち、勤務先の法令違反行為の通報に関して、公益通報者保護法で規定されているものだけを全て挙げたものはどれか。

a.　勤務先の同業他社への転職のあっせん
b.　通報したことを理由とした解雇の無効
c.　通報の内容に応じた報奨金の授与

ア　a, b　　イ　b　　ウ　b, c　　エ　c

問 26　ISO が定めた環境マネジメントシステムの国際規格はどれか。

ア　ISO 9000　　イ　ISO 14000　　ウ　ISO/IEC 20000　　エ　ISO/IEC 27000

問 27　事業環境の分析などに用いられる 3C 分析の説明として、適切なものはどれか。

ア　顧客、競合、自社の三つの観点から分析する。

イ　最新購買日、購買頻度、購買金額の三つの観点から分析する。

ウ　時代、年齢、世代の三つの要因に分解して分析する。

エ　総売上高の高い順に三つのグループに分類して分析する。

問 28　自社の商品について PPM を作図した。"金のなる木"に該当するものはどれか。

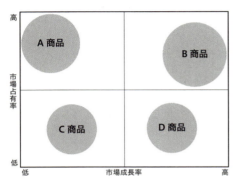

注記　円の大きさは売上の規模を示す。

ア　A 商品　　イ　B 商品　　ウ　C 商品　　エ　D 商品

問 29　マーケティングミックスにおける売り手から見た要素は 4P と呼ばれる。これに対応する買い手から見た要素はどれか。

ア　4C　　イ　4S　　ウ　AIDMA　　エ　SWOT

問 30　製品やサービスの価値を機能とコストの関係で分析し、機能や品質の向上およびコスト削減などによって、その価値を高める手法はどれか。

ア　サプライチェーンマネジメント

イ　ナレッジマネジメント

ウ　バリューエンジニアリング

エ　リバースエンジニアリング

問 31　CRM の前提となっている考え方として、最も適切なものはどれか。

ア　競争の少ない領域に他社に先駆けて進出することが利益の源泉となる。

イ　顧客との良好な関係を構築し、維持することが利益の源泉となる。

ウ　製品のライフサイクルを短縮することが利益の源泉となる。

エ　特定市場で大きなシェアを獲得することが利益の源泉となる。

問 32　記述 a ～ c のうち、技術戦略に基づいて、技術開発計画を進めるときなどに用いられる技術ロードマップの特徴として、適切なものだけを全て挙げたものはどれか。

a．技術者の短期的な業績管理に向いている。

b．時間軸を考慮した技術投資の予算および人材配分の計画がしやすい。

c．創造性に重きを置いて、時間軸は余り考慮しない。

　ア　a　　　イ　a, b　　　ウ　a, b, c　　　エ　b

問 33　製品の製造におけるプロセスイノベーションによって、直接的に得られる成果はどれか。

ア　新たな市場が開拓される。

イ　製品の品質が向上する。

ウ　製品一つ当たりの生産時間が増加する。

エ　歩留り率が低下する。

問 34　ロングテールに基づいた販売戦略の事例として、最も適切なものはどれか。

ア　売れ筋商品だけを選別して仕入れ、Web サイトにそれらの商品についての広告を長期間にわたり掲載する。

イ　多くの店舗において、購入者の長い行列ができている商品であることを Web サイトで宣伝し、期間限定で販売する。

ウ　著名人のブログに売上の一部を還元する条件で商品広告を掲載させてもらい、ブログの購読者と長期間にわたる取引を継続する。

エ　販売機会が少ない商品について品ぞろえを充実させ、Web サイトにそれらの商品を掲載し、販売する。

問 35　インターネットを利用した広告において、あらかじめ受信者からの同意を得て、受信者の興味がある分野についての広告をメールで送るものはどれか。

ア　アフィリエイト広告　　　　イ　オーバーレイ広告

ウ　オプトアウトメール広告　　エ　オプトインメール広告

問 36　AI を利用したチャットボットに関する事例として、最も適切なものはどれか。

ア　あらゆる物がインターネットを介してつながることによって、外出先でスマートデバイスから自宅のエアコンのスイッチを入れることなどができるようになる。

イ　コンピュータが様々な動物の画像を大量に認識して学習することによって、犬と猫の画像が判別できるようになる。

ウ　商品の操作方法などの質問を書き込むと、詳しい知識をもった人が回答や助言を投稿してくれる。

エ　商品の販売サイトで、利用者が求める商品の機能などを入力すると、その内容に応じて推奨する商品をコンピュータが会話型で紹介してくれる。

問 37　システム開発後にプログラムの修正や変更を行うことを何というか。

ア　システム化の企画　　イ　システム運用　　ウ　ソフトウェア保守　　エ　要件定義

問 38　次の a ～ d のうち、オブジェクト指向の基本概念として適切なものだけを全て挙げたものはどれか。

a. クラス　　　b. 継承　　　c. データの正規化　　　d. ホワイトボックステスト

ア　a, b　　　イ　a, c　　　ウ　b, c　　　エ　c, d

問 39　ユーザの要求を定義する場合に作成するプロトタイプはどれか。

ア　基幹システムで生成されたデータをユーザ自身が抽出・加工するためのソフトウェア

イ　ユーザがシステムに要求する業務の流れを記述した図

ウ　ユーザとシステムのやり取りを記述した図

エ　ユーザの要求を理解するために作成する簡易なソフトウェア

問 40　共通フレームの定義に含まれているものとして、適切なものはどれか。

ア　各工程で作成する成果物の文書化に関する詳細な規定

イ　システムの開発や保守の各工程の作業項目

ウ　システムを構成するソフトウェアの信頼性レベルや保守性レベルなどの尺度の規定

エ　システムを構成するハードウェアの開発に関する詳細な作業項目

問 41　システム開発において使用するアローダイアグラムの説明として、適切なものはどれか。

ア　業務のデータの流れを表した図である。
イ　作業の関連をネットワークで表した図である。
ウ　作業を縦軸にとって、作業の所要期間を横棒で表した図である。
エ　ソフトウェアのデータ間の関係を表した図である。

問 42　プロジェクト管理におけるプロジェクトスコープの説明として、適切なものはどれか。

ア　プロジェクトチームの役割や責任
イ　プロジェクトで実施すべき作業
ウ　プロジェクトで実施する各作業の開始予定日と終了予定日
エ　プロジェクトを実施するために必要な費用

問 43　IT サービスマネジメントのフレームワークはどれか。

ア　IEEE　　イ　IETF　　ウ　ISMS　　エ　ITIL

問 44　社内システムの利用方法などについての問合せに対し、単一の窓口であるサービスデスクを設置する部門として、最も適切なものはどれか。

ア　インシデント管理の担当　　イ　構成管理の担当
ウ　変更管理の担当　　　　　　エ　リリース管理の担当

問 45　IT サービスを提供するために、データセンタでは建物や設備などの資源を最適な状態に保つように維持・保全する必要がある。建物や設備の維持・保全に関する説明として、適切なものはどれか。

ア　IT ベンダと顧客の間で不正アクセスの監視に関するサービスレベルを合意する。
イ　自家発電機を必要なときに利用できるようにするために、点検などを行う。
ウ　建物の建設計画を立案し、建設工事を完成させる。
エ　データセンタで提供している IT サービスに関する、利用者からの問合せへの対応、一次解決を行う。

問46　ある事業者において、情報資産のライフサイクルに従って実施される情報セキュリティ監査を行うことになった。この対象として、最も適切なものはどれか。

　　ア　情報資産を管理している情報システム
　　イ　情報システム以外で保有している情報資産
　　ウ　情報システムが保有している情報資産
　　エ　保有している全ての情報資産

問47　情報システムに関わる業務a〜cのうち、システム監査の対象となり得る業務だけを全て挙げたものはどれか。
　　a.　情報システム戦略の立案
　　b.　情報システムの企画・開発
　　c.　情報システムの運用・保守

　　ア　a　　　イ　a, b, c　　　ウ　b, c　　　エ　c

問48　ITガバナンスに関する記述として、適切なものはどれか。

　　ア　ITベンダが構築すべきものであり、それ以外の組織では必要ない。
　　イ　ITを管理している部門が、全社のITに関する原則やルールを独自に定めて周知する。
　　ウ　経営者がITに関する原則や方針を定めて、各部署で方針に沿った活動を実施する。
　　エ　経営者の責任であり、ITガバナンスに関する活動は全て経営者が行う。

問49　アジャイル開発の方法論であるスクラムに関する記述として、適切なものはどれか。

　　ア　ソフトウェア開発組織およびプロジェクトのプロセスを改善するために、その組織の成熟度レベルを段階的に定義したものである。
　　イ　ソフトウェア開発とその取引において、取得者と供給者が、作業内容の共通の物差しとするために定義したものである。
　　ウ　複雑で変化の激しい問題に対応するためのシステム開発のフレームワークであり、反復的かつ漸進的な手法として定義したものである。
　　エ　プロジェクトマネジメントの知識を体系化したものであり、複数の知識エリアから定義されているものである。

問50　アジャイル開発において、短い間隔による開発工程の反復や、その開発サイクルを表す用語として、最も適切なものはどれか。

　　ア　イテレーション　　　　　イ　スクラム
　　ウ　プロトタイピング　　　　エ　ペアプログラミング

問 51　システム開発の見積方法として、類推法、積算法、ファンクションポイント法などがある。ファンクションポイント法の説明として、適切なものはどれか。

　ア　WBS によって洗い出した作業項目ごとに見積もった工数を基に、システム全体の工数を見積もる方法

　イ　システムで処理される入力画面や出力帳票、使用ファイル数などを基に、機能の数を測ることでシステムの規模を見積もる方法

　ウ　システムのプログラムステップを見積もった後、1 人月の標準開発ステップから全体の開発工数を見積もる方法

　エ　従来開発した類似システムをベースに相違点を洗い出して、システム開発工数を見積もる方法

問 52　プロジェクトマネジメントにおける WBS の作成に関する記述のうち、適切なものはどれか。

　ア　最下位の作業は 1 人が必ず 1 日で行える作業まで分解して定義する。

　イ　最小単位の作業を一つずつ積み上げて上位の作業を定義する。

　ウ　成果物を作成するのに必要な作業を分解して定義する。

　エ　一つのプロジェクトでは全て同じ階層の深さに定義する。

問 53　IT サービスマネジメントにおいて利用者に FAQ を提供する目的として、適切なものはどれか。

　ア　IT サービスマネジメントのフレームワークを提供すること

　イ　サービス提供者側と利用者側でサービスレベルの目標値を定めること

　ウ　サービスに関するあらゆる問合せを受け付けるため、利用者に対する単一の窓口を設置すること

　エ　利用者が問題を自己解決できるように支援すること

問 54　サービスデスクが行うこととして、最も適切なものはどれか。

　ア　インシデントの根本原因を排除し、インシデントの再発防止を行う。

　イ　インシデントの再発防止のために、変更されたソフトウェアを導入する。

　ウ　サービスに対する変更を一元的に管理する。

　エ　利用者からの問合せの受付けや記録を行う。

問 55　内部統制の考え方に関する記述 a ～ d のうち、適切なものだけを全て挙げたものはどれか。

a．事業活動に関わる法律などを遵守し、社会規範に適合した事業活動を促進することが目的の一つである。

b．事業活動に関わる法律などを遵守することは目的の一つであるが、社会規範に適合した事業活動を促進することまでは求められていない。

c．内部統制の考え方は、上場企業以外にも有効であり取り組む必要がある。

d．内部統制の考え方は、上場企業だけに必要である。

　　ア　a, c　　　イ　a, d　　　ウ　b, c　　　エ　b, d

問 56　ソフトウェアの不正利用防止などを目的として、プロダクト ID や利用者のハードウェア情報を使って、ソフトウェアのライセンス認証を行うことを表す用語はどれか。

　　ア　アクティベーション　　　　イ　クラウドコンピューティング
　　ウ　ストリーミング　　　　　　エ　フラグメンテーション

問 57　複数の IoT デバイスとそれらを管理する IoT サーバで構成される IoT システムにおける、エッジコンピューティングに関する記述として、適切なものはどれか。

　　ア　IoT サーバ上のデータベースの複製を別のサーバにも置き、両者を常に同期させて運用する。

　　イ　IoT デバイス群の近くにコンピュータを配置して、IoT サーバの負荷低減と IoT システムのリアルタイム性向上に有効な処理を行わせる。

　　ウ　IoT デバイスと IoT サーバ間の通信負荷の状況に応じて、ネットワークの構成を自動的に最適化する。

　　エ　IoT デバイスを少ない電力で稼働させて、一般的な電池で長期間の連続運用を行う。

問 58　OpenFlow を使った SDN（Software-Defined Networking）の説明として、適切なものはどれか。

　　ア　RFID を用いる IoT（Internet of Things）技術の一つであり、物流ネットワークを最適化するためのソフトウェアアーキテクチャ

　　イ　様々なコンテンツをインターネット経由で効率よく配信するために開発された、ネットワーク上のサーバの最適配置手法

　　ウ　データ転送と経路制御の機能を論理的に分離し、データ転送に特化したネットワーク機器とソフトウェアによる経路制御の組合せで実現するネットワーク技術

　　エ　データフロー図やアクティビティ図などを活用し、業務プロセスの問題点を発見して改善を行うための、業務分析と可視化ソフトウェアの技術

問 59 NTP の利用によって実現できることとして、適切なものはどれか。

ア　OS の自動バージョンアップ　　イ　PC の BIOS の設定
ウ　PC やサーバなどの時刻合わせ　　エ　ネットワークに接続された PC の遠隔起動

問 60 NAT に関する次の記述中の a、b に入れる字句の適切な組合せはどれか。

NAT は職場や家庭の LAN をインターネットへ接続するときによく利用され、　a
と　b　を相互に変換する。

	a	b
ア	プライベート IP アドレス	MAC アドレス
イ	プライベート IP アドレス	グローバル IP アドレス
ウ	ホスト名	MAC アドレス
エ	ホスト名	グローバル IP アドレス

問 61 テザリング機能をもつスマートフォンを利用した、PC のインターネット接続に関する記述のうち、適切なものはどれか。

ア　PC とスマートフォンの接続は無線 LAN に限定されるので、無線 LAN に対応した PC が必要である。
イ　携帯電話回線のネットワークを利用するので安全性は確保されており、PC のウイルス対策は必要ない。
ウ　スマートフォンをルータとして利用できるので、別途ルータを用意する必要はない。
エ　テザリング専用プロトコルに対応した PC を用意する必要がある。

問 62 ネットワークにおける DNS の役割として、適切なものはどれか。

ア　クライアントからの IP アドレス割当て要求に対し、プールされた IP アドレスの中から未使用の IP アドレスを割り当てる。
イ　クライアントからのファイル転送要求を受け付け、クライアントへファイルを転送したり、クライアントからのファイルを受け取って保管したりする。
ウ　ドメイン名と IP アドレスの対応付けを行う。
エ　メール受信者からの読出し要求に対して、メールサーバが受信したメールを転送する。

問 63 IEEE 802.11 伝送規格を使用した異なるメーカの無線 LAN 製品同士で相互接続性が保証されていることを示すブランド名はどれか。

ア　MVNO　　イ　NFC　　ウ　Wi-Fi　　エ　WPA2

問 64　無線 LAN の暗号化方式であり、WEP では短い時間で暗号が解読されてしまう問題が報告されたことから、より暗号強度を高めるために利用が推奨されているものはどれか。

　　ア　ESSID　　イ　HTTPS　　ウ　S/MIME　　エ　WPA2

問 65　無線 LAN で使用する ESSID の説明として、適切なものはどれか。

　　ア　アクセスポイントの MAC アドレス
　　イ　使用する電波のチャネル番号
　　ウ　デフォルトゲートウェイとなるアクセスポイントの IP アドレス
　　エ　無線のネットワークを識別する文字列

問 66　情報セキュリティにおけるソーシャルエンジニアリングの例として、適切なものはどれか。

　　ア　社員を装った電話を社外からかけて、社内の機密情報を聞き出す。
　　イ　送信元 IP アドレスを偽装したパケットを送り、アクセス制限をすり抜ける。
　　ウ　ネットワーク上のパケットを盗聴し、パスワードなどを不正に入手する。
　　エ　利用者が実行すると、不正な動作をするソフトウェアをダウンロードする。

問 67　攻撃者が他人の PC にランサムウェアを感染させる狙いはどれか。

　　ア　PC 内の個人情報をネットワーク経由で入手する。
　　イ　PC 内のファイルを使用不能にし、解除と引換えに金銭を得る。
　　ウ　PC のキーボードで入力された文字列を、ネットワーク経由で入手する。
　　エ　PC への動作指示をネットワーク経由で送り、PC を不正に操作する。

問 68　クロスサイトスクリプティングに関する記述として、適切なものはどれか。

　　ア　Web サイトの運営者が意図しないスクリプトを含むデータであっても、利用者のブラウザに送ってしまう脆弱性を利用する。
　　イ　Web ページの入力項目に OS の操作コマンドを埋め込んで Web サーバに送信し、サーバを不正に操作する。
　　ウ　複数の Web サイトに対して、ログイン ID とパスワードを同じものに設定するという利用者の習性を悪用する。
　　エ　利用者に有用なソフトウェアと見せかけて、悪意のあるソフトウェアをインストールさせ、利用者のコンピュータに侵入する。

問 69 脆弱性のある IoT 機器が幾つかの企業に多数設置されていた。その機器の 1 台にマルウェアが感染し、他の多数の IoT 機器にマルウェア感染が拡大した。ある日のある時刻に、マルウェアに感染した多数の IoT 機器が特定の Web サイトへ一斉に大量のアクセスを行い、Web サイトのサービスを停止に追い込んだ。この Web サイトが受けた攻撃はどれか。

　ア　DDoS 攻撃　　　　イ　クロスサイトスクリプティング
　ウ　辞書攻撃　　　　　エ　ソーシャルエンジニアリング

問 70 情報セキュリティのリスクマネジメントにおけるリスク対応を、リスクの移転、回避、受容および低減の 4 つに分類するとき、リスクの低減の例として、適切なものはどれか。

　ア　インターネット上で、特定利用者に対して、機密に属する情報の提供サービスを
　　　行っていたが、情報漏えいのリスクを考慮して、そのサービスから撤退する。
　イ　個人情報が漏えいした場合に備えて、保険に加入する。
　ウ　サーバ室には限られた管理者しか入室できず、機器盗難のリスクは低いので、追
　　　加の対策は行わない。
　エ　ノート PC の紛失、盗難による情報漏えいに備えて、ノート PC の HDD に保存
　　　する情報を暗号化する。

問 71 内外に宣言する最上位の情報セキュリティポリシに記載することとして、最も適切なものはどれか。

　ア　経営陣が情報セキュリティに取り組む姿勢
　イ　情報資産を守るための具体的で詳細な手順
　ウ　セキュリティ対策に掛ける費用
　エ　守る対象とする具体的な個々の情報資産

問 72 1 年前に作成した情報セキュリティポリシについて、適切に運用されていることを確認するための監査を行った。この活動は PDCA サイクルのどれに該当するか。

　ア　P　　　イ　D　　　ウ　C　　　エ　A

問73　情報セキュリティの三大要素である機密性、完全性および可用性に関する記述のうち、最も適切なものはどれか。

ア　可用性を確保することは、利用者が不用意に情報漏えいをしてしまうリスクを下げることになる。

イ　完全性を確保する方法の例として、システムや設備を二重化して利用者がいつでも利用できるような環境を維持することがある。

ウ　機密性と可用性は互いに反する側面をもっているので、実際の運用では両者をバランスよく確保することが求められる。

エ　機密性を確保する方法の例として、データの滅失を防ぐためのバックアップや誤入力を防ぐための入力チェックがある。

問74　IPA"組織における内部不正防止ガイドライン（第4版）"にも記載されている、内部不正防止の取組として適切なものだけを全て挙げたものはどれか。

a. システム管理者を決めるときには、高い規範意識をもつ者を一人だけ任命し、全ての権限をその管理者に集中させる。

b. 重大な不正を犯した内部不正者に対しては組織としての処罰を検討するとともに、再発防止の措置を実施する。

c. 内部不正対策は経営者の責任であり、経営者は基本となる方針を組織内外に示す"基本方針"を策定し、役職員に周知徹底する。

ア　a, b　　イ　a, b, c　　ウ　a, c　　エ　b, c

問75　複数の取引記録をまとめたデータを順次作成するときに、そのデータに直前のデータのハッシュ値を埋め込むことによって、データを相互に関連付け、取引記録を矛盾なく改ざんすることを困難にすることで、データの信頼性を高める技術はどれか。

ア　LPWA　　　　　　　　　　イ　SDN
ウ　エッジコンピューティング　　エ　ブロックチェーン

問76　電子メールの内容が改ざんされていないことの確認に利用するものはどれか。

ア　IMAP　　イ　SMTP　　ウ　情報セキュリティポリシ　　エ　ディジタル署名

問77　バイオメトリクス認証の例として、適切なものはどれか。

ア　本人の手の指の静脈の形で認証する。

イ　本人の電子証明書で認証する。

ウ　読みにくい文字列が写った画像から文字を正確に読み取れるかどうかで認証する。

エ　ワンタイムパスワードを用いて認証する。

問78 ISMSの導入効果に関する次の記述中のa、bに入れる字句の適切な組合せはどれか。

　　 a 　マネジメントプロセスを適用することによって、情報の機密性、 b お
よび可用性をバランス良く維持、改善し、 a を適切に管理しているという信頼を
利害関係者に与える。

	a	b
ア	品質	完全性
イ	品質	妥当性
ウ	リスク	完全性
エ	リスク	妥当性

問79 交通機関、店頭、公共施設などの場所で、ネットワークに接続したディスプレ
イなどの電子的な表示機器を使って情報を発信するシステムはどれか。

　　ア　cookie　　　イ　RSS　　　ウ　ディジタルサイネージ　　　エ　ディジタルデバイド

問80 プロセッサに関する次の記述中の a、b に入れる字句の適切な組合せはどれか。

　　 a は b 処理用に開発されたプロセッサである。CPU に内蔵されている場
合も多いが、より高度な b 処理を行う場合には、高性能な a を搭載した拡
張ボードを用いることもある。

	a	b
ア	GPU	暗号化
イ	GPU	画像
ウ	VGA	暗号化
エ	VGA	画像

問81 CPU に搭載された 1 次と 2 次のキャッシュメモリに関する記述のうち、適切
なものはどれか。

　　ア　1 次キャッシュメモリは、2 次キャッシュメモリよりも容量が大きい。
　　イ　2 次キャッシュメモリは、メインメモリよりも読み書き速度が遅い。
　　ウ　CPU がデータを読み出すとき、まず 1 次キャッシュメモリにアクセスし、デー
　　　　タが無い場合は 2 次キャッシュメモリにアクセスする。
　　エ　処理に必要な全てのデータは、プログラム開始時に 1 次または 2 次キャッシュ
　　　　メモリ上に存在しなければならない。

問 82　サーバ仮想化の特長として、適切なものはどれか。

ア　1 台のコンピュータを複数台のサーバであるかのように動作させることができるので、物理的資源を需要に応じて柔軟に配分することができる。

イ　コンピュータの機能をもったブレードを必要な数だけ筐体に差し込んでサーバを構成するので、柔軟に台数を増減することができる。

ウ　サーバを構成するコンピュータを他のサーバと接続せずに利用するので、セキュリティを向上させることができる。

エ　サーバを構成する複数のコンピュータが同じ処理を実行して処理結果を照合するので、信頼性を向上させることができる。

問 83　デュアルシステムの特徴を説明したものはどれか。

ア　同じ処理を行うシステムを二重に用意し、処理結果を照合することで処理の正しさを確認する方式であり、一方に故障が発生したら、故障したシステムを切り離して処理を続行する。

イ　同じ装置を 2 台使用することで、シンプレックスシステムに対し、処理能力を 2 倍に向上させることができる。

ウ　オンライン処理を行う現用系システムと、バッチ処理などを行いながら待機させる待機系のシステムを用意し、現用系に障害が発生した場合は待機系に切り替え、オンライン処理を起動してサービスを続行する。

エ　複数の装置を直列に接続し、それらの間で機能ごとに負荷を分散するように構成しているので、処理能力は高いが、各機能を担当する装置のうちどれか一つでも故障するとサービスが提供できなくなる。

問 84　LAN に直接接続して、複数の PC から共有できるファイルサーバ専用機を何というか。

ア　CSV　　イ　NAS　　ウ　RAID　　エ　RSS

問 85　フェールセーフの説明として、適切なものはどれか。

ア　故障や操作ミスが発生しても、安全が保てるようにしておく。

イ　障害が発生した際に、正常な部分だけを動作させ、全体に支障を来さないようにする。

ウ　組織内のコンピュータネットワークに外部から侵入されるのを防ぐ。

エ　特定の条件に合致するデータだけをシステムに受け入れる。

問 86 ファイルの階層構造に関する次の記述中の a、b に入れる字句の適切な組合せはどれか。

階層型ファイルシステムにおいて、最上位の階層のディレクトリを ___a___ ディレクトリという。ファイルの指定方法として、カレントディレクトリを基点として目的のファイルまでのすべてのパスを記述する方法と、ルートディレクトリを基点として目的のファイルまでの全てのパスを記述する方法がある。ルートディレクトリを基点としたファイルの指定方法を ___b___ パス指定という。

	a	b
ア	カレント	絶対
イ	カレント	相対
ウ	ルート	絶対
エ	ルート	相対

問 87 月曜日から金曜日までの業務で、ハードディスクに格納された複数のファイルを使用する。ハードディスクの障害に対応するために、毎日の業務終了後、別のハードディスクにバックアップを取得する。バックアップ取得の条件を次のとおりとした場合、月曜日から金曜日までのバックアップ取得に要する時間の合計は何分か。

〔バックアップ取得の条件〕
(1) 業務に使用するファイルは 6,000 個であり、ファイル 1 個のサイズは 3M バイトである。
(2) 1 日の業務で更新されるファイルは 1,000 個であり、更新によってファイルのサイズは変化しない。
(3) ファイルを別のハードディスクに複写する速度は 10M バイト／秒であり、バックアップ作業はファイル 1 個ずつ、中断することなく連続して行う。
(4) 月曜日から木曜日までは、その日に更新されたファイルだけのバックアップを取得する。金曜日にはファイルの更新の有無にかかわらず、全てのファイルのバックアップを取得する。

ア 25　　イ 35　　ウ 50　　エ 150

問88　ある商品の月別の販売数を基に売上に関する計算を行う。セル B1 に商品の単価が、セル B3 〜 B7 に各月の商品の販売数が入力されている。セル C3 に計算式 "B$1 ＊合計（B$3:B3）／個数（B$3:B3）" を入力して、セル C4 〜 C7 に複写したとき、セル C5 に表示される値は幾らか。

	A	B	C
1	単価	1,000	
2	月	販売数	計算結果
3	4 月	10	
4	5 月	8	
5	6 月	0	
6	7 月	4	
7	8 月	5	

　ア　6　　イ　6,000　　ウ　9,000　　エ　18,000

問89　関係データベースにおいて、主キーを設定する理由はどれか。

　ア　算術演算の対象とならないことが明確になる。
　イ　主キーを設定した列が検索できるようになる。
　ウ　他の表からの参照を防止できるようになる。
　エ　表中のレコードを一意に識別できるようになる。

問90　関係データベースの "社員" 表と "部署" 表がある。"社員" 表と "部署" 表を結合し、社員の住所と所属する部署の所在地が異なる社員を抽出する。抽出される社員は何人か。

社員

社員 ID	氏名	部署コード	住所
H001	伊藤　花子	G02	神奈川県
H002	高橋　四郎	G01	神奈川県
H003	鈴木　一郎	G03	三重県
H004	田中　春子	G04	大阪府
H005	渡辺　二郎	G03	愛知県
H006	佐藤　三郎	G02	神奈川県

部署

部署コード	部署名	所在地
G01	総務部	東京都
G02	営業部	神奈川県
G03	製造部	愛知県
G04	開発部	大阪府

　ア　1　　イ　2　　ウ　3　　エ　4

問 91　DBMS において、一連の処理が全て成功したら処理結果を確定し、途中で失敗したら処理前の状態に戻す特性をもつものはどれか。

　ア　インデックス　　イ　トランザクション　　ウ　レプリケーション　　エ　ログ

問 92　同じ装置が複数接続されているシステム構成 a 〜 c について、稼働率が高い順に並べたものはどれか。ここで、─□─は装置を表し、並列に接続されている場合はいずれか一つの装置が動作していればよく、直列に接続されている場合は全ての装置が動作していなければならない。

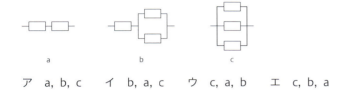

a　　　　　　　　　b　　　　　　　　c

　ア　a, b, c　　イ　b, a, c　　ウ　c, a, b　　エ　c, b, a

問 93　パスワードの解読方法の一つとして、全ての文字の組合せを試みる総当たり攻撃がある。"A" から "Z" の 26 種類の文字を使用できるパスワードにおいて、文字数を 4 文字から 6 文字に増やすと、総当たり攻撃でパスワードを解読するための最大の試行回数は何倍になるか。

　ア　2　　イ　24　　ウ　52　　エ　676

問 94　3 人の候補者の中から兼任も許す方法で委員長と書記を 1 名ずつ選ぶ場合、3 人の中から委員長 1 名の選び方が 3 通りで、3 人の中から書記 1 名の選び方が 3 通りであるので、委員長と書記の選び方は全部で 9 通りある。5 人の候補者の中から兼任も許す方法で委員長と書記を 1 名ずつ選ぶ場合、選び方は何通りあるか。

　ア　5　　イ　10　　ウ　20　　エ　25

問 95 ワイルドカードに関する次の記述中の a、b に入れる字句の適切な組合せはどれか。

任意の 1 文字を表す "?" と、長さゼロ以上の任意の文字列を表す "*" を使った文字列の検索について考える。 ⎰a⎱ では、" データ " を含む全ての文字列が該当する。また、 ⎰b⎱ では、" データ " で終わる全ての文字列が該当する。

	a	b
ア	? データ *	? データ
イ	? データ *	* データ
ウ	* データ *	? データ
エ	* データ *	* データ

問 96 下から上へ品物を積み上げて、上にある品物から順に取り出す装置がある。この装置に対する操作は、次の 2 つに限られる。

PUSH x：品物 x を 1 個積み上げる。
POP：一番上の品物を 1 個取り出す。

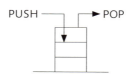

最初は何も積まれていない状態から開始して、a、b、c の順で 3 つの品物が到着する。1 つの装置だけを使った場合、POP 操作で取り出される品物の順番としてあり得ないものはどれか。

ア　a, b, c　　イ　b, a, c　　ウ　c, a, b　　エ　c, b, a

284

問 97 大文字の英字から成る文字列の暗号化を考える。暗号化の手順と例は次のとおりである。この手順で暗号化した結果が "EGE" であるとき、元の文字列はどれか。

暗号化の手順		例 "FAX"の暗号化	
		処理前	処理後
1	表から英字を文字番号に変換する。	FAX	5, 0, 23
2	1 文字目に 1、2 文字目に 2、n 文字目に n を加算する。	5, 0, 23	6, 2, 26
3	26 で割った余りを新たな文字番号とする。	6, 2, 26	6, 2, 0
4	表から文字番号を英字に変換する。	6, 2, 0	GCA

英字	A	B	C	D	E	F	G	H	I	J	K	L	M
文字番号	0	1	2	3	4	5	6	7	8	9	10	11	12
英字	N	O	P	Q	R	S	T	U	V	W	X	Y	Z
文字番号	13	14	15	16	17	18	19	20	21	22	23	24	25

ア BED　　イ DEB　　ウ FIH　　エ HIF

問 98 コンピュータに対する命令を、プログラム言語を用いて記述したものを何と呼ぶか。

ア PIN コード　　イ ソースコード　ウ バイナリコード　エ 文字コード

問 99 ブログにおけるトラックバックの説明として、適切なものはどれか。

ア 一般利用者が、気になるニュースへのリンクやコメントなどを投稿するサービス
イ ネットワーク上にブックマークを登録することによって、利用価値の高い Web サイト情報を他の利用者と共有するサービス
ウ ブログに貼り付けたボタンをクリックすることで、SNS などのソーシャルメディア上でリンクなどの情報を共有する機能
エ 別の利用者のブログ記事へのリンクを張ると、リンクが張られた相手に対してその旨を通知する仕組み

問 100 イラストなどに使われている、最大表示色が 256 色である静止画圧縮のファイル形式はどれか。

ア GIF　　イ JPEG　　ウ MIDI　　エ MPEG

解答と解説

解答一覧

問 1	問 2	問 3	問 4	問 5	問 6	問 7	問 8	問 9	問 10
ウ	イ	エ	エ	ウ	ア	ア	ウ	エ	イ

問 11	問 12	問 13	問 14	問 15	問 16	問 17	問 18	問 19	問 20
エ	エ	ア	ウ	イ	ア	ア	イ	ア	ア

問 21	問 22	問 23	問 24	問 25	問 26	問 27	問 28	問 29	問 30
ウ	イ	ウ	ア	イ	イ	ア	ア	ア	ウ

問 31	問 32	問 33	問 34	問 35	問 36	問 37	問 38	問 39	問 40
イ	エ	イ	エ	エ	エ	ウ	ア	エ	イ

問 41	問 42	問 43	問 44	問 45	問 46	問 47	問 48	問 49	問 50
イ	イ	エ	ア	イ	エ	イ	ウ	ウ	ア

問 51	問 52	問 53	問 54	問 55	問 56	問 57	問 58	問 59	問 60
イ	ウ	エ	エ	ア	ア	イ	ウ	ウ	イ

問 61	問 62	問 63	問 64	問 65	問 66	問 67	問 68	問 69	問 70
ウ	ウ	ウ	エ	エ	ア	イ	ア	ア	エ

問 71	問 72	問 73	問 74	問 75	問 76	問 77	問 78	問 79	問 80
ア	ウ	ウ	エ	エ	エ	ア	ウ	ウ	イ

問 81	問 82	問 83	問 84	問 85	問 86	問 87	問 88	問 89	問 90
ウ	ア	ア	イ	ア	ウ	ウ	イ	エ	イ

問 91	問 92	問 93	問 94	問 95	問 96	問 97	問 98	問 99	問 100
イ	エ	エ	エ	エ	ウ	イ	イ	エ	ア

本書における合格の目安

問 1 ～問 35	ストラテジ系	30% 以上（11 問以上）
問 36 ～問 55	マネジメント系	30% 以上（6 問以上）
問 56 ～問 100	テクノロジ系	30% 以上（14 問以上）

かつ合計 60% 以上となる 60 問以上の正解が合格の目安となります。

自分の実力はいかがでしたか？ 間違えた問題はテキストで復習して知識を万全にしましょう。

問1　正解　ウ　ストラテジ系／技術戦略マネジメント　（令和元秋⑲）

ア． コンベンションは、大規模な展示会や会議を示す言葉です。**イ．** トレードフェアは、関係者が一堂に会し情報交換や商談を行う見本市のことを示す言葉です。**ウ．** 正しい。**ハッカソン**は、ハックとマラソンを組み合わせた造語で、IT技術者やデザイナーなどがチームとなり、与えられた短期間内にテーマに沿ったアプリケーションやサービスを開発し、その成果を競い合うイベントです。**エ．** レセプションは、接待や歓迎などのために催される会を示す言葉です。

問2　正解　イ　ストラテジ系／ビジネスインダストリ　（令和元秋⑱）

ア． Factory Automation の略。工場設備や産業ロボットの導入による工場の自動化を表す言葉です。**イ．** 正しい。**FinTech（フィンテック）**は、金融を意味する Finance と技術を意味する Technology による造語で、金融サービスと情報技術を結びつけることで、革新的な金融商品・サービスが生み出される動きを指す言葉です。**ウ．** Office Automation の略。事務機器や事務作業の自動化を表す言葉です。**エ．** **シェアリングエコノミー**は、物やサービスを所有するのではなく、インターネット上のプラットフォームを介して個人と個人の間で使っていないモノ・場所・技能などを貸し借り・売買することによって、共有していく経済活動です。

問3　正解　エ　ストラテジ系／ビジネスインダストリ　（令和元秋㉑）

ア． CRM システムの説明です。**イ．** e ラーニングの説明です。**ウ．** ナレッジマネジメントの説明です。**エ．** 正しい。**ディープラーニング（Deep Learning）**は、人間や動物の脳神経をモデル化したアルゴリズム（ニューラルネットワーク）を多層化したものを用意し、それに「十分な量のデータを与えることで、人間の力なしに自動的に特徴点やパターンを学習させる」ことをいいます。

問4　正解　エ　ストラテジ系／システム戦略　（基本情報・平成31春(73)）

ア． ニューエコノミーの説明です。**イ．** スマートシティの説明です。**ウ．** クリック＆モルタルの説明です。**エ．** 正しい。シェアリングエコノミーでは、貸し主は遊休資産の活用による収入が得られ、借り主は購入や維持にかかわるコストを削減できる利点があります。

問5　正解　ウ　ストラテジ系／法務　（令和元秋㉗）

a． 誤り。個人情報取扱事業者には、個人情報の安全管理が図られるように委託先を監督する義務がありますが、委託先を変更した場合の通知または公表の義務はありません。**b．** 正しい。個人情報保護法18条3項では「個人情報取扱事業者は、利用目的を

変更した場合は、変更された利用目的について、本人に通知し、または公表しなければならない」と定めています。ただし、「通知等をすることで第三者の生命、身体、財産を害する可能性がある場合」「取得の状況からみて利用目的が明らかであると認められる場合」などを除きます。**c.** 誤り。個人情報の削除に際して本人への通知または は公表は不要です。必要な場合は「b」だけなので、「ウ」が正解です。

問6　正解　ア　ストラテジ系／法務　（平成29秋⑬）

ア． 正しい。**サイバーセキュリティ基本法**は、日本国におけるサイバーセキュリティに関する施策の推進にあたっての基本理念、国および地方公共団体の責務等を明らかにし、サイバーセキュリティ戦略の策定その他サイバーセキュリティに関する施策の基本となる事項を定めた法律です。**イ．** 特定秘密保護法は、国と国民の安全を確保するために、安全保障に関する情報のうち特に秘匿することが必要であるものを定め、それらの保護に関して必要な事項を定めた法律です。**ウ．** **不正競争防止法**は、事業者間の公正な競争と国際約束の的確な実施を確保するため、不正競争の防止を目的として制定された法律です。**エ．** マイナンバー法は、行政事務においてマイナンバー（個人番号）を安全かつ適切に活用し、効率的な情報管理およびその利用をするために必要な条項を定めた法律です。

問7　正解　ア　ストラテジ系／法務　（平成25春①）

a. 正しい。国内で広告など営利目的の迷惑メールを規制し、電子メールの利用について良好な環境を整備する目的で「特定電子メールの送信の適正化等に関する法律」（特定電子メール法）という法律が制定されています。送信者には、氏名や名称および電子メールアドレスなどの表示義務があります（4条）。**b.** 正しい。原則として特定電子メールは同意が得られた受信者にだけ送信をすることが認められています。送信者は、受信者から同意があったことを証明する記録を保存しなければなりません（3条）。**c.** 誤り。自ら行うことは義務ではありません。

問8　正解　ウ　ストラテジ系／法務　（平成30春⑨）

設問に関する発信者情報の開示請求に関しては、**プロバイダ責任制限法**の第4条で定められています。インターネット上の掲示板への投稿等により自身の権利が侵害されたと判断した者は、プロバイダや電子掲示板の運営者、若しくはサーバ管理者に発信者情報（氏名、住所、メールアドレス等）の開示を請求することができます。開示請求を受けたプロバイダ等のサービス提供者は、開示に同意するか否かについて発信者の意見を聴かなければなりません。発信者の同意があれば請求者に対して開示することになりますが、同意を得られない、または反論が示された場合には請求を拒絶することができ

ます。拒絶された被害者は、裁判所に開示請求を訴え出ることもできます。設問では、開示請求者がA氏、発信者がB氏ですので、開示請求を受けたX社は情報の開示についてB氏の意見を聴く義務があります。したがって、適切な対応は「ウ」です。

問9　正解　エ　ストラテジ系／システム戦略　（平成29春㉙）

BPM（Business Process Management）は、BPRのように1回限りの革命的・抜本的な改革でなく、組織が繰り返し行う日常業務において、継続的にビジネスプロセスの発展を目指すための管理手法です。他のマネジメントプロセスと同様に「計画」→「業務の実行」→「業務の監視」→「業務の見直し」というPDCAサイクルを繰り返して継続的に改善活動を行います。「業務プロセス」「改善するサイクル」からエが適切な記述となります。ア．BCP（Business Continuity Plan）の説明です。イ．SCM（Supply Chain Management）の説明です。ウ．BPR（Business Process Reengineering）の説明です。エ．正しい。BPMの説明です。

問10　正解　イ　ストラテジ系／システム戦略　（平成30秋⑨）

ア．クラウドコンピューティングはプロトコルではありません。インターネット技術の基盤となっているプロトコルといえばTCP/IPになります。イ．正しい。クラウドコンピューティングは、組織内のシステム資源を使う代わりにインターネット上のコンピュータ資源やサービスを利用して目的のコンピュータ処理を行う形態です。ウ．アジャイル開発の説明です。エ．EDI（Electronic Data Interchange）の説明です。

問11　正解　エ　ストラテジ系／システム戦略　（平成29秋⑪）

ア．ISP（Internet Service Provider）の説明です。イ．IaaS（Infrastructure as a Service）の説明です。ウ．PaaS（Platform as a Service）の説明です。エ．正しい。SaaSの説明です。SaaS（Software as a Service）は、サービス提供事業者が運用するソフトウェアをインターネット経由で利用するクラウドサービスの形態です。ソフトウェアのデータやユーザ情報も含めてインターネット上で管理されます。自社でシステムを構築・保守する場合と比べて、時間と費用を大幅に節約できるのが利点です。

問12　正解　エ　ストラテジ系／システム戦略　（平成28秋㉒）

ア．Application Service Providerの略。主に業務用のアプリケーションをインターネット経由で、顧客にレンタルする事業者のことをいいます。イ．Business Process Outsourcingの略。業務効率の向上、業務コストの削減を目的に、業務プロセス単位で外部委託を実施することです。ウ．Software as a Serviceの略。専門の事業者が運用するサービスをネットワーク（インターネット）経由で利用するソフトウェアの提供

形態です。**エ.** 正しい。ハウジングサービスは、顧客の通信機器や情報発信用のコンピュータ（サーバ）を、回線設備の整った専門業者の施設に設置するサービスで、通信業者やプロバイダが行っています。

問 13　正解　ア　ストラテジ系／システム戦略　（平成 31 春㉘）

　ア. 正しい。ビッグデータには、大量かつ多種多様な形式でリアルタイム性を有する情報という意味があります。**ビッグデータ**は、典型的なデータベースソフトウェアが把握し、蓄積し、運用し、分析できる能力を超えたサイズのデータを指す言葉で、一般的には数十テラバイトから数ペタバイトのデータがビッグデータとして扱われます。**イ.** **ダイバーシティ**は、多様性という意味で、企業活動に人種や性別などの違いから生じる様々な価値観を取り込むことによって、新たな価値の創造や組織のパフォーマンス向上につなげようとする考え方のことです。**ウ.** **コアコンピタンス**は、長年の企業活動により蓄積された他社と差別化できる、または競争力の中核となる企業独自のノウハウや技術を指す言葉です。**エ.** **クラウドファンディング**は、群衆（Crowd）と 資金調達（Funding）という言葉を組み合わせた造語で、インターネットを通じて不特定多数の賛同者から資金を集めるしくみです。

問 14　正解　ウ　ストラテジ系／システム企画　（平成 30 春⑥）

　「機能要件」と「非機能要件」はどちらもシステムに求められる要件ですが、以下のような違いがあります。**機能要件**とは、業務をシステムとして実現するために必要なシステムの機能に関する要件のことで、そのシステムが扱うデータの種類や構造、処理内容、処理特性、ユーザインターフェイス、帳票などの出力の形式などが含まれます。**非機能要件**とは、制約条件や品質要求などのように機能面以外の要件のことで、性能や可用性、および運用・保守性などの「品質要件」のほか、「技術要件」「セキュリティ」「運用・操作要件」「移行要件」「環境対策」などが非機能要件として定義されます。これらから、**a.** 誤り。業務を構成する機能間のデータの流れは、システムの機能として必ず組み入れなくてはならないので機能要件です。**b.** 正しい。監視頻度は保守性の品質要件になるので非機能要件です。**c.** 正しい。障害発生時の許容復旧時間は、可用性の品質要件になるので非機能要件です。非機能要件は「b、c」となります。

問 15　正解　イ　ストラテジ系／システム企画　（令和元秋⑯）

　RFI（Request for Information：情報提供依頼書）は、企業・組織がシステム調達や業務委託をする場合や、初めての取引となるベンダ企業に対して情報の提供を依頼すること、またはその際に提出される文書のことをいいます。RFI を発行することによって相手方が保有する技術・経験や、情報技術動向、および導入予定のシステムが

技術的に実現可能であるかなどを確認することができます。この情報は要件定義や発注先候補の選定に利用できます。その後、自社の要求を取りまとめた**RFP（Request for Proposal：提案依頼書）**が発注先候補に対して発行されることになります。したがって「イ」が適切な目的です。見積書の提出を求めることは**RFQ（Request for Quotation）**といいます。

問16　正解　ア　ストラテジ系／ビジネスインダストリ　（平成25秋㉕）

ア．正しい。**ジャストインタイム生産方式（JIT:Just In Time）**は、必要なものを必要なときに必要な量だけ生産する方式で、在庫の無駄をなくして生産を最適化する目的があります。**イ．セル生産方式**は、ベルトコンベア方式による分業型の流れ作業ではなく、一人または少人数で最初の工程から最後の工程までを担当する多品種少量生産向きの生産方式です。**ウ．**見込生産方式は、注文を受注する前に生産し在庫を積み、注文があったときには製品在庫から出荷する生産方式です。**エ．ロット生産方式**は、製品ごとにある数量でグルーピングし、その数量単位で生産を行う方式です。

問17　正解　ア　ストラテジ系／企業活動　（令和元秋②）

損益計算書の区分上、広告宣伝費は「販売費および一般管理費」に、株式の受取配当金は「営業外収益」に分類されるので、広告宣伝費5億円、受取配当金3億円を損益計算書に足すと、最終的な金額は以下のようになります。

単位　億円

項目	金額
売上高	1,000
売上原価	780
販売費および一般管理費	135
営業外収益	23
営業外費用	16
特別利益	2
特別損失	1
法人税、住民税および事業税	50

営業利益と経常利益はそれぞれ次の計算式で求めます。

営業利益：売上高－売上原価－販売費および一般管理費

経常利益：営業利益＋営業外収益－営業外費用

損益計算書の金額を当てはめて計算すると、営業利益：1,000 － 780 － 135 ＝ 85億円、

経常利益：85 ＋ 23 － 16 ＝ 92 億円となります。したがって「ア」の組合せが適切です。

問 18　正解　イ　ストラテジ系／企業活動　（平成 29 秋⑯）

　損益分岐点とは、企業会計において、売上と費用が同額になる売上高、つまり利益がゼロとなる売上高のことです。損益分岐点における売上高は以下の公式を用いて求めます。

損益分岐点売上高＝固定費÷（1 － 変動費率）　　変動費率＝変動費÷売上高

　この設問では変動費が示されていませんが、売上高、費用および利益には「売上高－（固定費＋変動費）＝利益」の関係があるので、売上高から利益を差し引いて総費用を求め、さらに総費用から固定費を引くことで変動費を求められます。変動費 = 400 － 50 － 150 = 200（万円）　次に変動費から変動費率を計算します。変動費率 = 200 ÷ 400 = 0.5　固定費、変動費率がわかったので、上記の式に代入して損益分岐点売上高を求めます。150 ÷（1 － 0.5）= 300（万円）　したがって「イ」が正解です。

問 19　正解　ア　ストラテジ系／企業活動　（平成 29 秋③）

　貸借対照表は、一定時点における組織の資産、負債および純資産が記載されており、企業の財政状態を明らかにするものです。バランスシート（B/S）とも呼ばれます。貸借対照表の形式は選択肢アのように、左側（借方）に資産、右側（貸方）の上に負債、右側下に純資産で構成されています。

問 20　正解　ア　ストラテジ系／企業活動　（平成 30 春⑪）

　自己資本比率は、企業が運用している資金全体に対する自己資本の割合を示す数値で、経営の健全性を示す指標として用いられます。

自己資本比率（%）＝自己資本／総資本 × 100

　自己資本は貸借対照表のうち純資産の部の金額であり、総資本は負債の部（他人資本）と純資産の部（自己資本）を合わせた金額ですので、設問の貸借対照表における自己資本と総資本は次の通りです。

　自己資本 = 240（百万円）　総資本 = 160 + 200 + 240 = 600（百万円）

　つまり自己資本比率は、240 ÷ 600 × 100 = 40（%）となります。よって、「ア」が正解です。

問 21　正解　ウ　ストラテジ系／法務　（平成 29 春⑰）

　ア．回路配置権の保護対象です。**イ**．商標権による保護対象です。**ウ**．正しい。意匠権は、物の形状や模様、色彩などで表した商品デザインなどのように工業上の利用性があり、製品の価値や魅力を高める形状・デザインに対して認められる権利です。知的財

産権のうち特許権などと同じ産業財産権に分類され、権利存続期間は登録から20年です。手工業による量産であっても反復生産可能ならば意匠権による保護対象になります。**エ.** たとえ美しいデザインでも工業上の利用性がない、自然物で量産できないもの、ビル等の不動産、絵や彫刻といった純粋美術の分野に属する著作物には意匠権が認められません。

問22　正解　イ　ストラテジ系／法務　(平成30 春㉔)

不正競争防止法は、事業者間の公正な競争と国際約束の的確な実施を確保するため、不正競争の防止を目的として制定された法律です。この法律上の「営業秘密」とされるには次の3つの要件すべてを満たすことが求められます。①生産方法、販売方法その他の事業活動に有用な技術上または営業上の情報であること（**有用性**）、②公然と知られていないこと（**非公知性**）、③組織内で秘密として管理されていること（**秘密管理性**）。**a.** 正しい。非公知性に関する記述であり営業秘密の要件として適切です。**b.** 誤り。可用性に関する記述であり、営業秘密とは関係ありません。**c.** 正しい。有用性に関する記述であり営業秘密の要件として適切です。**d.** 正しい。秘密管理性に関する記述であり営業秘密の要件として適切です。適切な組合せは「a、c、d」です。

問23　正解　ウ　ストラテジ系／法務　(平成31 春㉜)

ア. **請負契約**は、必ずしも書面によるものではなく、発注を行った時点で請負契約が成立したと認められるケースもあります。しかし、金額、納期、開発範囲等を書面に残しておかないと後々紛争になることも多いため、着手前に契約書を交付する必要があります。**イ.** 記述とは逆で、請負契約では成果物の著作権は原則として受託側に帰属します。このため、成果物の著作権を委託者側に移転させるためにはその旨を契約書で定めておかなければなりません。**ウ.** 正しい。請負契約では、受託側は仕事の完成だけに責任を負い、完成の方法については原則として問われません。もし、再委託を制限したいのであれば、契約書にその旨を定めておく必要があります。**エ.** 請負契約では、金額、納期、開発範囲等を最初に確定します。ソフトウェア開発委託費は、開発着手前に委託者と受託者双方による協議によって決定します。

問24　正解　ア　ストラテジ系／法務　(平成28 春⑨)

下請法は、親事業者による下請事業者に対する優越的地位の乱用行為を取り締まるために制定された法律です。法律には、"下請け代金の支払い確保"以外にも親事業者の遵守事項などが条文化されており、親事業者の下請事業者に対する取引を公正に行わせることで、下請事業者の利益を保護することを目的としています。第2条の2「支払期日を定める義務」では、「親事業者は、下請事業者との合意の下に、親事業者が下請事

業者の給付の内容について検査するかどうかを問わず、下請代金の支払期日を物品等を受領した日（役務提供委託の場合は、下請事業者が役務の提供をした日）から起算して60日以内でできる限り短い期間内で定める義務がある」ことが明記されています。**ア**.正しい。**イ**.検査の有無に関わらず受領日から60日以内に支払う義務があります。**ウ**.成果物の検査は任意であり義務ではありません。検査を行う場合は発注時に交付する3号書面に具体的事項を記載しておく必要があります。**エ**.検査の実施は親事業者の責任において行われます。下請事業者の義務ではありません。

問25　正解　イ　ストラテジ系／法務　（平成31春④）

　公益通報者保護法は、労働者が労務を提供している事業所の犯罪行為、または最終的に刑罰につながる法令違反事実を通報したことを契機とする、事業所から通報者への不利益な扱いを防止することを目的する法律であり、この法律に基づき公益通報を行った労働者は、「公益通報をしたことを理由とする解雇の無効（第3条）」「公益通報をしたことを理由とする労働者派遣契約の解除の無効（第4条）」「公益通報をしたことを理由とする降格、減給、派遣労働者の交代、その他不利益な取扱いの禁止（第5条）」などの保護を受けます。したがって法に規定されているのは「b」のみです。

問26　正解　イ　ストラテジ系／法務　（平成29秋⑩）

　ア. ISO 9000 は、組織の品質マネジメントシステムについての国際標準規格です。対応するJISとして、JIS Q 9000 と **JIS Q 9001** および JIS Q 9004 ～ JIS Q 9006 があります。**イ**.　正しい。ISO 14000 は、組織の環境マネジメントシステムについての国際標準規格です。対応するJISとして、JIS Q 14001 と JIS Q 14004 があります。**ウ**. ISO/IEC 20000 は、組織のITサービスマネジメントシステムについての国際標準規格です。対応するJISとして、JIS Q 20000-1 と JIS Q 20000-2 があります。**エ**. ISO/IEC 27000 は、組織の情報セキュリティマネジメントシステムについての国際標準規格です。対応するJISとして、JIS Q 27000、JIS Q 27001 および JIS Q 27002 があります。

問27　正解　ア　ストラテジ系／経営戦略マネジメント　（令和元秋⑦）

　3C分析は、マーケット分析に必要不可欠な3要素である、**顧客（Customer）**、**自社（Company）**、**競合他社（Competitor）** について自社の置かれている状況を分析する手法です。一般的には、「顧客」→「競合他社」→「自社」の順で分析を行います。**ア**.正しい。3C分析の説明です。**イ**. RFM分析の説明です。**ウ**.コーホート分析の説明です。**エ**. ABC分析の説明です。ちなみに、3つのグループではなく10等分のグループに分割する方法を「デシル分析」といいます。

問 28　正解　ア　ストラテジ系／経営戦略マネジメント　（平成 31 春㉖）

　PPM（Product Portfolio Management）は、縦軸と横軸に「市場成長率」と「市場占有率」を設定したマトリックス図を 4 つの象限に区分し、市場における製品（または事業やサービス）の位置付けを 2 つの観点から分類して経営資源の配分を検討する手法です。4 つのカテゴリには、それぞれ「**花形**」「**金のなる木**」「**問題児**」「**負け犬**」の名称が付けられています。**ア．** 正しい。市場の成長がないため追加の投資が必要ではなく、市場占有率の高さから安定した資金・利益の流入が見込める分野であり、" 金のなる木 " に該当します。**イ．** 占有率・成長率ともに高く、資金の流入も大きいが、成長に伴い占有率の維持には多額の資金の投入を必要とする分野である " 花形 " に該当します。**ウ．** 成長率・占有率がともに低く、新たな投資による利益の増加も見込めないため市場からの撤退を検討するべき分野である " 負け犬 " に該当します。**エ．** 成長率は高いが占有率は低いので、花形製品とするためには多額の投資が必要になります。投資が失敗し、そのまま成長率が下がれば負け犬になってしまうため、慎重な対応を必要とする分野である " 問題児 " に該当します。

問 29　正解　ア　ストラテジ系／経営戦略マネジメント　（平成 29 秋㉜）

　マーケティングミックスとは、企業がマーケティング戦略において目標とする市場から期待する反応を得るために組み合わせる、複数のマーケティング要素のことです。マーケティングミックスにはいくつかの組合せが考えられますが、このうち 4P は売り手側の企業が顧客に対してとり得る次の 4 つのマーケティング手段を表します。**Product（製品）**、**Price（価格）**、**Place（流通）**、**Promotion（販売促進）**

　また、4P を買い手側の視点（顧客価値、顧客負担、利便性、対話）に置き換えた考え方を 4C といいます。**ア．** 正しい。4C は、4P を買い手側から見た要素に置き換えたものです。**イ．** 4S は、現場の環境を整備し職場改善に繋げるための基本活動である 4 つの要素（整理、整頓、清潔、清掃）を合わせた言葉です。**ウ．** AIDMA（アイドマ）は、消費者の購買決定プロセスを説明するモデルで、購入に至るまでには、**注意（Attention）→関心（Interest）→欲求（Desire）→記憶（Memory）→行動（Action）**の段階があることを示しています。**エ．** SWOT は、**強み（Strength）**、**弱み（Weakness）**、**機会（Opportunity）**、**脅威（Threat）** の各視点から自社環境を考察して戦略を立てる考え方です。

問 30　正解　ウ　ストラテジ系／経営戦略マネジメント　（平成 28 春㉘）

　ア． **サプライチェーンマネジメント**は、生産から販売に至る一連の情報をリアルタイムに交換・一元管理することによって業務プロセス全体の効率を大幅に向上させることを目指す経営手法です。**イ．** **ナレッジマネジメント**は、企業が保持している情報・知

識、個人が持っているノウハウや経験などの知的資産を共有して、創造的な仕事につなげていく一連の経営活動です。**ウ．** 正しい。**バリューエンジニアリング（VE:Value Engineering）** は、製品やサービスの「価値」を、それが果たすべき「機能」とそのためにかける「コスト」との関係で把握し、システム化された手順によって最小の総コストで製品の「価値」の最大化を図る手法です。**エ．** リバースエンジニアリングは、既存ソフトウェアの動作を解析するなどして、製品の構造を分析し、そこから製造方法や動作原理、設計図、ソースコードなどを調査する技法です。

問31　正解　イ　ストラテジ系／経営戦略マネジメント　（平成28秋⑤）

ア．ブルーオーシャン戦略 の考え方です。**イ．** 正しい。CRMの考え方です。**CRM（Customer Relationship Management）** は、顧客との長期的な関係を築くことを重視し、顧客の満足度と利便性を高めることで、それぞれの顧客の顧客生涯価値を最大化することを目標とする考え方です。基本となる情報以外にも商談履歴、通話内容の記録、取引実績などの顧客に関するあらゆる情報を統合管理し、企業活動に役立てます。**ウ．** 製品戦略における計画的陳腐化の考え方です。**エ．ニッチ戦略** の考え方です。

問32　正解　エ　ストラテジ系／技術戦略マネジメント　（平成30秋㉛）

技術ロードマップ は、縦軸に対象の技術、製品、サービス、市場を、横軸には時間の経過をとり、それらの要素の将来的な展望や進展目標を時系列で表した図表のことです。技術開発に関わる人々が、技術の将来像について科学的な裏付けのもとに集約した意見をもとに策定され、研究者・技術者にとって、研究開発の指針となる重要な役割を果たします。**a．** 誤り。ロードマップは中長期的な戦略ビジョンを示すものですので、短期的な業績管理には向きません。**b．** 正しい。技術投資を検討する上では中長期的な視点が不可欠です。技術ロードマップには、複合的に絡んだ市場動向や技術進展が整理されて記載されているので、投資時期および資源配分の意思決定を検討するのに役立ちます。**c．** 誤り。技術の進展を時系列で予測したものなので、時間軸についても考慮されています。よって「エ」が正解です。

問33　正解　イ　ストラテジ系／技術戦略マネジメント　（平成30秋㉒）

ア． プロセスイノベーションは生産工程における技術革新ですので、直接的に新たな市場が開拓されることはありません。一方、製品に関する技術革新であるプロダクトイノベーションならば新規市場の開拓に寄与することがあります。**イ．** 正しい。プロセスイノベーションでは、主に品質の向上、生産効率化、コスト削減などの効果が得られます。**ウ．** 製品当たりの生産時間は短いほど効率的ですので、製造工程のプロセスイノベーションが起これば製品1つ当たりの生産時間は減少するはずです。**エ．歩留り率** とは、

製造工程において生じる不良品や目減りなどを除いて最終的に製品になる割合です。歩留り率は高いほど良いとされるので、プロセスイノベーションが起これば歩留り率は上昇するはずです。

問 34　正解　エ　ストラテジ系／ビジネスインダストリ　（平成 31 春㉟）

ア．パレートの法則に基づく販売戦略です。**イ．**バンドワゴン効果を利用した販売戦略です。**ウ．インフルエンサーマーケティング**の説明です。**エ．**正しい。**ロングテール**は、膨大な商品を低コストで扱うことができるインターネットを使った商品販売において、実店舗では陳列されにくい販売機会の少ない商品でも、それらを数多く取りそろえることによって十分な売上を確保できることを説明した経済理論です。

問 35　正解　エ　ストラテジ系／ビジネスインダストリ　（平成 25 秋⑨）

ア．アフィリエイト広告とは、広告を経由して成立した販売件数・金額に応じて費用が発生する広告形態です。**イ．**オーバーレイ広告とは、Web ページのコンテンツに重なるようにして表示される広告です。**ウ．オプトアウトメール広告**は、ユーザの承諾なしに送りつけられるメール広告です。**エ．**正しい。**オプトインメール広告**とは、広告メールを受け取ることを承諾（オプトイン）した受信者に対して送信されるダイレクトメール型の広告です。

問 36　正解　エ　マネジメント系／サービスマネジメント　（令和元秋㊸）

ア．IoT を利用した事例です。**イ．ディープラーニング**を利用した事例です。**ウ．**Q&Aサイトに代表されるナレッジコミュニティの説明です。**エ．**正しい。チャットボットを利用した事例です。**チャットボット**とは、"チャット"と"ロボット"を組み合わせた言葉で、相手からのメッセージに対してテキストや音声でリアルタイムに応答するようにプログラムされたソフトウェアです。

問 37　正解　ウ　マネジメント系／システム開発技術　（令和元秋㊻）

ア．システム化の企画は、経営事業の目的・目標を達成するために必要とされるシステムに対する基本方針をまとめ、実施計画を得る工程です。**イ．**システム運用は、当初の目的の環境で、システム／ソフトウェア製品を使用することです。**ウ．**正しい。**ソフトウェア保守**は、稼働中のシステムに修正や変更を行うことです。ソフトウェア保守の対象は、開発プロセスから運用プロセスに引き渡された後のシステムです。このため、開発中に実施される修正はソフトウェア保守に当たらないことに注意しましょう。**エ．**要件定義は、システムやソフトウェアの取得または開発にあたり、必要な機能や能力などを明確にする工程です。

問 38　正解　ア　　（平成 24 秋㊺）

　オブジェクト指向は、システムの構築や設計で、処理を行うものや処理対象となるもの（オブジェクト）同士のやり取りの関係としてシステムをとらえる考え方です。オブジェクト指向の考え方を取り入れたプログラム言語（オブジェクト指向言語）には、C++、Java などがあり、カプセル化、継承、多態性などの特徴を持っています。

　a. 正しい。**クラス**は、オブジェクトに共通するデータ属性とメソッド（手続き）を一つにまとめて定義したものです。**b.** 正しい。**継承**は、オブジェクト指向において、あるクラスが上位クラスの特性を引き継いでいることをいいます。**c.** 誤り。データの**正規化**は、データベースを設計するときにデータの冗長性を排除して、データの一貫性や整合性を図ることです。**d.** 誤り。**ホワイトボックステスト**は、プログラムやモジュールの単体テストとして実施されるテスト手法です。以上により、正解は「ア」となります。

問 39　正解　エ　　（平成 28 春㊾）

　ア. **BI ツール**の説明です。**イ.** アクティビティ図のような**業務フロー図**の説明です。**ウ.** **ユースケース図**などの説明です。**エ.** 正しい。プロトタイプの説明です。**プロトタイプ（Prototype）**とは、開発の初期段階で、利用者の要求する仕様との整合性を確認したり、問題の洗い出しをしたりするなどのために作成される簡易的な試作品です。プロトタイプを用いる開発モデルでは、利用者に完成品のイメージを理解させ、承認やフィードバックを得ながら開発を進めていくため、開発後半での後戻りや完成時に不具合が発覚することを防止できます。

問 40　正解　イ　　（令和元秋㊴）

　共通フレームは、ソフトウェア産業界においての「共通の物差し」となることを目的として作成された規格です。何度か改訂を重ねており、2020 年現在における最新バージョンは共通フレーム 2013 となっています。**ア.** 文書の詳細な規定は行っていません。**イ.** 正しい。共通フレームでは、システム開発等に係る作業項目をプロセス、アクティビティ、タスクの階層構造で列挙しています。共通フレームの適用に当たっては、各作業を取捨選択したり、繰返し実行したり、複数のものを一つに括るなど開発モデルに合わせた使い方をします。**ウ.** ソフトウェアの尺度については規定していません。信頼性レベルや保守性レベル等のソフトウェア属性の定義は、共通フレームの利用者に委ねられています。**エ.** 共通フレーム 2013 では「ハードウェア実装プロセス」という工程が定義されていますが、ハードウェアについては構成の検討、決定、導入、運用、保守だけに留め、ハードウェア開発の詳細な作業項目については記述していません。

問 41　正解　イ　　（令和元秋㊷）

ア．**DFD（Data Flow Diagram）**の説明です。**イ．**正しい。**アローダイアグラム**は、プロジェクトの各作業間の関連性や順序関係を視覚的に表現する図です。作業の前後関係を分析することで時間的に余裕のない一連の作業（**クリティカルパス**）を洗い出すことができるため、プロジェクトのスケジュール管理に使用されます。矢印が作業を、○が作業の開始点または終了点を示しています。**ウ．ガントチャート**の説明です。**エ．**E-R 図または UML の説明です。

問 42　正解　イ　マネジメント系／プロジェクトマネジメント　（平成 31 春㊷）

　プロジェクトスコープ（単にスコープともいう）は、そのプロジェクトの実施範囲を定義したものです。スコープには、プロジェクトの成果物および成果物を作成するために必要な全ての作業が過不足なく含まれます。したがって、「イ」が正解です。**ア．**責任分担表で定義するものです。**イ．**正しい。**ウ．**プロジェクト・スケジュールの説明です。**エ．**プロジェクト・コストの説明です。

問 43　正解　エ　マネジメント系／サービスマネジメント　（令和元秋㊿）

　ア．Institute of Electrical and Electronics Engineers の略。アメリカ合衆国に本部を持ち、電気工学・電子工学技術分野における標準化活動を行っている専門家組織です。**イ．**Internet Engineering Task Force の略。TCP/IP・HTTP・SMTP などのようにインターネット上で開発される技術やプロトコルなどを標準化する組織です。標準化が行われた規格は RFC としてインターネット上に公開され、誰もが自由に閲覧できるようになっています。**ウ．**Information Security Management System の略。情報セキュリティマネジメントシステムの管理・運用に関する仕組みであり、JIS Q 27001（ISO/IEC 27001）の基となった規格です。**エ．**正しい。**ITIL（Information Technology Infrastructure Library）**は、IT サービスを運用管理するためのベストプラクティス（成功事例）を包括的にまとめたフレームワークです。IT サービスマネジメントの分野で広く支持され、業界標準の教科書的な位置付けになります。

問 44　正解　ア　マネジメント系／サービスマネジメント　（平成 31 春㊱）

　ア．正しい。サービスデスクは、利用者からの問合せを受付け、その解決までの記録を一元管理すると同時に、問題解決を行う適切な部門への引継ぎを担当します。サービスデスクでは、利用者からの問合せのうち、サービスの中断やサービス品質の低下につながる事象を「インシデント」として扱います。発生した全てのインシデントは、インシデント管理プロセスによって暫定対応が行われるので、迅速なサービス復旧のためには、サービスデスクをインシデント管理の担当部門に設置するのが適切です。インシデント管理は、インシデント発生時に迅速なサービスの復旧を目指します。**イ．**構成管理

は、すべての IT 資産の構成情報を提供します。**ウ.**変更管理は、変更作業に伴うリスクを管理し、リリース管理プロセスへ引き継ぐかどうかの評価を行います。**エ.**リリース管理は、変更管理プロセスで承認された内容について、実際のサービス提供システムへ変更作業を行います。

問 45   正解 イ   マネジメント系／サービスマネジメント   （平成 30 秋㊼）

ア. SLA（Service Level Agreement）についての説明です。**イ.** 正しい。建物や設備の維持・保全に関する説明です。**ウ.** 建物の建築は、維持・保全に含まれません。**エ.** サービスデスクについての説明です。

問 46   正解 エ   マネジメント系／システム監査   （平成 31 春㊿）

情報セキュリティ監査は、独立かつ専門的な立場から、組織体の情報セキュリティの状況を検証または評価して、情報セキュリティの適切性を保証し、情報セキュリティの改善に役立つ的確な助言を与えるものです。情報セキュリティ監査では、組織が保有する全ての情報資産について、リスクアセスメントが行われ、適切なリスクコントロールが実施されているかどうかが確認されます。情報資産とは、組織が管理し、維持を要求されている情報、およびそれが含まれている媒体の集合です。つまり、情報システムやその構成要素はもちろんのこと、情報システムの内外、ディジタル・紙媒体などの形式を問わず、全ての情報が監査対象となります。したがって「エ」が正解となります。

問 47   正解 イ   マネジメント系／システム監査   （平成 31 春㊹）

システム監査では、情報システムに係るあらゆる業務が監査対象となり得ます。システムの主ライフサイクルプロセスである、企画、要件定義、開発、保守、運用の他にも、プロジェクトマネジメント、調達、供給、支援業務などもその対象になります。したがって、システム監査の対象となり得るのは「a、b、c」の全ての業務です。

問 48   正解 ウ   マネジメント系／システム監査   （平成 30 春㊵）

IT ガバナンスとは、企業が、競争優位性を確実にするために、IT の企画、導入、運営および活用を行うに当たり、関係者を含む全ての活動を適正に統制し、目指すべき姿に導く仕組みを組織に組み込むことです。IT を用いた企業統治という意味があります。経営目標を達成するための IT 戦略の策定、組織規模での IT 利活用の推進などが IT ガバナンスの活動に該当します。**ア.** IT を利活用するすべての組織に求められます。**イ.** IT ガバナンスの構築および周知は経営者の主導で行います。**ウ.** 正しい。IT ガバナンスの構築と推進は経営者の責務です。**エ.** IT ガバナンスに関する活動は組織全体で行います。

問 49　正解　ウ　マネジメント系／ソフトウェア開発管理技術　(令和元秋㊵)

　アジャイル開発は、顧客の要求に応じて、迅速かつ適応的にソフトウェア開発を行う軽量な開発手法の総称です。**スクラム (Scrum)** は、アジャイル開発の方法論の1つで、開発プロジェクトを数週間程度の短期間ごとに区切り、その期間内に分析、設計、実装、テストの一連の活動を行い、一部分の機能を完成させるという作業を繰り返しながら、段階的に動作可能なシステムを作り上げるフレームワークです。スクラム開発における反復の単位を「スプリント」といいます。したがって「ウ」が正解です。**ア.** CMMI (Capability Maturity Model Integration：統合能力成熟度モデル) の説明です。**イ.** 共通フレームの説明です。**ウ.** 正しい。**エ.** PMBOK の説明です。

問 50　正解　ア　マネジメント系／ソフトウェア開発管理技術　(令和元秋㊾)

　ア. 正しい。アジャイル開発では、全体の開発期間を数週間程度の短い期間に区切って、小さな開発単位ごとに設計・開発・テストを反復します。イテレーションは、アジャイル開発における開発サイクルを意味します。**イ.** スクラムは、世界的に最も普及しているアジャイル開発のフレームワークです。**ウ.** プロトタイピングは、システム開発プロセスの早い段階でシステムの試作品を作って利用者にそのイメージを理解させ、承認を得ながら開発を進めていく開発モデルです。**エ.** ペアプログラミングは、二人一組で実装を行い、一人が実際のコードをコンピュータに打ち込んでもう一人はそれをチェックしながら補佐するという役割を随時交代しながら作業を進めることです。

問 51　正解　イ　マネジメント系／システム開発技術　(平成 29 春㊲)

　ファンクションポイント法は、外部入出力や内部ファイルの数と開発難易度の高さから、ファンクションポイントという数値を算出し、それをもとに定量的に開発規模を見積もる手法です。画面や帳票の数などを基準に見積もるので、依頼者からのコンセンサス (合意) が得られやすいという長所があります。**ア.** 積算法または WBS 法の説明です。**イ.** 正しい。**ウ.** プログラムステップ法 (LOC 法) の説明です。**エ.** 類推法の説明です。

問 52　正解　ウ　マネジメント系／プロジェクトマネジメント　(平成 30 春㊽)

　WBS (Work Breakdown Structure) は、プロジェクト目標を達成し、必要な成果物を過不足なく作成するために、プロジェクトチームが実行すべき作業を、成果物を主体に階層的に要素分解したものです。WBS の作成には、作業の漏れや抜けを防ぎ、プロジェクトの範囲を明確にすると同時に、作業単位ごとに内容・日程・目標を設定することでコントロールをしやすくする目的があります。**ア.** 最下位の要素は、管理やコントロールがしやすい単位とします。1人が1日で行う単位まで分解してしまうと管理が煩雑になるため不適切です。**イ.** WBS の作成では、上位の成果物を基準に、その成果物を得

るために必要な構成要素および作業に分解することを繰り返します。つまり記述とは逆で上位から下位に向かって行います。**ウ.** 正しい。トップダウン的に、成果物を作成するために必要な作業に分解することを繰り返して作成します。**エ.** 階層の深さはWBS内で異なっていても問題ありません。

問 53　正解 エ マネジメント系／サービスマネジメント　（平成 30 春㊶）

FAQ（Frequently Asked Questions）は、何回も繰り返し質問される項目とその質問への回答をまとめたものです。頻繁に問合せがある内容をその解決策とともに利用者に提示することで、利用者が既知の問題を自分で解決できるようになり、問合せ回数や問題解決までの時間を削減することができます。**ア.** ITIL の目的です。**イ.** SLA(Service Level Agreement) の目的です。**ウ.** サービスデスクの目的です。**エ.** 正しい。

問 54　正解 エ マネジメント系／サービスマネジメント　（平成 29 春(52)）

サービスデスクは、利用者に対して「単一の窓口」を提供し、様々な問い合わせを受付け、その記録を一元管理する役割を担うと共に、問題解決を行う適切な部門・あるいはプロセスへの引き継ぎを担当する部門のことです。**ア.** 問題管理プロセスの役割です。**イ.** リリースおよび展開管理プロセスの役割です。**ウ.** 変更管理プロセスの役割です。**エ.** 正しい。

問 55　正解 ア マネジメント系／システム監査　（平成 31 春㊸）

a. 正しい。内部統制の基本的目的として、①業務の有効性および効率性、②財務報告の信頼性、③事業活動に関わる法令等の遵守ならびに④資産の保全があります。" 法令等の遵守 " は、内部統制の基本的な目的の一つです。**b.** 誤り。" 法令等の遵守 " では、国内外の法令、規則･基準等、社内外の行動規範を遵守することを求めています。**c.** 正しい。上場していない中小企業については、内部統制の整備と運用が義務化されているわけではありませんが、内部統制の考え方は企業を守るために有効であり、取り組む必要があります。**d.** 誤り。上場していない企業についても取り組む必要があります。正解は「ア」です。

問 56　正解 ア テクノロジ系／セキュリティ　（平成 29 秋(89)）

ア. 正しい。**アクティベーション（Activation）**は、正当な手続きを経ることによってアカウントまたはソフトウェア／ハードウェアを使用可能な（アクティブ）状態にすることです。一般的には PC の固有情報とソフトウェアの製品番号を紐付けることで、同じ製品番号のソフトウェアが他の PC で利用されることを防ぎます。主に違法コ

ピーによるソフトウェアの不正利用を防止するために設けられています。**イ．クラウド
コンピューティング**は、組織内のシステム資源を使う代わりにインターネット上のコン
ピュータ資源やサービスを利用して目的のコンピュータ処理を行う形態です。**ウ．スト
リーミング**は、音声や動画などのマルチメディアファイルをダウンロードしながら再生
する方式です。**エ．フラグメンテーション**は、主記憶領域を区画してプログラムに割り
当てた結果として生じる主記憶上の不連続な未使用領域です。

問 57　正解　イ　テクノロジ系／データベース　（令和元秋㉑）

　ア．レプリケーションの説明です。**イ．**正しい。**エッジコンピューティング**の説明です。
エッジコンピューティングは、利用者や端末と物理的に近い場所に処理装置を分散配
置して、ネットワークの端点でデータ処理を行う技術の総称です。**ウ．**SDN（Software
Defined Networking）の説明です。**エ．**IoT サーバと IoT ゲートウェイ（または IoT デ
バイス）間の通信を担う LPWA（Low Power Wide Area）や、IoT ゲートウェイと IoT
デバイス間の通信を担う短距離無線通信の BLE（Bluetooth Low Energy）などの説明です。

問 58　正解　ウ　テクノロジ系／ネットワーク　（基本情報・平成 31 春㉟）

　OpenFlow とは、既存のネットワーク機器がもつ制御処理と転送処理を分離したアー
キテクチャです。制御部をネットワーク管理者が自ら設計・実装することで、ネットワー
ク機器ベンダの設定範囲を超えた柔軟な制御機能を実現できます。**SDN（Software-
Defined Networking）** とは、この OpenFlow 上でソフトウェア制御による動的で柔
軟なネットワークを作り上げる技術全般を意味します。SDN を用いると、物理的に接
続されたネットワーク上で、別途仮想的なネットワークを構築するといった柔軟な制御
が可能になります。

　ア．EPC global ネットワークアーキテクチャの説明です。**イ．**CDN（Content
Delivery Network）の説明です。**ウ．**正しい。**エ．**UML（Unified Modeling Language）
の説明です。

問 59　正解　ウ　テクノロジ系／ネットワーク　（令和元秋㉙）

　NTP（Network Time Protocol） は、ネットワークに接続されている環境において、
サーバおよびクライアントコンピュータが持つシステム時計を正しい時刻（協定世界時：
UTC）に合わせるためのプロトコルです。**ア．**OS の自動バージョンアップは NTP を
利用しなくてもコンピュータ上で設定可能です。**イ．**BIOS の設定は BIOS セットアッ
プメニューで行います。**ウ．**正しい。NTP は時刻を同期させるためのプロトコルです。**エ．**
ネットワーク経由でコンピュータの電源を ON にするには WOL（Wake-on-LAN）とい
う機能を使います。

問 60　正解 イ テクノロジ系／ネットワーク　（令和元秋(65)）

NAT（Network Address Translation）は、企業や組織のネットワーク内で割り当てられている**プライベート IP アドレス**とインターネット上でのアドレスである**グローバル IP アドレス**を 1 対 1 で相互に変換する技術です。さらに、NAT の考え方にポート番号を組み合わせ、複数の端末が同時にインターネットに接続できるようにした技術を NAPT（Network Address Port Translation）といいます。NAT が相互変換するのは、プライベート IP アドレスとグローバル IP アドレスです。したがって「イ」の組合せが正解となります。

問 61　正解 ウ テクノロジ系／ネットワーク　（平成 28 秋(70)）

テザリング（Tethering）とは、スマートフォンなどのモバイル端末がもつ携帯回線などのインターネット接続機能を活用して、他のコンピュータや情報端末をインターネットに繋ぐことです。モバイル端末をアクセスポイント（親機）のように利用し、3G・4G 回線を経由してインターネットに接続するので、Wi-Fi のない外出先でもノート PC やタブレットおよびゲーム機などを手軽にインターネットに繋ぐことが可能です。ア．スマートフォンとの接続は有線（USB ケーブル）でも問題ありません。イ．通常のインターネットアクセスと同様の危険性があるためウイルス対策が必要です。ウ．正しい。PC からインターネット接続を行う際は、スマートフォンがデフォルトゲートウェイとして機能するためルータを用意する必要はありません。エ．PC 側では特にテザリング対応である必要はなく、USB 接続、Bluetooth、無線 LAN のいずれかのインタフェースがあれば足ります。ただし、スマートフォンはテザリング対応の機種を使用しなければなりません。

問 62　正解 ウ テクノロジ系／ネットワーク　（令和元秋(91)）

TCP/IP を利用したネットワークでは、各ノードを識別するため一意の IP アドレスが割り当てられていますが、この IP アドレスは数字の羅列で人間にとって覚えにくいため、IP アドレスと対応する別名であるドメイン名が付けられています。**DNS（Domain Name System）**は、ドメイン名・ホスト名と IP アドレスを結びつけて相互変換する（名前解決する）仕組みです。ア．**DHCP（Dynamic Host Configuration Protocol）**の役割です。イ．**ファイルサーバ**の役割です。ウ．正しい。DNS の役割です。エ．**POP（Post Office Protocol）**の役割です。

問 63　正解 ウ テクノロジ系／ネットワーク　（平成 30 春(88)）

ア．Mobile Virtual Network Operator の略で、仮想移動体通信事業者のこと。自身では無線通信回線設備を保有せず、ドコモや au、ソフトバンクといった電気通信事

業者の回線を間借りして、移動通信サービスを提供する事業者のことです。楽天モバイル、UQ mobile、LINE モバイルなどの事業者がこれに該当します。**イ．** Near Field Communication の略。非接触型 IC カードの技術をベースに、数センチ〜 20cm 以内といった極近距離で無線通信を行う技術の総称です。おサイフケータイ機能や Suica、楽天 Edy、nanaco などの電子マネー IC カードで使用されている通信規格「**FeliCa（フェリカ）**」も NFC 規格の 1 つです。**ウ．** 正しい。Wi-Fi（ワイファイ）は、無線 LAN（IEEE802.11）における機器間の相互接続性を認定するブランド名で、業界団体である Wi-Fi Alliance が策定しています。Wi-Fi のマークが付いた機器同士は接続性が保証されています。**エ．** **Wi-Fi Protected Access 2** の略。無線 LAN におけるクライアントとアクセスポイント間の通信を暗号化するセキュリティプロトコルです。

問 64　正解　エ　テクノロジ系／セキュリティ　（平成 31 春㉔）

ア． **ESSID** は、無線のネットワークを識別するための文字列です。**イ．** **HTTPS** は、Web サーバと Web ブラウザ間で安全にデータをやり取りするためのプロトコルです。**ウ．** S/MIME は、公開鍵暗号技術を使用して「認証」「改ざん検出」「暗号化」などの機能を電子メールソフトに提供する仕組みです。**エ．** 正しい。**WPA2（Wi-Fi Protected Access 2）**は、無線 LAN における端末とアクセスポイント間の通信を暗号化するセキュリティプロトコルです。無線 LAN の暗号規格として初期に登場した「WEP」と「WPA」は、わずか数分で暗号化鍵が解読されてしまうという脆弱性が見つかっているため、現在では使うべきではありません。WPA の次バージョンである「WPA2」では、この問題を解消するため、WPA の仕組みに加えて暗号化アルゴリズムに NIST 標準の「**AES**」を採用し、解読攻撃への耐性をさらに高めています。次世代規格である WPA3 も策定されており、2020 年 2 月現在、対応している製品は多くはないですが、利用が推奨されている無線 LAN の暗号化方式です。

問 65　正解　エ　テクノロジ系／ネットワーク　（平成 29 春㉕）

ESSID（Extended Service Set Identifier） は、無線 LAN の規格である IEEE802.11 シリーズにおいて、混信を避けるためにアクセスポイントと端末に設定する識別子の 1 つで、英数字を組み合わせた最大 32 文字の文字列です。利用者は無線ネットワークに接続する際、端末に ESSID を指定して接続先の無線ネットワークを選択します。無線ネットワークでは、ESSID が一致する機器同士しか通信ができないようになっています。このため複数のアクセスポイントが存在する環境でも混信は起きません。**ア．** BSID（Basic Service Set Identifier）の説明です。ESSID はアクセスポイント側で任意の文字列に設定可能です。**イ．** チャネル番号とは、データを送受信するために使用する周波数域を指定するものです。端末が無線ネットワークに接続する際にアクセスポイン

トと同じチャネル番号が自動設定されます。**ウ．** ESSID は、IP アドレスではありません。**エ．** 正しい。

問 66　正解　ア　テクノロジ系／セキュリティ　（平成 28 春86）

ソーシャルエンジニアリング（Social Engineering）は、技術的な方法ではなく、人の心理的な弱みやミスに付け込んでパスワードなどの秘密情報を不正に取得する行為の総称です。なりすましやショルダーハッキング、トラッシングなどにより機密情報を不正入手しようとする事例がこれに該当します。技術的な方法を一切用いず「**なりすまし**」によって機密情報を得ようとする「ア」がソーシャルエンジニアリングの例として適切です。

問 67　正解　イ　テクノロジ系／セキュリティ　（令和元秋98）

ランサムウェアは、身代金を意味する ransom とソフトウェアの語尾に付ける ware を合わせた造語です。感染したコンピュータのデータを勝手に暗号化し、システムへのアクセスを制限されたユーザに対し元に戻すための復元プログラムを買うように迫るマルウェアです。コンピュータのデータを人質にとり、金銭を要求する動作から「身代金要求型ウイルス」とも呼ばれます。したがって「イ」が正解です。

問 68　正解　ア　テクノロジ系／セキュリティ　（平成 27 春84）

クロスサイトスクリプティング（XSS）は、動的に Web ページを生成するアプリケーションのセキュリティ上の不備を意図的に利用して、悪意のあるスクリプトを混入させることで、攻撃者が仕込んだ操作を実行させたり、別のサイトを横断してユーザのクッキーや個人情報を盗んだりする攻撃手法です。**ア．** 正しい。クロスサイトスクリプティングの説明です。**イ．** OS コマンドインジェクション攻撃の説明です。**ウ．** パスワードリスト攻撃の説明です。**エ．** トロイの木馬の説明です。

問 69　正解　ア　テクノロジ系／セキュリティ　（令和元秋100）

ア． 正しい。**DDoS 攻撃（分散型 DoS 攻撃）**は、特定のサイトに対し、日時を決めて、複数台の PC から同時に Dos 攻撃を仕掛ける行為です。本問のように支配下のボットネットを操って一斉攻撃したり、インターネット上のルータやサーバに反射させて増幅した大量の応答パケットを 1 か所に送り付けたりする手口があります。**イ．** クロスサイトスクリプティング（XSS）は、動的に Web ページを生成するアプリケーションに対して、セキュリティ上の不備を突いた悪意のあるスクリプトを混入させることで攻撃者が仕込んだ操作を実行させたり、別のサイトを介してユーザのクッキーや個人情報を盗んだりする攻撃です。**ウ．** 辞書攻撃は、パスワードとして利用されそうな単語を網

羅した辞書データを用いて、パスワード解読を試みる攻撃手法です。**エ．ソーシャルエンジニアリング**は、技術的な方法を用いるのではなく、人の心理的な弱みに付け込んでパスワードなどの秘密情報を不正に取得する方法の総称です。

問 70　正解　エ　テクノロジ系／セキュリティ　（令和元秋⑧）

　リスクの移転、回避、受容および低減とは、それぞれ次のようなリスク対応策です。**リスク移転**とは、保険に加入する、業務を外部委託するなどして、リスクが顕在化したときの損失を他者に移転する方策。**リスク回避**とは、リスクの要因そのものを排除することでリスクを除去してしまう方策。**リスク受容**とは、リスクに対して何もしない方策。発現確率が低いリスクや、対策費用が損害額を上回るようなリスクに対して採用される。**リスク低減**とは、リスクが顕在化する確率、リスクが顕在化したときの損害のいずれかまたは両方を小さくする方策です。これを踏まえて、それぞれの事例が 4 種のリスク対応のどれに該当するかを考えます。**ア．**リスク回避の例です。**イ．**リスク移転の例です。**ウ．**リスク受容の例です。**エ．**正しい。損害の発生確率を下げる対策なのでリスク低減の例です。暗号化しても復号されて情報が漏えいしてしまう可能性が残ることから、リスク回避ではありません。

問 71　正解　ア　テクノロジ系／セキュリティ　（令和元秋⑭）

　情報セキュリティポリシは、基本方針、対策基準、実施手順の 3 階層で構成されることが一般的ですが、本問では "最上位の" 情報セキュリティポリシとしているため、一番上の基本方針の記載事項を問うていると考えられます。情報セキュリティポリシの最上位に位置する文書は、組織の経営者が最終的な責任者となり「情報セキュリティに本格的に取り組む」という姿勢を示し、情報セキュリティの目標と適用範囲、その目標を達成するために企業がとるべき行動を社内外に宣言するものです。**ア．**正しい。情報セキュリティポリシに記載することです。**イ．**詳細な手順については個々の実施手順・運用規則・マニュアルなどに記載します。**ウ．**セキュリティ対策に掛ける費用は IT 関連予算内に記載します。**エ．**守るべき個々の情報資産については情報資産管理台帳に記載します。

問 72　正解　ウ　テクノロジ系／セキュリティ　（令和元秋⑱）

　情報セキュリティマネジメントシステム（ISMS）の **PDCA サイクル**では、各フェーズで以下の活動を行います。Plan（計画）では、リスクアセスメントの実施、情報セキュリティポリシの策定を行います。Do（実行）では、計画段階で選択した対策の導入・運用を行います。Check（点検）では、対策実施状況の監視、実施効果の評価を行います。Act（処置）では、管理策の維持、対策の見直しおよび改善を行います。監視、測定、

レビュー、監査などを行って業務実績を点検・評価するフェーズは C(Check) です。よって、「ウ」が正解となります。

　情報セキュリティの三大要素である機密性、完全性および可用性はそれぞれ次のような特性です。①**機密性（Confidentiality）**は、許可された正規のユーザだけが情報にアクセスできる特性を示しています。②**完全性（Integrity）**は、情報が完全で、改ざん・破壊されていない特性を示しています。③**可用性（Availability）**は、ユーザが必要な時に必要なだけシステムやサービスを利用可能である特性を示しています。**ア．**利用者が不用意に情報漏えいをしてしまうリスクを下げるのは機密性の確保です。**イ．**システムや設備を二重化して利用者がいつでも利用できるような環境を維持することで向上するのは可用性です。**ウ．**正しい。情報資産の利用を特定の者だけに制限すると、機密性は高まりますが、必要なデータを利用できない者が出てくるので可用性は低下します。逆に誰もが自由に情報資産を利用できるようにすると、可用性は高まりますが機密性は低下します。このように機密性と可用性には部分的にトレードオフの関係があるので、実務ではバランスを考慮した管理策を講じる必要があります。**エ．**データの滅失やデータの不整合を防止することによって高まるのは完全性です。

　"**組織における内部不正防止ガイドライン（第4版）**"は、企業やその他の組織において必要な内部不正対策を効果的に実施可能とすることを目的として、IPA により作成されたガイドラインです。内部不正対策の具体例が項目別にまとめられています。本問では記載内容をもとに正誤を判断しています。**a．**誤り。1人の管理者に権限が集中していると、その者による内部不正リスクが高まります。最悪の場合、情報システムの破壊や重要情報の削除により事業継続が不可能となる恐れがあります。システム管理者を決める際には複数の者を任命し、相互に監視できることが望まれます。**b．**正しい。内部不正者に対する処罰や再発防止策を実施しない場合は、同様の内部不正を再発させてしまう恐れがあります。重大な不正を犯した内部不正者に対しては必ず組織としての処罰を検討しなければなりません。また、必要に応じて再発防止の措置を実施することが望まれます。**c．**正しい。内部不正対策は経営者の責任であり、経営者は基本となる方針を組織内外に示す「基本方針」を策定し、役職員に周知徹底しなければなりません。経営者がリーダーシップをとることで組織内への周知を徹底させ、実効性のある管理体制を整備する狙いがあります。よって、正しい組合せは「b、c」なので正解は「エ」です。

問 75　**正解** エ　テクノロジ系／セキュリティ　（令和元秋(59)）

ア．Low Power Wide Area の略。省電力・広範囲を特徴とする無線通信規格で、IoT ネットワークでの活用が期待されています。イ．Software-Defined Networking の略。データ転送と経路制御の機能を論理的に分離し、ソフトウェア制御による動的で柔軟なネットワークを作り上げる技術全般を意味します。ウ．エッジコンピューティングは、利用者や端末と物理的に近い場所に処理装置を分散配置して、ネットワークの端点でデータ処理を行う技術の総称です。エ．正しい。ブロックチェーンは、“ブロック” と呼ばれるいくつかの取引データをまとめた単位をハッシュ関数で鎖のように繋ぐことによって、台帳を形成し、**P2P ネットワーク**で管理する技術です。分散型台帳技術（DLT）とも呼ばれます。履歴の改ざんを難しくする技術です。

問 76　**正解** エ　テクノロジ系／セキュリティ　（令和元秋(85)）

ア．Internet Message Access Protocol の略。メールをクライアントコンピュータ上のメールソフトではなくメールサーバ上で管理することで、複数の端末が利用する場合のメール状態の一元管理やメールの選択受信などの機能を実現したメール受信用プロトコルです。イ．Simple Mail Transfer Protocol の略。インターネット環境において、クライアントからサーバにメールを送信したり、サーバ間でメールを転送したりするためのプロトコルです。ウ．情報セキュリティポリシは、組織の経営者が最終的な責任者となり「情報セキュリティに本格的に取り組む」という姿勢を示し、情報セキュリティの目標と、その目標を達成するために企業がとるべき行動を社内外に宣言する文書です。エ．正しい。**ディジタル署名**は、公開鍵暗号技術を応用してディジタル文書の正当性を保証する技術で、この技術を利用すると「送信元が正当であるか」と「改ざんの有無」の 2 点が確認できます。送信側で電子メールにディジタル署名を付与し、受信側でディジタル署名を検証することで内容が改ざんされていないことを確認できます。

問 77　**正解** ア　テクノロジ系／セキュリティ　（令和元秋(88)）

バイオメトリクス認証は、生体認証とも呼ばれ、人間の身体的な特徴や行動の特性など個人に固有の情報を用いて本人の認証を行う方式です。事前に本人の生体特徴情報を認証システムに登録しておき、認証時にはセンサで読み取った情報を比較することで本人確認を行う仕組みになっています。認証方式として、指紋認証、静脈パターン認証、虹彩認証、声紋認証、顔認証、網膜認証などの種類があります。ア．正しい。認証情報として静脈パターンを用いているのでバイオメトリクス認証の例です。イ．生体情報を使用しないので誤りです。ウ．**CAPTCHA（キャプチャ）**の例です。人間とコンピュータを見分け、プログラムによるスパム行為を防止する役割があります。エ．ワンタイムパスワードとは、一度しか使えないパスワードを使って認証する仕組みです。盗聴やリ

プレイアタックへの対策となります。

問 78　**正解**　ウ　テクノロジ系／セキュリティ　（平成 31 春(72)）

JIS Q 27001：2014 では、ISMS を採用する効果を「ISMS は、リスクマネジメントプロセスを適用することによって情報の機密性、完全性および可用性を維持し、かつ、リスクを適切に管理しているという信頼を利害関係者に与える。」としています。したがって、［a］＝リスク、［b］＝完全性 となる「ウ」が正解です。

問 79　**正解**　ウ　テクノロジ系／マルチメディア　（令和元秋(90)）

ア. **cookie** は、Web サーバや Web ページの指示によってユーザ情報などを Web ブラウザに保存する仕組みです。ログイン状態の管理などの目的で使用されます。イ. RSS は、ニュースやブログなど各種のウェブサイトの更新情報を簡単にまとめ、配信するための幾つかの文書フォーマットです。ウ. 正しい。**ディジタルサイネージ（Digital Signage、電子看板）**は、ディジタル技術を活用して平面ディスプレイやプロジェクタなどに映像や情報を表示する広告媒体のことです。広告入替えの手間がかからず、表示内容がリアルタイムで操作可能で、動画を表示することができるなど従来のポスターやロールスクリーン看板にはないメリットがあります。エ. ディジタルデバイドは、パソコンやインターネットなどの情報通信技術を使いこなせる者と使いこなせない者の間に生じる、待遇や貧富、機会の格差を指す言葉です。情報格差ともいいます。

問 80　**正解**　イ　テクノロジ系／コンピュータ構成要素　（令和元秋(95)）

GPU（Graphics Processing Unit）は、コンピュータにおいて画像処理を専門に担当するハードウェア部品です。動画再生や 3DCG のレンダリングなどの定型的かつ大量の演算が要求される処理において、CPU の補助演算装置として機能します。最近では、膨大な計算を必要とする科学シミュレーションや機械学習の分野でも GPU を利用することが増えてきています。したがって「イ」の組合せが適切です。VGA とは、640 × 480 画素のディスプレイを表す名称、およびアナログ RGB コネクタのことです。

問 81　**正解**　ウ　テクノロジ系／コンピュータ構成要素　（平成 30 秋(65)）

キャッシュメモリは、主記憶とは異なる半導体を使用した非常に高速にアクセスできるメモリで、CPU と主記憶の速度差を埋め、CPU の処理効率を向上させる目的で搭載されます。現在のコンピュータでは、1 次、2 次、3 次というように複数のキャッシュメモリを併用して実装されていることがほとんどです。このようにキャッシュメモリを階層構造にする場合、一般的に CPU に近い位置であるほど高速、かつ、小容量のものが使用されます。1 次キャッシュは 2 次キャッシュよりも CPU に近い存在になります。

どのキャッシュメモリにもデータが存在しなかったときには主記憶へのアクセスが行われます。**ア**. 容量の大きさは「**1 次キャッシュ < 2 次キャッシュ**」になります。**イ**. "2 次"といってもキャッシュメモリであることに変わりはないため、主記憶よりは高速です。**ウ**. 正しい。CPU は自身に近いキャッシュから順にデータを探します。**エ**. キャッシュメモリは一度使用された (または今後使用されそうな) データが格納される場所です。プログラム開始時にキャッシュメモリ上に全てのデータが存在している必要はありません。

問 82　正解　ア　テクノロジ系／システム構成要素　（令和元秋㉔）

　サーバ仮想化は、1 台の物理サーバ上で複数のサーバ OS を稼働させる技術です。一般に、仮想化技術によって複数のサーバの機能を 1 台の物理サーバに統合した場合、機能ごとに物理サーバを用意したときと比較して、次のようなメリットとデメリットがあります。①サーバの台数が少なくなるので物理的管理が簡易化できる、②サーバの利用率が高くなり資源の有効利用ができる、③負荷の度合いや処理量などに応じて、リソースの配分を柔軟に変更できる、④ 1 台のサーバに複数の機能を持たせるので、処理以外にかかる CPU のオーバーヘッドは高くなる、⑤物理サーバに障害が発生した場合、その物理サーバで稼働している全ての仮想サーバに影響が出る。**ア**. 正しい。サーバ仮想化の説明です。**イ**. ブレードサーバの特長です。**ウ**. **スタンドアロン**の特長です。**エ**. **デュアルシステム**の特長です。

問 83　正解　ア　テクノロジ系／システム構成要素　（平成 28 春㉕）

　デュアルシステム（Dual System）は、信頼化設計の一つであり、同じ処理を 2 組のコンピュータシステムで行い、その結果を照合機でチェックしながら処理を進行していくシステム構成です。障害発生時には、問題のある側のシステムをメイン処理から切り離し、残された側のシステムのみで処理を続行しつつ、障害からの回復を図ります。デュアルシステムの構築には、電源からデータベースに至るまで全ての装置が 2 系統分必要なので相当なコストが掛かります。それでも信頼性や耐障害性に特に優れているため、システムの停止や誤りが人の命や財産、あるいは企業活動に重大な影響を与え得るようなシステムを構築する場合などに採用されます。**ア**. 正しい。デュアルシステムの特徴です。**イ**. デュアルシステムでは 1 つの処理を 2 系統のシステムで同時に行うため、処理性能は 1 系統のシンプレックスシステムと変わりません。**ウ**. **デュプレックスシステム**の特徴です。**エ**. タンデムシステムの特徴です。

問 84　正解　イ　テクノロジ系／システム構成要素　（平成 25 秋㉟）

　ア. Comma Separated Values の略。複数のデータ項目間をカンマ「,」で区切っ

て記録したファイル形式です。表計算ソフトやデータベースソフトとの互換性があるのでデータ交換用のフォーマットとして使用されることがあります。似たような形式のファイルフォーマットとして TSV（Tab Separated Values）や SSV（Space Separated Values）があります。**イ**．正しい。**NAS（Network Attached Storage）** は、TCP/IP のコンピュータネットワークに直接接続して使用するファイルサーバで、コントローラとハードディスクから構成されています。ファイルサービス専用のコンピュータであり、専用化や用途に合うようにチューニングされた OS などにより、高速なファイルサービスと容易な管理機能が実現されています。**ウ**．Redundant Arrays of Inexpensive Disks の略。安価な複数台のディスク装置を組み合わせ、1 つの仮想的なディスクとして扱うことで信頼性や性能を向上させる技術です。**エ**．RSS は、ブログやニュースサイト、電子掲示板などの Web サイトで、効率の良い情報収集や情報発信を行うために用いられている文書フォーマットの総称です。

問85　正解　ア　テクノロジ系／システム構成要素　（平成 21 春㉖）

フェールセーフは、システムに不具合や故障が発生したときに、障害の影響範囲を最小限にとどめ、常に安全を最優先して制御を行う設計方針です。例えば、工場のロボットの動作範囲内に人間が入った場合、ロボットを制御するシステムはセンサで危険を察知し、機械を停止します。**ア**．正しい。フェールセーフの考え方です。**イ**．多少の性能の低下を許容し、システム全体の運転継続に必要な機能を維持する**フェールソフト**の考え方です。**ウ**．ネットワークからの不正なアクセスを防ぐファイアウォールの説明です。**エ**．人為的なミスによる障害を防ぐ**フールプルーフ**の考え方です。

問86　正解　ウ　テクノロジ系／ソフトウェア　（令和元秋㉘）

a．カレントディレクトリ、ルートディレクトリのそれぞれの意味を確認します。**カレントディレクトリ**とは、ユーザが現時点で作業を行っているディレクトリ（フォルダ）のことです。**ルートディレクトリ**とは、階層型ディレクトリ構造の中で最上階層にあるディレクトリ（フォルダ）のことです。a には、最上位の階層のディレクトリを意味する字句が入るので「ルート」が適切です。**b**．絶対パス、相対パスはファイルパスの指定方法です。**絶対パス**とは、階層の最上位であるルートディレクトリを基点として、目的のファイルやディレクトリまでの全ての経路をディレクトリ構造に従って示す方法です。**相対パス**とは、現在作業を行っているカレントディレクトリを基点として、目的のファイルやディレクトリまでの全ての経路をディレクトリ構造に従って示す方法です。b には、ルートディレクトリを基点としたファイルの指定方法を意味する字句が入るので「絶対」が適切です。したがって、「ウ」の組合せが正解です。

問 87　**正解 ウ**　**テクノロジ系／ソフトウェア**　(平成 29 秋(73))

更新された分だけをバックアップする月～木曜日とフルバックアップを実施する金曜日に分けて考えます。〈月～木曜日〉1 つ当たり 3M バイトのファイル 1,000 個をバックアップするので、バックアップデータ量は、3M × 1,000 = 3(G バイト)となります。3G バイトのデータを 10M バイト／秒の速度で複写するので、1 日当たりのバックアップ取得時間は、3G ÷ 10M = 300(秒)となります。月曜から木曜の 4 日間では、300 × 4 = 1,200(秒)です。〈金曜日〉全ファイル 6,000 個をバックアップするので、バックアップデータ量は、3M × 6,000 = 18(G バイト)となります。18G バイトのデータを 10M バイト／秒の速度で複写するので、金曜日のバックアップ取得時間は、18G ÷ 10M = 1,800(秒)です。したがって、月～金までの合計時間は、1,200 + 1,800 = 3,000(秒) = 50(分)となります。

問 88　**正解 イ**　**テクノロジ系／ソフトウェア**　(令和元秋(76))

計算式の**絶対参照**と**相対参照**の違いに着目すると、行の下方向に複写した際に、相対参照になっている B3 の行指定が B4 → B5 →…というように変わっていくことがわかります。つまり、C5 に入る計算式は B3 の部分を B5 にした「B$1 ＊合計 (B$3:B5)／個数 (B$3:B5)」になります。以下の 3 つの値を計算式の各部分に代入して C5 に表示される値を計算します。B1 … 1,000、合計 (B3:B5) … 10 + 8 + 0 = 18、個数 (B3:B5) … 3 (※範囲のうち空白でないセルの数を返す) 1,000 × 18 ÷ 3 = 6,000 となり、「イ」が正解です。

問 89　**正解 エ**　**テクノロジ系／データベース**　(令和元秋(66))

主キー (Primary Key) とは、関係データベースのテーブル(表)ごとに設定され、テーブルの中のレコード(行)を一意に特定できる値を保持する属性(列)、または属性の組合せのことです。主キーとなる属性は、一意性制約および NOT NULL 制約という 2 つの特性を持っていなければなりません。一意性制約とは、表内のレコードを一意に識別することができることです。NOT NULL 制約とは、値として NULL 値(空値)をもつことがない特性です。**ア.** 主キー属性も算術演算の対象にできるので誤りです。**イ.** 主キーではない列でも検索対象とすることができるので誤りです。**ウ.** 主キーを設定した列は、別表の外部キーから参照される対象となるため誤りです。**エ.** 正しい。主キーの値をもとに表中のレコードを一意に識別できます。

問 90　**正解 イ**　**テクノロジ系／データベース**　(平成 31 春(78))

関係データベースにおける結合は、2 つの表を共通する列の値で結びつける操作です。“社員”表と“部署”表は、どちらも“部署コード”列を持つので“部署コード”列の

値で結合することになります。2つの表を結合すると次のようになります。

社員

社員ID	氏名	部署コード	住所
H001	伊藤　花子	G02	神奈川県
H002	高橋　四郎	G01	神奈川県
H003	鈴木　一郎	G03	三重県
H004	田中　春子	G04	大阪府
H005	渡辺　二郎	G03	愛知県
H006	佐藤　三郎	G02	神奈川県

部署

部署コード	部署名	所在地
G01	総務部	東京都
G02	営業部	神奈川県
G03	製造部	愛知県
G04	開発部	大阪府

社員ID	氏名	部署コード	住所	部署名	所在地
H001	伊藤　花子	G02	神奈川県	営業部	神奈川県
H002	高橋　四郎	G01	神奈川県	総務部	東京都
H003	鈴木　一郎	G03	三重県	製造部	愛知県
H004	田中　春子	G04	大阪府	開発部	大阪府
H005	渡辺　二郎	G03	愛知県	製造部	愛知県
H006	佐藤　三郎	G02	神奈川県	営業部	神奈川県

　この表のうち、社員の住所と所属する部署の所在地が異なるのは以下の2行です。

社員ID	氏名	部署コード	住所	部署名	所在地
H001	伊藤　花子	G02	神奈川県	営業部	神奈川県
H002	高橋　四郎	G01	神奈川県	総務部	東京都
H003	鈴木　一郎	G03	三重県	製造部	愛知県
H004	田中　春子	G04	大阪府	開発部	大阪府
H005	渡辺　二郎	G03	愛知県	製造部	愛知県
H006	佐藤　三郎	G02	神奈川県	営業部	神奈川県

　したがって、設問の操作によって抽出される社員は以下の2名になります。

社員ID	氏名	部署コード	住所	部署名	所在地
H002	高橋　四郎	G01	神奈川県	総務部	東京都
H003	鈴木　一郎	G03	三重県	製造部	愛知県

問 91　正解　イ　テクノロジ系／データベース　（平成 30 秋㊻）

ア. インデックスは、索引とも呼ばれ、データベースへのアクセス効率を向上させるために、検索対象となる 1 つ以上の列（属性）に対して設定される仕組みです。**イ.** 正しい。**トランザクション（Transaction）** は、コンピュータで扱う一連の意味のある処理のまとまりのことで、データベースの処理においては更新処理単位という意味があります。トランザクションは、整合性や完全性を維持するために必要なひとまとまりの処理であるため、一部の処理だけが実行されて終わるようなことは許されません。DBMS は、トランザクションが必ず「全ての処理が成功して確定する」か「全く行われなかったか」のどちらかの状態で終了するように制御します。このようにトランザクションが分割できない単位であることを示す特性を**トランザクションの原子性**といいます。**ウ.** レプリケーションは、DBMS（データベースマネジメントシステム）が持つ機能の一つで、データベースに加えた変更を別のネットワーク上にある複製データベースに自動的に反映させる仕組みです。**エ.** DBMS におけるログは、トランザクションで操作されるデータの操作前・操作後の状態を記録したファイルです。ジャーナルファイルとも呼ばれます。

問 92　正解　エ　テクノロジ系／システム構成要素　（平成 28 春㊿）

稼働率 R の機器 2 台が直列または並列に接続されているときに、そのシステム全体の稼働率は次の公式で求めることができます。

・直列（□-□）… R^2　並列（⊟）… $1 - (1 - R^2)$

システムを構成する装置は同一なので、装置の稼働率を 0.9 と仮定して（今回は装置の稼働率の仮値として 0.9 を使いましたが、$0 < R < 1$ を満たす値であれば稼働率の高低関係は同じになります）の全体の稼働率を計算することで高低の比較を行います。最初からシステム全体の稼働率を求めようとすると、計算が煩雑になってしまうため、あらかじめ部分要素である ⊟ の稼働率を次のように計算しておくと楽になります。$1 - (1 - 0.9)^2 = 1 - 0.1 \times 0.1 = 0.99$ です。この数値を活用して各システム構成の稼働率を計算します。**a.** $0.9 \times 0.9 = 0.81$　**b.** $0.9 \times 0.99 = 0.891$

c. $1 - (1 - 0.9)(1 - 0.99) = 1 - 0.1 \times 0.01 = 1 - 0.001 = 0.999$ となります。したがって稼働率が高い順は「c、b、a」です。

問 93　正解　エ　テクノロジ系／基礎理論　（令和元秋⑧）

　総当たり攻撃は、特定の文字数および文字種で設定される可能性のある組合せのすべてを試すことでパスワードの特定を試みる攻撃手法です。総当たり攻撃では最後の1回で一致したときに最大の試行回数となるので、最大の試行回数は設定可能なパスワードの総数と一致します。"0"から"9"の数字を使用する4桁のパスワードの総数が「10 × 10 × 10 × 10 = 10,000 = 10^4 個」であるのと同様の考え方で、"A"から"Z"の26種類の文字を使用できる4文字のパスワードの総数は「26 × 26 × 26 × 26 = 26^4 個」、26種類の6文字では「26^6 個」になります。設問では、文字数を4文字から6文字に増やしたときに試行回数が何倍になるか問われています。26^6 を 26^4 で割って答えを求めます。26の6乗 ÷ 26の4乗 = 26の2乗 = 676倍となります。したがって「エ」が正解です。

問 94　正解　エ　テクノロジ系／基礎理論　（令和元秋⑦）

　5人の中から委員長1名を選ぶ方法は5通り、5人の中から書記1名は5通りです。委員長と書記の兼任が許されているため、委員長の選び方のそれぞれについて書記の選び方が5通りあることになります。したがって、選び方は「5通り×5通り = 25通り」です。ちなみに、兼任を許さない場合は5人から1名委員長を選び、残った4人から書記1名を選ぶことになるので「5通り×4通り = 20通り」の選び方があります。

問 95　正解　エ　テクノロジ系／基礎理論　（令和元秋⑨）

　　a　について、"データ"を含む全ての文字列にマッチさせるには、"データ"の前後に長さゼロ以上の任意の文字列を表す"*"を付けます。こうすれば前後にどのような文字列が付いていても、全く付いていなくても"データ"さえ入っていれば該当します。「*データ*」は、単なる"データ"、"データベース"、"電子データ"、"旧データファイル"などの"データ"を含む文字列全てにマッチします。なお、「?データ*」は任意の1文字から始まり、2～4文字目がデータとなる文字列を表すので、"旧データファイル"にはマッチしますが、"データ"、"データベース"、"電子データ"にはマッチしません。

　　b　について、"データ"で終わる文字列にマッチさせるには、"データ"の前に"*"を付けます。「*データ」は、"データ"、"電子データ"、"新データ"などの末尾が"データ"である文字列にマッチします。なお、「?データ」は任意の1文字＋データとなっている文字列を表すので、"新データ"にはマッチしますが、"データ"、"電子データ"にはマッチしません。したがって、a = *データ*、b = *データ となる「エ」の組合せが適切です。

選択肢ごと **PUSH 操作**と **POP 操作**のみで順番が実現できるか検証します。[ ] は装置の中の状態を表しています。横向きになっていますが左側を装置の底として考えてください。

ア．a, b, c　以下の手順で可能です。① PUSH a：[a]、② POP：[] → a を取り出す、③ PUSH b：[b]、④ POP：[] → b を取り出す、⑤ PUSH c：[c]、⑥ POP：[] → c を取り出す、となります。

イ．b, a, c　以下の手順で可能です。① PUSH a：[a]、② PUSH b：[a，b]、③ POP：[a] → b を取り出す、④ POP：[] → a を取り出す、⑤ PUSH c：[c]、⑥ POP：[] → c を取り出す、となります。

ウ．c, a, b　正しい。順番としてあり得ません。① PUSH a：[a]、② PUSH b：[a，b]、③ PUSH c：[a，b，c]、④ POP：[a，b] → c を取り出す、となります。次に a を取り出す必要がありますが、POP 操作を行うと b が取り出されます。a は b より下に積まれているので b より先に取り出すことができません。

エ．c, b, a　以下の手順で可能です。① PUSH a：[a]、② PUSH b：[a，b]、③ PUSH c：[a，b，c]、④ POP：[a，b] → c を取り出す、⑤ POP：[a] → b を取り出す、⑥ POP：[] → a を取り出す、となります。

各選択肢の文字列を暗号化してみて、結果が "EGE" になるものを見つけます。

ア．BED

① B は 1、E は 4、D は 3 なので→ 1, 4, 3、② 1 + 1、4 + 2、3 + 3 → 2, 6, 6、③各数字を 26 で割った余り→ 2, 6, 6、④ 2 は C、6 は G なので→ CGG

イ．DEB

① D は 3、E は 4、B は 1 なので→ 3, 4, 1、② 3 + 1、4 + 2、1 + 3 で→ 4, 6, 4、③各数字を 26 で割った余り→ 4, 6, 4、④ 4 は E、6 は G なので→ EGE（正解）

ウ．FIH

① F は 5、I は 8、H は 7 なので→ 5, 8, 7、② 5 + 1、8 + 2、7 + 3 で→ 6, 10, 10、③各数字を 26 で割った余り→ 6, 10, 10、④ 6 は G、10 は K なので→ GKK

エ．HIF

① H は 7、I は 8、F は 5 なので→ 7, 8, 5、② 7 + 1、8 + 2、5 + 3 で→ 8, 10, 8、③各数字を 26 で割った余り→ 8, 10, 8、④ 8 は I、10 は K なので→ IKI

※ "EGE" から暗号化とは逆の手順を適用して「EGE → 464 → 341 → DEB」というように元の文字列を求めることもできるのですが、2 の手順後の各数字が確実に 25 以下

であることを説明しなければならないため、一つずつ暗号化して確かめる解説にしています。

問 98　正解　イ　テクノロジ系／アルゴリズムとプログラミング　（平成 29 秋⑧）

　ア．PIN コードは、個人を識別し認証するために使用される番号のことです。**イ．**正しい。**ソースコード**は、コンピュータに対する命令を、プログラム言語の文法に従い記述したテキストです。実行可能プログラムの元となります。**ウ．バイナリコード**は、コンピュータに対する命令を、コンピュータが解釈できる 2 進数で表したものです。機械語／マシン語とも呼ばれます。プログラム言語で記述したソースコードは、最終的にバイナリコードに翻訳されてからコンピュータに読み込まれます。**エ．文字コード**は、コンピュータ上で使用される文字や記号に対して割り当てられた符号です。ASCII、UTF-8、EUC、Shift-JIS などの種類があります。例えば ASCII コードでは、アルファベットの "A" には "65"、"=" には "3D" が割り振られています。

問 99　正解　エ　テクノロジ系／ヒューマンインタフェース　（令和元秋⑥⑨）

　トラックバックは、ブログシステムに備わるコミュニケーション機能の 1 つで、自分のブログに他人のブログのリンクを張ったときに、相手に対してその旨が自動的に通知される機能です。通知を受け取った側のブログは、その通知内容をもとにトラックバックコーナー内にリンク元ページへのリンクを自動で設置するので、2 つのページ間で相互リンクが張られるようになっています。**ア．**コメント投稿サービスの説明です。**イ．**ソーシャルブックマークの説明です。**ウ．**ソーシャルボタンの説明です。**エ．**正しい。トラックバックの説明です。

問 100　正解　ア　テクノロジ系／マルチメディア　（平成 30 秋⑧⑥）

　ア．正しい。**GIF（Graphics Interchange Format）**は、256 色以下の比較的色数の少ない静止画像（イラストなど）を中心に扱う可逆圧縮形式の画像ファイルフォーマットです。JPEG と並んで歴史が長く、全ての Web ブラウザで標準サポートされています。背景の透過や、アニメーション（GIF 動画）、インタレースなどの拡張機能をもちます。**イ．**Joint Photographic Experts Group の略。ディジタルカメラで撮影したフルカラー静止画像などを圧縮するのに一般的な画像ファイル方式です。**ウ．**Musical Instrument Digital Interface の略で " ミディ " と読みます。シンセサイザなどの電子楽器の演奏データや電子音源を機器間でディジタル転送するための世界共通規格です。**エ．**Moving Picture Experts Group の略。動画圧縮のフォーマットで、MPEG-1、MPEG-2、MPEG-4、MPEG-7 などの規格があります。

これだけ覚える！
重要用語150

使い方 ①何度も読んで少しずつ覚える、②試験直前期の総まとめとして一問一答形式で使うなど、ご活用ください。

ストラテジ系

会計財務

☐☐ **売上総利益（粗利）** は、売上から原価を引いたもの

☐☐ **営業利益** とは、売上総利益（粗利）から販売費および一般管理費を引いたもの

☐☐ **経常利益** とは、営業利益から本業以外で得た利益（預けたお金に対する利息の受け取りなど）を加算、本業以外での費用（借りたお金に対する利息の支払い）を減算したもの

☐☐ **固定費** とは、売上の増減に関わらず固定的に必要な費用。オフィスの家賃や社員の給与など

☐☐ **変動費** とは、売上の増減によって変化する費用。原材料費や配送費など

☐☐ **損益分岐点** とは、売上と費用が一致する点で、儲けも損もない売上のこと

☐☐ **損益計算書（P/L）** とは、1年間の企業活動でどのくらいの利益があったのかを示す、企業の経営状態を表したもの

☐☐ **貸借対照表（B/S）** とは、ある時点での企業の財産状況を示したもの。左側に「資産」、右側に「負債と純資産」を記載する。資産とは現金化できる所有物であり、負債とは支払いが必要なもの。純資産は資産から負債を引いたもの

☐☐ **総資産利益率（ROA：Return on Assets）** とは、総資産を使ってどれだけ利益を得ているかを表したもの。当期純利益÷総資産（負債＋純資産）×100

☐☐ **自己資本利益率（ROE：Return on Equity）** とは、自己資本（株主による資金）を使ってどれだけ利益を得ているかを表したもの。当期純利益÷自己資本×100

☐☐ **投下資本利益率（投資利益率）（ROI：Return on Investment）** とは、投資に対してどれだけ利益を得ているかを表したもの。利益÷投下資本×100

☐☐ **売上高総利益率（粗利益率）** とは、売上高に対してどれだけの利益を得ているかを表したもの。売上総利益÷売上高×100

☐☐ **自己資本比率** とは、企業の安全性の指標として用いられる。総資本に対して自己資本（純資産）がどのくらい占めているかをみる。経営の安定度合いを示し、この値が高いほど良好。純資産÷総資本×100

法務

☐ ☐ **著作権法の対象**には、音楽、映画、コンピュータプログラム（ソースコード）、OS、データベースなどが含まれる。アルゴリズム、プログラム言語、規約（コーディングのルール、プロトコル）は著作権の対象外

☐ ☐ **資金決済法**は、Suica やコンビニの ATM、仮想通貨などに関するお金のやりとりのルール。銀行以外のお金の受け渡しを安全に効率よく、便利に行うための法制度

☐ ☐ **金融商品取引法**とは、株や債券、仮想通貨などの金融商品の投資者を保護するルール。株や仮想通貨などの投資を安全に効率よく行うための法制度

☐ ☐ **個人情報**とは、生存する個人に関する情報で、氏名や生年月日、住所、電話番号などの記述により特定の個人を識別できるもの

☐ ☐ **ISO 9000** とは、品質マネジメントシステムのこと。製品やサービスの品質を管理するための規格

☐ ☐ **ISO 14000** とは、環境マネジメントシステムのこと。環境を保護し、環境に配慮した企業活動を促進するための規格

☐ ☐ **ISO/IEC 27000** とは、情報セキュリティマネジメントシステムのこと。情報資産を守り、有効に活用するための規格

経営戦略

☐ ☐ **SWOT 分析**とは、Strength（強み）、Weakness（弱み）、Opportunity（機会）、Threat（脅威）の頭文字をとった経営環境の分析手法のこと。市場や自社を取り巻く環境（機会、脅威）と自社の状況（強み、弱み）を分析し、ビジネス機会をできるだけ多く獲得するための経営戦略手法

☐ ☐ **PPM（Product Portfolio Management）**とは、自社の経営資源（ヒト、モノ、カネ、情報）の配分や事業の組合せ（ポートフォリオ）を決める手法。花形の市場成長率・占有率は共に高く、占有率を維持するためにさらなる投資が必要。金のなる木の市場成長率は低いが、占有率は高い。投資用の資金源となる。問題児の市場成長率は高いが、占有率が低い。占有率を高めて花形にするために投資を行うか、負け犬になる前に撤退を検討する。負け犬は、市場成長率、占有率ともに低いため市場からの撤退を検討する

☐ ☐ **3C 分析**とは、市場における 3 つの C である Customer（顧客）、Competitor（競合）、Company（自社）の要素を使って事業を行うビジネス環境を分析する手法

☐ ☐ **4P 分析**とは、Product（製品）、Price（価格）、Promotion（販売促進）、Place（販売ルート）の頭文字をとったもの。4 P は売り手の視点に立ち、「何を」「いくらで」「どこで」「どのようにして」売るのかを決定する手法

☐ ☐ **4C 分析**とは、Customer Value（顧客にとっての価値）、Cost（価格）、Convenience（利便性）、Communication（伝達）の頭文字をとったもの。4C は買い手の視点に立ち「どんな価値のものを」「いくらで」「どこで」「どうやって知って」買ってもらうかを検討する手法

☐☐ **アンゾフの成長マトリクス**とは、企業が成長する上でとるべき戦略を整理したもの。「製品」と「市場」の２軸を設定し、それぞれの軸をさらに「既存」と「新規」に分ける。企業が向かう方向性として、既存製品を新たな市場に浸透させるための市場開拓、既存製品を既存の市場で成長させるための市場浸透、新たな製品を開発し、新たな市場に参入するための多角化、新たな製品を開発し、既存の市場で展開するための製品開発を表す

☐☐ **BSC（バランススコアカード）**とは、財務、顧客、業務プロセス、学習と評価の視点から業績評価を行う手法

☐☐ **CRM（顧客関係管理）**は、顧客情報を一元管理し、顧客と長期的な良好な関係を築き、満足度を向上させるためのシステム

☐☐ **SCM（供給連鎖管理）**とは、製造業などで自社と関係のある取引先企業を１つの組織として捉え、グループ全体で情報を一元管理し業務の効率化を図るためのシステム

☐☐ **ERP（企業資源計画）**とは、企業の経営資源（ヒト、モノ、カネ、情報など）を統合的に管理・配分し、業務の効率化や経営の全体最適を目指すシステム

☐☐ **SFA（営業支援システム）**は、企業の営業活動を支援し、業務効率化や売上アップにつなげるシステム

技術戦略

☐☐ **オープンイノベーション**とは、社外の技術やアイディア、サービスなどを組み合わせて新たな価値を生み出す手法

☐☐ **イノベーションのジレンマ**とは、「大企業が既存製品の改良にばかり注力していると、顧客のニーズを見誤り新興企業にシェアを奪われる」というイノベーション理論のこと

☐☐ **技術ロードマップ**とは、科学技術や工業技術の研究や開発に携わる専門家が、ある程度の科学的知見の裏付けのもと、その技術の現在から将来のある時点までの展望をまとめたもの

☐☐ **ハッカソン**とは、複数のソフトウェア開発者が一定時間会場などにこもって、プログラムを書き続け、そのアイディアや技能を競うイベント

☐☐ **デザイン思考**とは、アイディアを出し合い、形にしながら改良を加え、より良い結果を追い求めるための問題解決手法のこと

ビジネスインダストリ

☐☐ **フィンテック（FinTech）**とは、Finance（金融）とテクノロジーを合わせた造語で、金融や決済サービスのIT化のこと

☐☐ **仮想通貨（暗号資産）**とは、紙幣や硬貨のような現物を持たず、インターネット上でやりとりができる通貨

☐☐ **ロングテール**とは、ECサイトにおいて、たまにしか売れない商品群の売上合計が大きな割合を占めるという現象のこと

☐☐ **SEO（Search Engine Optimization）**とは、アクセス数の増加を狙うための施策で、Google や Yahoo! などの検索結果ページの上位に表示されるように工夫すること

IoT システム

☐☐ **テレマティクス**とは、カーナビや GPS などの車載器と通信システムを利用して様々な情報やサービスを提供すること。位置情報だけでなく、運転の挙動を把握することができる

システム戦略

☐☐ **RPA（Robotic Process Automation）**とは、データの入力や Web サイトのチェックなど PC の定型的な作業をソフトウェアで自動化するしくみ

☐☐ **DFD（Data Flow Diagram）**とは、システムで扱うデータの流れを表した図のこと。「源泉（データの発生元・行先）」「プロセス（処理）」「データストア（ファイルやデータベース）」「データフロー（データの流れ）」という記号を使い、データの流れや業務の全体像を明確にする

システム活用促進

☐☐ **デジタルトランスフォーメーション（DX）**とは、デジタル変革のこと。AI や IoT をはじめとしたデジタル技術を駆使して、新たな事業やサービスの提供、顧客満足度の向上を狙う取組み

☐☐ **PoC（Proof of Concept）**とは、「概念実証」や「コンセプト実証」の意。新しい技術や概念が実現可能か、本格的にプロジェクトを開始する前に試作品を作って検証すること

調達

☐☐ **RFI（Request For Information）**とは、発注先に対してシステム化の目的や業務概要を明示し、システム化に関する技術動向に関する情報などを集めるために情報提供を依頼すること

☐☐ **RFP（Request For Proposal）**とは、発注元が発注先の候補となる企業に対し、導入システムの要件や提案依頼事項、調達条件などを明示し、具体的な提案書の提出を依頼するための文書のこと

マネジメント系

ソフトウェア開発管理技術

☐☐ **ウォータフォールモデル**とは、システム開発プロセスを要件定義からテストまで順番に行う開発手法のこと

☐☐ **プロトタイピングモデル**とは、開発の初期段階でプロトタイプと呼ばれる試作品を作成し、利用者に検証してもらうことで、後戻りを減らすための開発手法のこと

☐☐ **アジャイル**とは、小さな単位で作ってすぐにテストする、スピーディな開発手法。ドキュメントよりソフトウェアの作成を優先する

- [ ] [ ] **XP（エクストリームプログラミング）** では、開発者が行うべき具体的なプラクティス（実践）が定義されている。テスト駆動、ペアプログラミング、リファクタリングが含まれる

- [ ] [ ] **テスト駆動開発** では、小さな単位で「コードの作成」と「テスト」を積み重ねながら、少しずつ確実に完成させる

- [ ] [ ] **ペアプログラミング** とは、コードを書く担当とチェックする担当の二人一組でプログラミングを行う手法。ミスの軽減、作業の効率化が期待できる

- [ ] [ ] **リファクタリング** とは、動くことを重視して書いたプログラムを見直し、より簡潔でバグが入り込みにくいコードに書きなおすこと

- [ ] [ ] **スクラム** とは、コミュニケーションを重視したプロセス管理手法。短い期間の単位で開発を区切り、段階的に機能を完成させながら作り上げる

- [ ] [ ] **共通フレーム（Software Life Cycle Process）** とは、発注者と受注者（ベンダ）の間でお互いの役割や責任範囲、具体的な業務内容について認識に差異が生じないよう作られたガイドライン

プロジェクトマネジメント

- [ ] [ ] **プロジェクトスコープマネジメント** とは、プロジェクトの成果物と作業範囲を明確にする知識エリア

- [ ] [ ] **WBS（Work Breakdown Structure）** とは、プロジェクトの作業範囲から作業項目を洗い出し、細分化、階層化した図のこと

- [ ] [ ] **アローダイアグラム（PERT図）** とは、各作業の関連性や順序関係を矢印を使って視覚的に表現した図。1日でも遅れるとプロジェクト全体に影響を与える経路をクリティカルパスという

サービスマネジメント

- [ ] [ ] **サービスレベル合意書（SLA）** とは、ITサービスの利用者と提供者の間で取り交わされる、ITサービスの品質に関する合意書。サービスの提供時間や障害復旧時間などを取り決めている

- [ ] [ ] **インシデント管理（障害管理）** では、システム障害などのインシデント（問題）を迅速に解決し、サービス停止時間を最小に留める

- [ ] [ ] **問題管理** では、インシデントの根本的な原因を追究し、恒久的な対策を行う

- [ ] [ ] **構成管理** とは、ハードウェアやソフトウェア、仕様書や運用マニュアルなどのドキュメントと、その組合せを最新の状態に保つこと

- [ ] [ ] **変更管理** とは、ITサービス全体に対する変更作業を効率的に行い、変更作業によるインシデントを未然に防ぐこと

- [ ] [ ] **リリース管理** では、変更管理のうち本番環境への移行が必要となるものを安全、無事にリリースする

☐☐	**バージョン管理**では、ファイルの変更履歴をバージョンとして保存し管理する
☐☐	**チャットボット**とは、AI を使った自動会話プログラム。オペレータに代わって AI が質問に回答する

システム監査

☐☐	**情報セキュリティ監査**とは、情報資産に対して、適切なリスクコントロールが実施されているかどうかを判断すること
☐☐	**システム監査**とは、情報システム全体に対して、適切なリスクコントロールが実施されているかどうかを判断すること。開発、運用、保守までの情報システムに係るあらゆる業務が監査対象となる
☐☐	**システム監査人の条件**とは、監査対象から、独立かつ客観的な立場であり、客観的な視点から公正な判断を行うこと
☐☐	**IT ガバナンス**とは、IT を効果的に活用して、組織を統治すること

テクノロジ系

ネットワーク

☐☐	**HTTP** とは、インターネット閲覧用のプロトコル（規約、約束ごと）のこと
☐☐	**HTTPS** とは、インターネット閲覧用のプロトコルで通信の暗号化とサーバの認証を行う。S は SSL/TLS
☐☐	**SMTP** とは、メール送信、転送用のプロトコルのこと
☐☐	**POP** とは、メール受信用のプロトコルのこと。メールはサーバからダウンロードして管理する
☐☐	**IMAP** とは、メール受信用のプロトコルのこと。メールはサーバ上で管理する
☐☐	**MIME** とは、メールに画像、ファイルなどを添付するためのプロトコルのこと
☐☐	**S/MIME** とは、メールを暗号化するプロトコルのこと
☐☐	**FTP** とは、ファイル転送用のプロトコルのこと
☐☐	**NTP** とは、サーバ間で時刻を同期するためのプロトコルのこと。サーバのアクセスログ（記録）を収集する際に必要となる
☐☐	**TCP** とは、再送機能があり、データを確実に転送するためのプロトコルのこと
☐☐	**IP** とは、ネットワーク上のコンピュータの場所（IP アドレス）を定義するためのプロトコルのこと
☐☐	**IEEE 802.11x** とは、無線 LAN 用のプロトコルのこと
☐☐	**DHCP** とは、端末に IP アドレスを自動で割り当てるしくみのこと
☐☐	**DNS** とは、www.xx.co.jp のようなドメイン名と IP アドレスを変換するしくみのこと

□ □ **NAT** とは、IP アドレスを効率的に使うしくみのこと。LAN 内で使用するプライベート IP アドレスとインターネットで使用するグローバル IP アドレスを変換する

□ □ **ポート番号**とは、端末で動作しているアプリケーションを特定する番号のこと。 例）HTTP は 80

□ □ **IP アドレス**とは、端末を特定する情報のこと。IPv4（10 進数・32 ビット）と IPv6（16 進数・128 ビット、暗号化機能）がある

□ □ **グローバル IP アドレス**は、インターネット上で一意なアドレスのこと

□ □ **プライベート IP アドレス**は、LAN 内で一意なアドレスのこと

□ □ **MAC アドレス**は、ネットワーク内の通信装置（有線、無線）に割り振られている世界中で一意な番号のこと

□ □ **ルータ／ L3 スイッチ**とは、LAN 間通信のための装置のこと。IP アドレスでデータの転送先を識別する

□ □ **ブリッジ・L2 スイッチ**とは、LAN 内のデータを転送する装置のこと。MAC アドレスで転送先を識別する

□ □ **リピータ／ハブ**とは、電気信号を中継する装置のこと。接続されている端末すべてに同じデータを転送する

□ □ **LTE** は、携帯電話の伝送規格であり、通信速度は 100Mbps 以上

□ □ **5G** とは、携帯電話の伝送規格であり、同時多接続、超低遅延、省電力、低コストが特徴とされる。通信速度は 10Gbps 以上

□ □ **Wi-Fi** とは、無線 LAN の規格。通信範囲は、数十から数百メートル、通信速度は 6.9Gbps、次世代の Wi-Fi6 は 9.6Gbps

□ □ **Bluetooth** とは、近距離無線の規格であり、通信範囲は 10 ～ 100 メートル前後。通信速度は 24Mbps

□ □ **NFC（Near Field Communication）**は、最長十数 cm 程度までの至近距離無線の規格。RFID（IC タグ）と専用の読み取り装置間の通信に利用される

□ □ **BLE（Bluetooth Low Energy）**は、近距離無線の規格であり、IoT 向け、省電力、低速が特徴。通信範囲は 10 ～ 400 メートル前後で通信速度は最大 1Mbps

□ □ **LPWA（Low Power Wide Area）**は、遠距離通信の規格であり、IoT 向け、省電力、低速が特徴。通信範囲は最大 10km、通信速度は 250Kbps 程度

セキュリティ

□ □ **SSL/TLS** とは、通信の暗号化とサーバを認証するプロトコルのこと

□ □ **プロキシ**は、「代理」の意味で LAN 内の PC の代わりにインターネットに接続するサーバであり、コンテンツフィルタリング機能を持つ

□ □ **ファイアウォール**とは、社外からの不正な通信を遮断するためのしくみ

☐ ☐	**DMZ** は、ファイアウォールと社内のネットワークの間に設置する公開エリアのこと。Web サーバなどを設置する
☐ ☐	**VPN（Virtual Private Network）** は、仮想的な専用ネットワークのこと。事業所間の LAN など遠隔地との接続などに利用される
☐ ☐	**共通鍵暗号方式** では、暗号化と復号で同じ鍵（共通鍵）を使用する。暗号化と復号の処理が高速となる
☐ ☐	**公開鍵暗号方式** では、暗号化と復号で異なる鍵を使用し、暗号化する鍵（公開鍵）を公開し、復号する鍵（秘密鍵）を秘密にする。鍵の受け渡しも容易
☐ ☐	**ハイブリッド暗号方式** は、共通鍵暗号方式と公開鍵暗号方式のメリットを組み合わせた方式のこと。平文は高速な共通鍵で暗号化し、共通鍵を受信者の公開鍵で暗号化して安全に受信者へ渡す
☐ ☐	**ディジタル署名** とは、ハッシュ関数（データを固定長のビット列に変換するしくみ。同じデータからは同じビット列が生成される）を使って、データが改ざんされていないこと、送信者がなりすましではないことを証明する技術のこと
☐ ☐	**タイムスタンプ（時刻認証）** とは、ファイルの更新日時以降変更されていないことを証明する技術のこと
☐ ☐	**ディジタル証明書** とは、公開鍵とその所有者を証明するしくみ
☐ ☐	**ブロックチェーン** は、仮想通貨「ビットコイン」の基幹技術。データの偽装や改ざんを防ぐしくみ
☐ ☐	**多要素認証** とは、複数の認証要素でより安全な認証を実現する手法のこと。従来のパスワードに加えて、認証コードなどの複数の要素で個人を認証する
☐ ☐	**生体認証（バイオメトリクス認証）** とは、身体的特徴（指紋、顔、網膜、声紋など）や行動的特徴（筆跡やキーストローク）によって個人を特定する技術のこと
☐ ☐	**コンピュータウイルス** は、プログラムに寄生して、自分自身の複製や拡散を行う
☐ ☐	**ボット** とは、処理を自動化するソフトウェアのこと。ボット化した PC は外部からの遠隔操作が可能になり、一斉攻撃などの手段として悪用される
☐ ☐	**スパイウェア** は、個人情報などを収集して、盗み出す。キーロガーも含まれる
☐ ☐	**ランサムウェア** は、データを暗号化するなど使えない状態にし、元に戻す代わりに金銭を要求する
☐ ☐	**ワーム** は、プログラムに寄生せずに自分自身を複製でき、拡散を行う
☐ ☐	**トロイの木馬** では、害のないプログラムを装いつつ、バックドア（裏口）の設置などを行う
☐ ☐	**マクロウイルス** とは、文書作成や表計算ソフトのマクロ機能を悪用したウイルス

☐☐ **クロスサイトスクリプティング**は、Web アプリケーションの画面表示処理の脆弱性をついた攻撃のこと。悪意のあるスクリプト（プログラム）をブラウザで実行し、個人情報などを盗み出す

☐☐ **SQL インジェクション**とは、Web アプリケーションのデータベース処理の脆弱性をついた攻撃のこと。入力画面で SQL コマンドを入力し、データベース内部の情報を不正に操作する

☐☐ **ドライブバイダウンロード**とは、Web ブラウザや OS などの脆弱性をついた攻撃のこと。Web サイトに不正なソフトウェアを隠しておき、サイトの閲覧者がアクセスすると自動でダウンロードさせる

☐☐ **DNS キャッシュポイズニング**は、DNS のキャッシュサーバの仕組みを悪用した攻撃のこと。攻撃者がキャッシュサーバを偽情報に書き換える（汚染される）と偽情報によって悪意のあるサーバに誘導され、機密情報を盗まれる

☐☐ **DoS（サービス妨害）攻撃**とは、大量の通信を発生させてサーバをダウンさせ、サービスを妨害する攻撃のこと

☐☐ **DDoS 攻撃（分散型 DoS 攻撃）**とは、ボット化して遠隔操作が可能になった複数の端末からサーバに一斉に通信を発生させ、ダウンさせてサービスを妨害する攻撃のこと

☐☐ **ゼロデイ攻撃**では、OS やソフトウェアの脆弱性が発見されてから、開発者による修正プログラムが提供される日より前にその脆弱性を突く攻撃のこと

☐☐ **不正のトライアングル（機会・動機・正当化）**とは、不正が発生する 3 つの要因をまとめたもの。不正行為の分析や再発防止策の検討に活用される

コンピュータ

☐☐ **RAM** とは、電源を切断すると記憶内容が失われる揮発性メモリのこと

☐☐ **DRAM** とは揮発性メモリで、処理速度は遅いが記憶容量は大きい。メインメモリに利用される

☐☐ **SRAM** とは揮発性メモリで、処理速度は高速だが記憶容量は小さい。キャッシュメモリに利用される

☐☐ **ROM** とは、電源を切断しても記憶内容が消去されない不揮発性メモリのこと

☐☐ **フラッシュメモリ**では、電気を使ってデータの消去や読み書きを行う。ROM の一種で、SSD や USB メモリや SD カードなどに利用されている

☐☐ **メインメモリ**では、プログラムが処理をしている間に使うデータなどを一時的に格納する。キャッシュメモリの次に高速

☐☐ **キャッシュメモリ**とは、CPU とメインメモリの速度の違いを吸収して、処理を高速化するための揮発性メモリ。CPU に近い方から「一次キャッシュメモリ」、「二次キャッシュメモリ」と呼ぶ。キャッシュメモリは、より高速でより小容量

☐☐ **SSD（Solid State Drive）** はフラッシュメモリで、ハードディスクに代わる補助記憶装置。高速、省電力、衝撃や振動に強い。不揮発性。記憶容量は、数十 GB ～数 TB。メインメモリの次に高速である

☐☐ **デュアルシステム** とは、同じシステムを 2 組用意して同じ処理を並列して行い、結果を照合する処理方式のこと。片方のシステムが故障した場合、故障したシステムを切り離して処理を継続する

☐☐ **デュプレックスシステム** とは、同じシステムを 2 組用意して、一方を予備機として、通常は主系のシステムで処理を行うこと。主系のシステムが故障した場合、予備機に切り替えて処理を継続する

☐☐ **ホットスタンバイ** とは、予備機をいつでも切り替えられるように起動しておく方式のこと

☐☐ **コールドスタンバイ** とは、切り替え時に予備機の起動から行う方式のこと

☐☐ **RAID** とは、複数のハードディスクをまとめて 1 台のハードディスクとして認識させ、処理速度や可用性を向上させる技術のこと

☐☐ **RAID0** では、データを決まった長さで分割し、複数のディスクにデータを分散して記録する（ストライピング）。処理速度が向上する

☐☐ **RAID1** では、複数のディスクに鏡のように同じデータを同時に記録する（ミラーリング）。可用性が向上する

☐☐ **RAID5** では、データの他に障害発生時の復旧用データ（パリティ）を複数のディスクに分散して記録する（分散パリティ付きストライピング）。処理速度、可用性が向上する

データベース

☐☐ **正規化** とは、データの重複がないようにテーブルを適切に分割し、データの更新時に不整合を防ぐためのしくみ

☐☐ **選択** とは、目的とするテーブルから、指定された条件のレコード（行）だけを取り出すこと

☐☐ **射影** とは、目的とするテーブルから、指定されたフィールド（列）だけを取り出すこと

☐☐ **結合** とは、複数のテーブルに対して、共通のフィールドを使ってテーブルを連結し、新たな結果を取り出すこと

数字

2 進数	96
3C 分析	180
4C 分析	188
4P 分析	188
5G	46
8K	47
10 進数	96
16 進数	96

A・B・C・D

ABC 分析	150
AI	30
Android	236
API	28
API エコノミー	28
ASP	102
B to B	206
B to C	206
B/S	162
BCM	146
BCP	146
BIOS	236
BI ツール	104
BLE	32, 60
Blue-ray	217
Bluetooth	60, 218
BPM	100
BPMN	37
BPR	29, 100
BSC	192
BSD	248
CAD	204
CD	217
CDN	202
CDP	144
CEO	148
CFO	148
CIO	148
CISO	148
CMMI	122
CPU	214

CRM	194
CSF	192
CSIRT	76
CSS	29
CTO	148
C to C	206
DaaS	102
DBMS	250
DDoS 攻撃	70
DevOps	118
DFD	100
DHCP	56
DLP	80
DMZ	80
DNS	56
DNS キャッシュポイズニング	70
DoS 攻撃	70
DRAM	216
DVD	217
DWH	104
DX	40

E・F・G・H

EA	98
EDI	206
EdTech	19
ERP	196
E-R 図	100, 252
ESSID	62
ETC	200
e ラーニング	18
FAQ	130
FeliCa	218
FIFO	183
FinTech	19, 30
FMS	204
FTP	50
GIS	200
GNU GPL	248
GPU	214
HDD	216
HDMI	218

HRM	146
HR テック	18
HTTP/HTTPS	50
Hz	214

I・J・K・L

IaaS	102
IC タグ	200
IEC	178
IEEE	178
IF	246
IMAP	50
iOS	236
IoT	32
IoT エリアネットワーク	33
IoT セキュリティガイドライン	88
Ipv4	52
Ipv6	52
IP アドレス	52
IrDA	218
ISMS	74
ISO	178
ISO 14000	179
ISO 9000	179
ISO/IEC 27000	179
ITIL	128
IT ガバナンス	138
IT 基本法	95
JAN コード	178
J-CRAT	76
J-CSIP	76
JIS	178
JIS Q 27001	94, 179
JIT	204
KGI	192
KPI	192
L2 スイッチ	54
L3 スイッチ	54
LAN	53
LIFO	210

Linux ································ 236	PPM ································ 180	TOB ································ 184
LMS ································ 18	**Q・R・S・T**	TOC ································ 196
LPWA ···························· 32, 60	QR コード ······················ 178	TQC ································ 196
LTE ································ 60	RAD ································ 120	TQM ································ 196
M・N・O・P	RAD ツール ······················ 120	**U・V・W・X**
M&A ································ 184	RAID ································ 224	UI ································ 36
MacOS ···························· 236	RAID0 ···························· 224	UML ································ 118
MAC アドレス ······················ 52	RAID1 ···························· 224	UNIX ································ 236
MBO ···························· 146, 184	RAID5 ···························· 224	UPS ································ 132
MDM ································ 82	RAM ································ 216	URL ································ 56
MIME ································ 50	RAT ································ 66	USB ································ 218
MOT ································ 198	RFI ································ 112	USB メモリ ······················ 217
MRP ································ 205	RFID ···························· 200, 218	UX ································ 36
MTBF ································ 228	RFM 分析 ························ 188	VPN ································ 80
MTTR ································ 228	RFP ································ 112	W3C ································ 178
NAS ································ 224	ROA ································ 166	WAN ································ 53
NAT ································ 52	ROE ································ 166	WannaCry ······················ 67
NFC ································ 218	ROI ································ 166	WBS ···························· 101, 126
NIC ································ 54	ROM ································ 216	Web マーケティング ·········· 24
NoSQL ···························· 250	RPA ···························· 35, 38	Wi-Fi ································ 60
NTP ································ 50	S/MIME ·························· 50	Wi-Fi ルータ ······················ 56
OEM ································ 184	SaaS ································ 102	Windows ························ 236
OFF-JT ···························· 144	SCM ································ 194	WPA2 ································ 62
OJT ································ 144	SDN ································ 46	XP ································ 44
OMR ································ 201	SD カード ·························· 217	**あ行**
OS ································ 236	SEO ···························· 24, 25, 208	相対見積 ·························· 116
OSS ···························· 170, 248	SFA ································ 202	アウトソーシング ·········· 102
O to O ···························· 206	SLA ································ 128	アカウント ······················ 238
P/L ································ 158	SMTP ································ 50	アクセシビリティ ·········· 40
P2P ································ 222	SOA ································ 105	アクセス制御 ·················· 250
PaaS ································ 102	SoE ································ 36	アクセスポイント ·········· 62
PC ································ 212	SoR ································ 36	アクチュエータ ·············· 32
PDCA サイクル ······················ 74	SQL ································ 254	アクティビティ図 ·········· 118
PERT 図 ···························· 126	SQL インジェクション ······ 68	アクティベーション ·········· 20
PKI ································ 88	SRAM ································ 216	アジャイル ······················ 44
PL 法 ································ 174	SSD ································ 217	アダプティブラーニング ······ 18
PMBOK ···························· 124	SSL/TLS ·························· 80	アップセリング ·············· 190
PoC ································ 40	SWOT 分析 ······················ 180	後入れ先出し法 ·············· 210
POP ································ 50	TCO ································ 232	アドホック・モード ·········· 62
POS ································ 200	TCP/IP ···························· 50	アトリビュート ·············· 100

アフィリエイト ……… 24, 208
アライアンス ……… 184
アローダイアグラム ……… 126
暗号化 ……… 84
アンゾフの成長マトリクス ……… 190
意匠権 ……… 168
委託契約 ……… 172
一次キャッシュメモリ ……… 216
イノベーションのジレンマ ……… 26
イノベーションの障壁 ……… 27
インシデント管理 ……… 128, 130
インターネットトレーディング
……… 208
インターネットバンキング
……… 31, 208
インダストリアル
エンジニアリング ……… 199
インダストリー 4.0 ……… 34
インデックス ……… 252
ウェアラブルデバイス ……… 212
ウォータフォールモデル ……… 45, 120
受入テスト ……… 114
請負契約 ……… 172
売上 ……… 158
売上原価率 ……… 166
売上総利益 ……… 158
売上高総利益率 ……… 166
運用コスト ……… 232
運用テスト ……… 114
営業活動によるキャッシュフロー
……… 164
営業支援システム ……… 202
営業秘密 ……… 170
営業利益 ……… 158
エクストリームプログラミング
……… 44
エスカレーション ……… 130
エスクロー ……… 206
エッジコンピューティング ……… 32
遠隔バックアップ ……… 78
演算装置 ……… 212

エンタープライズ・
アーキテクチャ ……… 98
エンタープライズサーチ ……… 98
エンティティ ……… 100
オープンイノベーション ……… 26
オープンソース ……… 120
オープンソースソフトウェア
……… 170, 248
オピニオンリーダ ……… 191
オブジェクト指向 ……… 29, 118
オプトインメール広告 ……… 208
オペレーティングシステム ……… 236
オムニチャネル ……… 190, 206
オンプレミス ……… 102
オンライントレード ……… 208

か行

回帰分析 ……… 152
会計監査 ……… 134
階層型組織 ……… 148
外部環境 ……… 180
外部キー ……… 252
拡張子 ……… 240
仮想化 ……… 220
仮想通貨 ……… 22
リサイクル法 ……… 23
稼働率 ……… 228
カニバリゼーション ……… 24
金のなる木 ……… 180
カプセル化 ……… 118
可用性 ……… 74
可用性管理 ……… 128
環境マネジメントシステム ……… 179
監査 ……… 134
監視カメラ ……… 78
関数 ……… 246
完全性 ……… 74
ガントチャート ……… 126
カンパニ制 ……… 148
かんばん方式 ……… 204
管理図 ……… 150
関連 ……… 100, 252

キーロガー ……… 66
記憶装置 ……… 212, 216
機械学習 ……… 30
企業統治 ……… 176
技術ポートフォリオ ……… 198
技術ロードマップ ……… 198
機能要件定義 ……… 110
揮発性メモリ ……… 216
規模の経済性 ……… 186
機密性 ……… 74
キャズム ……… 27
キャッシュフロー計算書 ……… 164
キャッシュメモリ ……… 216
ギャップ分析 ……… 98
キュー ……… 183
脅威 ……… 64
共通鍵暗号方式 ……… 84
共通フレーム ……… 122
業務監査 ……… 134
業務プロセス ……… 100
業務要件定義 ……… 110
共有 ……… 38
切上げ ……… 246
切捨て ……… 246
クアッドコアプロセッサ ……… 214
クーリング・オフ制度 ……… 174
クライアント ……… 222
クライアントサーバシステム ……… 222
クラウドコンピューティング ……… 102
クラウドファンディング ……… 202
クラス ……… 118
クラスタ ……… 224
クラッキング ……… 64
グリーン IT ……… 142
グリーン調達 ……… 44
クリティカルパス ……… 126
繰延資産 ……… 162
グローバル IP アドレス ……… 52
クロスサイトスクリプティング
(XSS) ……… 68
クロスセリング ……… 190

クロック ……………………… 214
クロック周波数 ……………… 214
経営資源 ……………………… 144
経営理念 ……………………… 142
経験曲線 ……………………… 186
継承 …………………………… 118
経常利益 ……………………… 158
ゲーミフィケーション ……… 106
結合 …………………………… 254
結合テスト …………………… 114
検疫ネットワーク …………… 80
限界効用逓減の法則 ………… 27
限界利益率 …………………… 160
コア …………………………… 214
コアコンピタンス ……… 184, 194
公益通報者保護法 …………… 176
公開鍵暗号方式 ……………… 84
公開鍵基盤 …………………… 88
更新 …………………………… 254
構造化手法 …………………… 118
コーチング …………………… 144
コーディング ………………… 114
コーポレートガバナンス …… 176
コーポレートブランド ……… 144
コールドスタンバイ ………… 222
顧客満足度調査 ……………… 190
国際電気標準会議 …………… 178
国際標準化機構 ……………… 178
故障率 ………………………… 228
個人情報 ……………………… 90
個人情報保護委員会 ………… 90
個人情報保護法 ……………… 90
個人情報保護方針 …………… 76
コストマネジメント ………… 125
固定資産 ……………………… 162
固定費 ………………………… 160
固定比率 ……………………… 167
固定負債 ……………………… 162
コネクテッドカー ……… 34, 47
コミット ……………………… 256

コミュニケーションマネジメント
………………………………… 125
コモディティ化 ……………… 186
コンカレントエンジニアリング
………………………………… 204
コンテンツフィルタリング … 80
コンピュータウイルス ……… 66
コンプライアンス ……… 142, 176

さ行

サージ防護 …………………… 132
サーバ ………………… 212, 222
サービスサポート …………… 130
サービスレベル管理 ………… 128
サービスレベル合意書 ……… 128
在庫回転期間 ………………… 154
在庫管理 ……………………… 154
サイバー情報共有イニシアティブ
………………………………… 76
サイバー攻撃 ………………… 76
サイバーセキュリティ基本法 … 90
サイバーセキュリティ
経営ガイドライン …… 94, 95
サイバー保険 ………………… 76
サイバーレスキュー隊 ……… 76
財務活動によるキャッシュフロー
………………………………… 164
裁量労働制 …………………… 172
先入れ先出し法 ……………… 183
削除 …………………………… 254
サブスクリプション ………… 20
サプライチェーンマネジメント
………………………………… 194
差分バックアップ …………… 242
産業財産権 …………………… 168
散布図 ………………………… 150
仕入計画 ……………………… 190
シェアリングエコノミー … 38, 206
磁気ディスク ………………… 216
事業継続計画 ………………… 146
事業部制 ……………………… 148
資源管理 ……………………… 238
資源マネジメント …………… 125

自己資本比率 ………………… 166
自己資本利益率 ……………… 166
四捨五入 ……………………… 246
辞書攻撃 ……………………… 68
システムインテグレーション (SI)
………………………………… 102
システム化計画 ……………… 108
システム化構想 ……………… 108
システム監査 ………………… 134
システム監査基準 …………… 136
システム監査計画書 ………… 136
システム監査人 ……………… 136
システム監査報告書 ………… 136
システム企画 ………………… 108
システム戦略 ………………… 98
システムテスト ……………… 114
システム方式設計 …………… 114
下請け ………………………… 174
下請法 ………………………… 174
シックスシグマ ……………… 196
実体 …………………… 100, 252
実用新案権 …………………… 168
シミュレーション …………… 154
射影 …………………………… 254
シャドー IT …………………… 64
集中処理 ……………………… 220
主キー ………………………… 252
出力装置 ……………………… 212
純資産 ………………………… 162
障害回復 ……………………… 250
使用許諾契約 ………………… 170
冗長構成 ……………………… 230
商標権 ………………………… 168
情報格差 ……………………… 106
情報セキュリティ委員会 …… 76
情報セキュリティ監査 ……… 134
情報セキュリティ管理基準 … 94
情報セキュリティポリシ …… 74
情報セキュリティ
マネジメントシステム …… 74, 179
情報提供依頼 ………………… 112

初期コスト ……………… 232
職能別組織 ……………… 148
情報セキュリティ方針 ……… 74
ショルダーハッキング ……… 64
シンクライアント ……… 225
シングルサインオン ……… 86
人工知能 ……………… 30
真正性 ……………… 74
人的セキュリティ ……… 78
親和図法 ……………… 156
垂直統合 ……………… 186
水平統合 ……………… 186
スコープマネジメント ……… 125,126
スタック ……………… 210
ステークホルダーマネジメント
……………… 125
ストライピング機能 ……… 224
スパイウェア ……………… 66
スパイラルモデル ……… 120
スマートグリッド ……… 202
スマートデバイス ……… 212
スマートファクトリー ……… 35
スマートメータ ……………… 202
スループット ……………… 226
制御装置 ……………… 212
脆弱性 ……………… 64
製造物責任法 ……………… 174
生体認証 ……………… 86
税引前当期純利益 ……… 158
製品計画 ……………… 190
セキュリティホール ……… 64
セグメンテーション ……… 188
絶対参照 ……………… 244
絶対パス ……………… 240
セル ……………… 244
セル生産方式 ……… 204
セル範囲 ……………… 244, 246
セル番地 ……………… 244
ゼロデイ攻撃 ……………… 70
センサ ……………… 32
選択 ……………… 254

総当たり攻撃 ……………… 68
総資産利益率 ……………… 166
相対参照 ……………… 244
相対パス ……………… 240
挿入 ……………… 254
増分バックアップ ……… 242
ソーシャルエンジニアリング … 64
属性 ……………… 100
ソフトウェア ……………… 212
ソフトウェア開発手法 ……… 118
ソフトウェア詳細設計 ……… 114
ソフトウェア方式設計 ……… 114
ソフトウェア保守 ……… 116
ソフトウェアライセンス ……… 170
ソリューションビジネス ……… 102
損益計算書 ……………… 158
損益分岐点 ……………… 160

た行

ターゲティング ……………… 188
ターンアラウンドタイム ……… 226
貸借対照表 ……………… 162
耐タンパ性 ……………… 82
ダイバーシティ ……………… 145
タイムスタンプ ……………… 86
タイムマネジメント ……… 125,126
ダイレクトマーケティング ……… 188
対話型処理 ……………… 220
タスク管理 ……………… 238
タスクフォース ……………… 148
他人受入率 ……………… 86
タレントマネジメント ……… 146
単体テスト ……………… 114
端末情報 ……………… 52
チャットボット ……………… 31
中継装置 ……………… 54
中小企業の情報セキュリティ対策
ガイドライン ……………… 94
調達 ……………… 112
調達マネジメント ……… 125
直列接続 ……………… 230

著作権 ……………… 168
著作権法 ……………… 168
ツリー型データベース ……… 250
提案依頼書 ……………… 112
提案書 ……………… 112
ディープラーニング ……… 30
定期発注方式 ……… 154
ディジタルサイネージ … 190, 208
ディジタル証明書 ……… 88
ディジタル署名 ……… 86
ディジタル・ディバイド ……… 106
ディジタルトランス
フォーメーション ……… 40
ディジタルフォレンジックス … 82
ディスクロージャ ……… 142
定量発注方式 ……… 154
ディレクトリ ……… 240
データウェアハウス ……… 104
データサイエンス ……… 42
データサイエンティスト ……… 42
データ操作 ……………… 254
データの正規化 ……… 252
データマイニング ……… 104
テーブル ……………… 252
テキストマイニング ……… 42
デザイン思考 ……… 28
テザリング機能 ……… 54
デシジョンテーブル ……… 156
テスト駆動開発 ……… 44
デバイスドライバ ……… 218
デバッグ ……………… 114
デフォルトゲートウェイ … 54
デュアルコアプロセッサ … 214
デュアルシステム ……… 222
デュプレックスシステム ……… 222
テレビ会議 ……………… 106
テレマティクス ……… 47
テレワーク ……… 38,145
電子透かし ……………… 82
電子マーケットプレイス … 208
電子モール ……………… 208

投下資本利益率 ……… 166
当期純利益 ……… 158
統合マネジメント ……… 125
投資活動によるキャッシュフロー
……… 164
特性要因図 ……… 152
特定商取引に関する法律 ……… 174
特定電子メール ……… 92
特定電子メール法 ……… 92
匿名加工情報 ……… 90
特許権 ……… 168
特許戦略 ……… 198
ドメイン名 ……… 56
ドライバ ……… 218
ドライブバイダウンロード ……… 68
トランザクション ……… 256
トレーサビリティ ……… 200
トロイの木馬 ……… 66
ドローン ……… 34

な行

内部環境 ……… 180
内部告発 ……… 176
内部統制 ……… 138
内部統制報告制度 ……… 176
なりすまし ……… 64
二次キャッシュメモリ ……… 216
ニッチ戦略 ……… 184
日本産業規格 ……… 178
入出力管理 ……… 238
ニューラルネットワーク ……… 30
入力装置 ……… 212
認証技術 ……… 86
認証局 ……… 88
ネットワークインターフェイス
カード ……… 54
ネットワーク型データベース ……… 250
ネットワーク組織 ……… 148
能力成熟度モデル統合 ……… 122

は行

バージョン管理 ……… 130

ハードウェア ……… 212
ハードディスク ……… 216
バイオメトリクス認証 ……… 86
排他制御 ……… 250, 256
ハイブリッド暗号方式 ……… 84
ハウジングサービス ……… 102
パスワードリスト攻撃 ……… 68
働き方改革 ……… 145
ハッカソン ……… 26, 41
バックアップ ……… 242
バックエンド ……… 36
バックドア ……… 66
ハッシュ関数 ……… 86
バッチ処理 ……… 220
バナー広告 ……… 208
花形 ……… 180
ハブ ……… 54
パブリックドメインソフトウェア
……… 171
バランススコアカード ……… 192
バリューエンジニアリング ……… 192
バリューチェーンマネジメント
……… 194
パレート図 ……… 150
パレートの法則 ……… 27
範囲の経済性 ……… 186
半導体メモリ ……… 216
販売管理費 ……… 158
販売計画 ……… 190
汎用コンピュータ ……… 212
ピアツーピア ……… 222
ビーコン ……… 46
光ディスク ……… 217
引数 ……… 246
非機能要件 ……… 110
非機能要件定義 ……… 110
非公知性 ……… 170
ビジネスモデルキャンバス ……… 28
ビジネスモデル特許 ……… 168
ヒストグラム ……… 152
ビッグデータ ……… 104

ビットコイン ……… 222
否定 ……… 246
秘密管理性 ……… 170
費用 ……… 158
標準化 ……… 178
平文 ……… 84
品質特性 ……… 114
品質マネジメント ……… 125
品質マネジメントシステム ……… 179
ファイアウォール ……… 80
ファイル管理 ……… 238
ファシリティマネジメント ……… 132
ファブレス ……… 184
ファンクションポイント法 ……… 116
フィールド ……… 252
フィッシュボーンチャート ……… 152
フィルタリング ……… 56
フィンテック ……… 30
フールプルーフ ……… 234
フェールセーフ ……… 234
フェールソフト ……… 234
フォールトアボイダンス ……… 234
フォールトトレラント ……… 234
不揮発性メモリ ……… 216
復号 ……… 84
負債比率 ……… 166
不正アクセス禁止法 ……… 90
不正競争防止法 ……… 170
不正指令電磁的記録に関する罪
……… 92
不正のトライアングル ……… 65
物理的セキュリティ ……… 78
プライバシーポリシー ……… 76
プライベートIPアドレス ……… 52
プラグアンドプレイ ……… 218
ブラックボックステスト ……… 115
フラッシュメモリ ……… 216
フランチャイズチェーン ……… 184
フリーソフトウェア ……… 170
ブリッジ ……… 54
フリマアプリ ……… 206

プル戦略 ……………………… 24
フルバックアップ ……………… 242
ブレーンストーミング ………… 156
フレックスタイム制 …………… 172
プロキシ ………………………… 56
プログラミング ………………… 114
プロジェクトマネジメント …… 124
プロセスイノベーション ……… 198
プロダクトイノベーション …… 199
ブロックチェーン …………… 31, 82
プロトコル ……………………… 50
プロトタイピングモデル ……… 120
プロバイダ責任制限法 ………… 92
プロファイル …………………… 238
フロントエンド ………………… 36
分散処理 ……………………… 220
分散パリティ …………………… 224
ペアプログラミング …………… 44
平均故障間隔時間 ……………… 228
平均修復時間 …………………… 228
並列処理 ……………………… 220
並列接続 ……………………… 230
ペネトレーションテスト ……… 82
ベンチマーキング ……………… 186
ベンチマーク …………………… 226
ベンチマークテスト …………… 226
変動費 ………………………… 160
変動比率 ……………………… 160
ポート番号 ……………………… 52
ポジショニング ………………… 188
ホスティングサービス ………… 102
ボット …………………………… 66
ホットスタンバイ ……………… 222
ホワイトボックステスト ……… 114
本人拒否率 ……………………… 86

ま行

マーケティングミックス ……… 188
マクロウイルス ………………… 66
負け犬 ………………………… 180
マトリックス組織 ……………… 148

マルチコアプロセッサ ………… 214
マルチタスク …………………… 238
マルチブート …………………… 236
水飲み場型攻撃 ………………… 70
密度の経済性 …………………… 186
見積書 ………………………… 112
ミラーリング機能 ……………… 224
無線通信 ………………………… 60
無線電力伝送装置 ……………… 34
無線 LAM ……………………… 62
無停電電源装置 ………………… 132
メインフレーム ………………… 212
メインメモリ …………………… 216
メモリ ………………………… 216
メモリ管理 ……………………… 238
メンタリング …………………… 144
メンタルヘルス ………………… 144
問題解決手法 …………………… 156
問題児 ………………………… 180

や行・ら行・わ行

やり取り型攻撃 ………………… 70
ユーザインターフェース ……… 36
ユーザエクスペリエンス ……… 36
ユーザ管理 ……………………… 238
ユースケース図 ………………… 118
有用性 ………………………… 170
要件定義 …………………… 110, 114
ライセンス契約 ………………… 170
ライン生産方式 ………………… 204
ランサムウェア ………………… 66
ランニングコスト ……………… 232
リアルタイム処理 ……………… 220
リードタイム …………………… 154
リーンスタートアップ ………… 28
リーン生産方式 ………………… 204
利益 …………………………… 158
リスクアセスメント …………… 72
リスク移転 ……………………… 72
リスク回避 ……………………… 72
リスク低減 ……………………… 72

リスク保有 ……………………… 72
リスクマネジメント ……… 72, 125
リスティング広告 ………… 24, 208
リスト ………………………… 183
リバースエンジニアリング …… 120
リピータ ………………………… 54
リファクタリング ……………… 44
流動資産 ……………………… 162
流動比率 ……………………… 167
流動負債 ……………………… 162
利用者認証 ……………………… 86
リリース管理 …………………… 130
リレーショナルデータベース
 ………………………………… 250
リレーションシップ …………… 100
類推見積法 ……………………… 116
ルータ …………………………… 54
レーダーチャート ……………… 150
レコード ……………………… 252
レコメンデーション …………… 208
レジスタ ……………………… 214
レスポンスタイム ……………… 226
レピュテーションリスク ……… 40
レプリケーション ……………… 220
労働基準法 ……………………… 172
労働契約法 ……………………… 172
労働者派遣契約 ………………… 172
労働者派遣法 …………………… 172
ロールバック …………………… 256
ロジスティクス ………………… 194
ロボアドバイザー ……………… 30
ロングテール …………………… 206
論理積 ………………………… 246
論理和 ………………………… 246
ワークフロー …………………… 100
ワークライフバランス ………… 144
ワーム …………………………… 66
ワイヤレス充電 ………………… 34
ワンタイムパスワード ………… 86
ワントゥワンマーケティング - 188

丸山紀代（まるやま　のりよ）
IT講師。システム開発会社での汎用機システムやECサイトの開発を
経て、現在はJava、Pythonプログラミング研修を中心に年間150日以
上登壇している。また、ITパスポート・基本情報技術者・応用情報
技術者といった情報処理技術者試験対策講師としても活躍しており、
オンライン学習サイトSchooで基本情報技術者と応用情報技術者対策
コースを担当。例えやイメージを使った講義がわかりやすいと定評が
ある。株式会社フルネスにてIT教育に従事。

ITパスポート試験ドットコム
ITパスポート試験の解説No.1を目指し、「いつでも・どこでも」をコ
ンセプトにPCやスマートフォンで過去問学習ができるWebサイト。
2009年から最新回まで2,000問を超える問題と解説が無料で利用でき、
学習管理システムの「過去問道場®」（@kakomon_doujou）は多数の
資格試験で人気を博している。多くの情報処理技術者試験に独学で合
格してきた管理人が1問1問丁寧に解説しており、企業や教育機関等
における多数の利用実績がある。

ITパスポート試験ドットコム
https://www.itpassportsiken.com/

この1冊で合格！
丸山紀代のITパスポート テキスト&問題集

2020年3月23日　初版発行

著者／丸山 紀代

協力／ITパスポート試験ドットコム

発行者／川金 正法

発行／株式会社KADOKAWA
〒102-8177　東京都千代田区富士見2-13-3
電話　0570-002-301（ナビダイヤル）

印刷所／株式会社暁印刷

©Noriyo Maruyama 2020
ISBN978-4-04-604066-4 C3055